Hans Peter Rusch

Auf der Suche nach neuen Wegen

auf dem Feld der Bodenforschung

Ausgewählte Schlüsseltexte vom geistigen Gründer der organisch-biologischen Landbaumethode im deutschsprachigen Raum, aufgearbeitet von Helga Wagner

ORGANISCHER LANDBAU

Bibliografische Information der Deutschen Bibliothek.
Die Deutsche Bibliothek verzeichnet diese Publikation in der Deutschen Nationalbibliographie; detaillierte bibliografische Angaben sind im Internet unter http://dnb.d-nb.de abrufbar.

Eine Empfehlung der Fördergemeinschaft für gesundes Bauerntum, Leonding, Österreich

Redaktion: Kurt Walter Lau
Korrektur: Dorothe von der Höh
Satz: Danka Wijnhoven, OLV

Gedruckt in Deutschland
ISBN 978-3-947413-03-4

Gerne senden wir Ihnen unser Verlagsverzeichnis.

OLV Organischer Landbau Verlag Kurt Walter Lau
Im Kuckucksfeld 1
D-47624 Kevelaer
Tel. (02832) 9727820
Fax: (02832) 9727869
E-Mail: info@olv-verlag.de

Inhalt

Aphorismen

„In der biologischen Landwirtschaft wird die Pflanze nicht gefüttert; das Ziel ist eine Pflanze, die von selbst wächst. Das geht aber nur auf einem lebendigen Boden und deshalb steht im Mittelpunkt eines solchen Betriebes der Boden und immer wieder nur der Boden.“

„Es ist von der Natur vorgesehen, dass alles, was vom Boden lebt, das heißt alle Organismen, ihre Abfälle an den Boden zurückgeben, ohne jede Ausnahme in voller biologischer Ganzheit. Damit haben wir die biologische Grundregel für die natürliche Düngung.“

„Es ist und bleibt das Ziel des biologischen Landbaus, den Boden lebendig zu machen, und es ist und bleibt das Ziel der biologischen Kultur und Düngung, das Bodenleben zu erhalten und nötigenfalls bis zum höchsten Wert zu mehren.“

Dr. Hans Peter Rusch

Geleitwort von Dr. Felix Prinz zu Löwenstein

Dr. Felix Prinz zu Löwenstein

In den Jahren nach 1953 begann Hans Peter Rusch in der Zeitschrift „Kultur und Politik" seine Aufsätze zur Fruchtbarkeit und Gesundheit des Bodens zu veröffentlichen und die Landwirtschaft zu beschreiben, die auf der Grundlage seiner Überlegungen aufbauen sollte. Damals befassten sich nur wenige, in den Augen aller anderen etwas eigentümliche Menschen mit organisch-biologischen Landbaumethoden. Ebenso randständig wurde die schon ein halbes Jahrhundert zuvor entwickelte biologisch-dynamische Landwirtschaft wahrgenommen.

Ich selbst habe in den 1970er-Jahren Landwirtschaft studiert, also in einer Zeit, in der Rusch noch lebte und in der seine Artikel – bis hinein in die 1980er-Jahre – weiter erschienen. Wenn wir Studenten mit Biolandwirtschaft überhaupt konfrontiert waren, dann wurden die ersten drei Buchstaben in Anführungszeichen gesetzt. Wir nicht und die, die uns ausbildeten, erst recht nicht, nahmen ernst, was da gedacht und praktiziert wurde. Und selbstverständlich kam niemand von uns auf die Idee, ausgerechnet von Hans Peter Rusch Publiziertes zu lesen. Stattdessen wurden wir so intensiv auf das industrielle, von der anorganischen Chemie dominierte Produktionsmodell eingeschworen, dass wir uns ein Überleben in der feindlichen Natur ohne die Hilfe der Agrarchemie nicht vorstellen konnten. 1986 habe ich unseren Hof übernommen und sechs Jahre lang nach diesem Paradigma gewirtschaftet. Mein Umstieg auf den ökologischen Landbau ab 1992 war von allerlei Befürchtungen begleitet – denen meines Vaters, aber auch meinen eigenen. Ich wusste nicht, ob ich gegen all die Anfeindungen von Pilzen, Insekten und Unkräutern bestehen würde, rechnete sogar damit, dass ich nun von den Humusvorräten meines Bodens würde zehren müssen. Obwohl Lernprozesse meiner Umstellung vorhergegangen waren – sonst hätte sie nicht stattgefunden –, habe ich in den Jahrzehnten danach unendlich viel mehr begriffen. Und dieser Lernprozess hält an, ja, er beschleunigt sich vielleicht sogar noch immer. Als ich die Aufsätze dieses Buches zum ersten Mal lesen durfte, war ich mir gar nicht sicher, ab wann in meiner Laufbahn als Biolandwirt ich in der Lage gewesen wäre zu verstehen, was sie mir sagen. Sicher nicht von Anfang an.

Es ist sehr wichtig, dass Helga Wagner, deren Lebens- und Erfahrungsspanne auch das Wirken von Hans Peter Rusch umgreift, uns dessen Schriften heute neu erschließt. Denn jetzt hat sich die Zahl derer, die nach den von ihm postulierten Methoden wirtschaften wollen, vervielfacht. Und dass die Landwirtschaft, die konventionell heißt, weil sie in zwei oder drei Bauerngenerationen zum Normalfall geworden ist, ihre eigenen Produktionsvoraussetzungen zerstört, wird zu einer unausweichlichen Erkenntnis. Immer mehr Bäuerinnen und Bauern werden nachdenklich und sind bereit umzusteuern. Sie können das wegen der noch viel zahlreicheren Verbraucherinnen und Verbraucher, die ihre Wirtschaftsweise durch ihre Entscheidung ermöglichen. Und sie können das wegen all dessen, was von hervorragenden Vordenkern und von hervorragenden Praktikern entworfen, erprobt und praktiziert worden ist. So wie ich viele Jahre brauchte, um lernfähig zu werden, so geht es den allermeisten Neu-Umstellern heute. Weil es so viele sind, ist das Bedürfnis nach Unterstützung so riesengroß. Für sie kann dieses Buch zur Quelle der Erkenntnis für das werden, was sie begonnen haben.

Das Bedürfnis, die Bedeutung des fruchtbaren Bodens und seine Voraussetzung für gesunde Systeme zu verstehen, geht aber über die praktizierenden Landwirte und ihre Berater hinaus. Denn unsere Weisheit gerät nicht nur in der industriell organisierten Landwirtschaft an ihre Grenzen. In unserem Gesundheitswesen ist es nicht anders. Die explosionsartige Vermehrung von Unverträglichkeiten, eine halbe Milliarde Euro an Gesundheitskosten jeden Tag, die durch ernährungsbedingte Krankheiten verursacht werden – all das bringt zunehmend Menschen dazu, über die Bedeutung unserer Ernährungsweise zu grübeln. Wer dann verstanden hat, dass alles, selbst unsere Ernährungsstile, mit der Art und Weise verbunden ist, wie wir unsere Lebensmittel herstellen, für den wird auch ein Buch interessant, in dem der Zusammenhang zwischen der Gesundheit von Boden, Pflanze, Tier und Mensch so dargestellt wird, dass er für jedermann verständlich ist.

Es ist faszinierend zu entdecken, wie unverändert aktuell – nein: wie mehr denn je aktuell – die Gedanken von Hans Peter Rusch heute sind. Am besten ist es, Sie fangen einfach sofort an, darin zu lesen!

Dr. Felix Prinz zu Löwenstein, Agrarwissenschaftler und Landwirt, Vorstand des Bundes Ökologische Lebensmittelwirtschaft e.V.

Würdigung von Dr. Hans Müller

Dr. Hans Müller

Es ist der große Verdienst von Dozent Dr. med. Hans Peter Rusch, die Frage der biologischen Wirtschaftsweise wissenschaftlich untermauert zu haben, wie es vor ihm wohl keiner getan hat.

Als Arzt hat er in zwingender Form auf die Zusammenhänge zwischen der zunehmenden Zerstörung der natürlichen Ernährungsgrundlage der Pflanzen im Boden und der erschreckenden Zunahme der Krankheiten der Menschen aufmerksam gemacht. Er blieb aber nicht dabei stehen. Aus tiefer Verpflichtung als Arzt suchte er nach neuen, besseren Wegen.

Dr. Hans Müller, Mitbegründer der Grundlagen des organisch-biologischen Landbaus und Wegbereiter für den ökologischen Landbau

Einleitung – Warum dieses Buch entstand

Anlässlich einer Jahreshauptversammlung von BIOLAND e.V. wurde infolge eines Vortrages über die Rusch-Veröffentlichungen die Frage erhoben: „Was macht man mit den Rusch-Artikeln? Drucken, wie sie sind? Kürzen? Aufarbeiten?“ (Die Artikel ruhten im „Möschberg“-Archiv in der Schweiz.)

Nach allerlei Gesprächen quer durch alle deutschsprachigen Verbände, beschloss man: aufarbeiten. Mag. Nikola Patzel, Redaktionsvorstand der Zeitschrift „Kultur und Politik“, besuchte uns von der Förderungsgemeinschaft für gesundes Bauerntum in Leonding/Österreich mit der drängenden Bitte, diesen dringenden Wunsch zu erfüllen.

So ist dann diese Aufgabe an mir „hängen geblieben“. Was nun das Aufarbeiten betrifft, wurde der Wunsch ausgesprochen, die zum Teil sehr hochstechende Sprache etwas zu vereinfachen und Fremdwörter zu vermeiden. Ich wurde gebeten, manche sehr langen und ausführlichen Abhandlungen zu verkürzen. Diesen Wünschen wurde Rechnung getragen. Es wurde hingegen Ruschs Darstellungskraft keinerlei Abbruch zuteil.

Für das vorliegende Buch habe ich ausdrücklich nur Textpassagen aus der Artikelserie in der Zeitschrift „Kultur und Politik“ von Dr. Hans Peter Rusch aufgearbeitet. Ich betone dies deswegen, weil nach Ruschs Tod auch Beiträge ähnlicher Färbung von anderen Verfassern, wie Dr. Volker Rusch und Hans Christoph Scharpf, dort veröffentlicht worden sind.

Ing. Helga Wagner, Bearbeiterin

Ausgewählte Schlüsseltexte

Das Verfahren der biologischen Bodenuntersuchung

1. Artikel, Frühjahr 1953

Der Mensch lebt von Pflanzen direkt oder auf dem Umweg über das Tier. Dauernde echte Gesundheit ist nun vornehmlich eine Frage der Ernährung, wobei die weitaus größte Rolle der Zustand der Nahrungspflanzen selbst spielt, also ihre biologische Wertigkeit. Diese Wertigkeit hängt aber wiederum vom Zustand des Bodens ab, auf dem die Pflanze wächst. Letzten Endes bestimmt also der biologische Zustand des Bodens unsere Gesundheit. Wer nach Ursachen von Verfallserscheinungen bei Pflanzen, Tieren und Menschen sucht, muss beim Boden anfangen, aus dem alles Lebendige stammt.

Die Gesundheit von Mensch und Tier ist abhängig vom Gesundheitszustand der Ernährungspflanze und ihrer geleisteten Vorarbeit, diese wiederum ist abhängig von der Vorarbeit, die vom Organismus Ackerboden geleistet wird.

Der Organismus unserer Kulturböden ist ein ungeheuer kompliziertes lebendiges Gebilde, dessen wirkliches Wesen wir wissenschaftlich bisher nicht umfassend kennen und dessen Zustand nur mit biologischen Methoden zu erkennen ist. Der biologische Wert eines Kulturbodens hängt ab von der Menge und Qualität der lebendigen Vorgänge, die in ihm stattfinden. Die Gesundheit der Pflanze ist daher abhängig von der Menge und Qualität der Lebensvorgänge und der Menge und Güte der lebendigen Substanzen im Kulturboden. Jeder biologische Fehler des Kulturbodens wird mehr oder weniger auf die Pflanze übertragen.

Der Verfahrensablauf zerfällt in zwei Teile:

1. Die absolute Menge dieser hoch entwickelten Lebenssubstanzen des Bodens lässt sich durch Messmethoden bestimmen.
2. Die Qualitätsbestimmung der biologischen Wertigkeit des Bodens erfolgt auf dem Umweg über die physiologischen Bakterien (Wurzelsymbionten).

Auswertung des Verfahrens:

1. Kontrolle der Düngemaßnahmen
2. Kontrolle der Produktgüte über den Weg der Bodengüte
3. Kontrolle für jede Kompostierung
4. Kontrolle für alle Gesundungsvorgänge und alle Fehlentwicklungen im Boden

In der unberührten Natur werden alle diese Aufgaben der biologischen Regulation durch den gesunden Humus erfüllt. In den meisten Kulturböden ist er Mangelware geworden. Sein Fehlen bewirkt zwangsläufig eine fortlaufende Vermehrung von unerwünschten Substanzen (pathogene Bakterien, Viren und anderes mehr) und zunehmende Abbauerscheinungen bei Pflanze, Tier und Mensch. Jedem Abbauvorgang wird daher am wirksamsten mit Regeneration des Humus begegnet.

Der Kreislauf der Bakterien als Lebensprinzip

2. Artikel, Sommer 1953

Alles Krankheitsgeschehen – mit Ausnahme der Verletzungen – hängt aufs Engste mit der Unterbrechung des natürlichen Bakterienkreislaufs zusammen.

[Anm. d. Bearb.: *Heute eine Selbstverständlichkeit, damals kühn und scheinbar unbewiesen.*]

Von der Analyse toten Gewebes ausgehend, hat sowohl die Entwicklung der Medizin als auch die von Justus von LIEBIG (1803–1973) begründeten Agrikulturchemie (1840) [1973] seit mehr als hundert Jahren zur Ausbildung und zum Betrieb einer beherrschenden chemischen Industrie geführt, die das Leben von Mensch, Tier und Pflanze wesentlich dirigiert.

Die Ernährung des Menschen wird errechnet nach Eiweiß, Fett und Kohlehydraten, Vitaminen, Fermenten, Enzymen, Hormonen und Spurenelementen; die Ernährung der Pflanze nach Stickstoff, Phosphor, Kali, Kalk, weiters Mg, S, Fe, Bo, Mn, Cu und Co. Die Ernährung von Mensch, Tier und Pflanze wird chemisch errechnet und vielfach chemisch vollzogen.

Die Zunahme der Zivilisationskrankheiten geht mit diesen Vorgängen parallel, auch diese werden beim Auftreten der Symptome bei Mensch, Tier und Pflanze mit Chemie behandelt, die Bekämpfung von Krankheitserregern aller Art, Bakterien, Viren und andere mehr, ist in vollem Umfang im Gange.

Bei diesem seit mehr als hundert Jahren im Volleinsatz befindlichen Chemiesystem wurde das Leben der Bodenflora und der Mykorrhiza-Pilze als lebende Brücke zwischen Boden und Pflanze nicht beachtet. Kein einziger Düngungsversuch von LIEBIG und seinen Mitarbeitern und Nachfolgern wurde unter Berücksichtigung des wesentlichen Anteils der Bodenflora an der Gesundheit von Boden und Pflanze durchgeführt. Die Erhaltung der physiologischen Bakterienflora (symbiontische Mikroben) muss aber von jeder Düngemethode gefordert werden.

Das Wesen der physiologischen Bakterien ist eindeutig: Sie sind für das besiedelte Lebewesen unschädlich und besitzen Eigenschaften, die dem besiedelten Wirt nützlich und unentbehrlich sind. Ihre genaue Kenntnis wird gefordert! Die Bedeutung hochwertiger physiologischer Bakterien in der Lebenssphäre des Menschen ist sehr groß.

Die physiologische Bodenflora ist abhängig vom pH-Wert-Optimum 7,2, die Kunstdünger sind elektrolytisch wirksame Substanzen und vermindern den pH-Wert. Alle bakterientötenden Substanzen (Schädlingsbekämpfungsmittel, fäulniswidrige Chemikalien, zum Teil die Kunstdünger, Medikamente aus Menschen- und Tierbehandlung) bewirken eine Schwächung der Bodenflora bis zu deren Entartung oder gar Absterben. Physiologische Bakterien werden fallweise auch von der Pflanze aufgenommen, ihr Gesundheitszustand ist dann maßgeblich für deren Gedeihen.

Die Kenntnis hochwertiger Bodenbakterien gibt uns das wertvollste Kriterium für Schaden und Nutzen der Bodenkultur an die Hand. Was der Bodenflora schadet, das schadet auch Pflanze, Tier und Mensch. Diese Erkenntnis muss sich durchsetzen!

Die biologische Qualität der Nahrungs- und Futterpflanzen

3. Artikel, Herbst 1953

Das Tier in der freien Wildbahn wird bei der Nahrungssuche von seinem ihm angeborenen Instinkt gelenkt. Der Mensch hat das Instinkthandeln ersetzt durch ein ganz individuell gestaltetes Wollen und Denken und sich so einen gesicherten Lebensbereich geschaffen. Die Grenze, die diesen Lebensbereichen bei Mensch und Tier gesetzt ist, besteht darin, dass das Leben auf der Erde sich nach Gesetzen bildet und erhält, die nicht wir geschaffen haben, sondern die schon waren, ehe es uns gab, und die sein werden, wenn es uns nicht mehr gibt.

Landbau und Viehzucht finden also wie jedes Menschenwerk ihre natürliche Grenze in den Gesetzen des Lebendigen, die uns nicht unterstehen. Der Mensch kann die Naturgesetze für seine Zwecke anwenden, wie er will, aber er kann ohne sie nicht regieren, denn er ist ihnen unterworfen wie auch Tier und Pflanze. Eine solche natürliche Grenze ist auch die biologische Qualität, die wir bei Nahrungs- und Futterpflanzen suchen. Die biologische Qualität ist eine Ganzheitsfunktion, die nicht mit Zahlen, Tabellen oder chemischen Analysen messbar ist, da sie eine geistige Größe darstellt.

Wir dürfen eine Pflanze biologisch nennen, wenn sie imstande ist, alle ihre biologischen Funktionen zu erfüllen, die derzeit nur zum Teil bekannt sind. Die drei wichtigsten:

1. Die Funktion erbgesunder Fortpflanzung: *Sorten, die dem Abbau unterliegen, sind nicht erbgesund.*
2. Die Funktion der Selbsterhaltung: Pflanzen, die mit Spritz- und Beizmittel vor Schädlingen geschützt werden müssen, um sie am Leben zu erhalten, erfüllen die Funktion nicht.
3. Die funktionelle Wirkung auf andere Organismen: Biologische Nahrungspflanzen müssen appetitanregend auf Mensch und Tier wirken, dürfen keine Beschwerden verursachen und müssen die Gesundheit des Wirtes stärken.

Nur eine gesunde Kulturpflanze ergibt bei richtiger natürlicher Düngung ohne künstliche Triebmittel und ohne Pflanzenschutz einen guten Ernteertrag (Bauernweisheit).

Nicht nur in der Wildnis herrscht das Gesetz, dass das Nichtbiologische zugrunde geht, sondern auch auf unseren Äckern. Und wenn wir glauben, uns von diesem Gesetz lösen zu können, so wird sich das früher oder später als Irrtum erweisen müssen. Die Landwirtschaft der Zukunft wird die biologische Hochwertigkeit zur Forderung Nummer 1 erheben, oder sie wird ihre eigentliche höchste Aufgabe an der Menschheit nie erfüllen können.

Bodenwissenschaft und Kunstdünger

4. Artikel, Winter 1953

1. LIEBIG entdeckt vor circa 150 Jahren (1840) die Fähigkeit der Pflanze, wassergelöste Salzverbindungen von Elementen aus dem stets vorhandenen Bodenwasser aufzunehmen und als Nährstoff zu verwenden. Diese Erkenntnis wurde zur Grundlage aller Kunstdüngerentwicklung, die zu einem fast ausschließlich angewandten Verfahren wurde. Gestützt auf LIEBIGS Erkenntnis entwickelten die Kunstdüngerindustrie und ihre wissenschaftlichen Stützen den Grundsatz, dass die Pflanze nur wassergelöste Mineralverbindungen aufnehmen könne und dass diese das einzig richtige Futter für sie seien.

2. Kluge Bodenkundler aus aller Welt erhoben Bedenken:

a) gegen eine schrankenlose Verwendung von Mineralsalzen als Hauptbestandteil einer nicht natürlichen Düngung und damit die Gefahr der Überdüngung.

b) Es wurde beobachtet:

- der Verfall der Krümelstruktur,
- eine vermehrte Bildung ungebundener mineralischer Feinsubstanz mit Verkrustung, Verschlämmung und Verdichtung der Böden,- das Verschwinden der Regenwürmer.
- Die Abhängigkeit von regelmäßigen Niederschlägen steigt, Kunstdüngerböden verarmen an Mikroorganismen, Schädlinge und Pflanzenkrankheiten wurden allmählich zu einer alljährlich und überall drohenden Gefahr, gegen die man mit teils schweren Giften zu Felde ziehen musste, ohne ihrer Herr zu werden. Dies allein sollte zu denken geben, dass im Düngesystem schwere Fehler zu suchen sind.

3. Ein solcher Fehler ist die zwangsweise Verabreichung von oft stoßweise zugeführten Salzen, die die Pflanze zum Geilwuchs treiben. Ein solcher Fehler ist auch die totale Vernachlässigung des Bodens und seines Lebens, seine Herabsetzung zum Pflanzenstandort. Jede Bodenwissenschaft wird überflüssig gemacht und mit ihr das tausendfältig wechselnde organisch produktive Leben des Erdbodens.

4. Es gibt im natürlichen lebendigen Boden von selbst kaum nennenswerte Mengen wasserlöslicher Mineralien. Was die Pflanze für den Aufbau ihres Organismus und zur Bindung ihrer Wirkstoffe braucht, holt sie sich durch einen echten Verdauungsvorgang selbst aus dem Boden und seinen unlöslichen Mineralien heraus. Der Kunstdünger vermag niemals die aktive Arbeit des Organismus Pflanze nur annähernd zu imitieren und die Mineralaufnahme so fein zu regulieren, wie es die gesunde Pflanze auf dem gesunden Boden von selbst tut.

5. Der Organismus Pflanze ist auf den Organismus Boden angewiesen, aus ihm holt sie ihre Nahrung. Der Organismus Boden ist aber genauso auf den Organismus Pflanze angewiesen, die Wurzelhaare der Pflanze sind das Futter der Bodenmikroorganismen. Ohne Wurzeltätigkeit der Pflanze stirbt der Boden, es tritt Inkohlung (Vertorfung) ein. Der Kunstdünger zerstört dieses grundlegende Kräftespiel zwischen den Organismen.

6. Man muss der Pflanze die Auswahl der Mineralstoffe selbst überlassen, soll sie gesund bleiben. Jede Überdosierung führt zu Schädigungen, Versuche mit wasserlöslichen Spurenelementen haben das deutlich gezeigt. Es ist daher schwer, wenn nicht unmöglich, die Salzdünger so zu dosieren, dass die Dosis den natürlichen Wachstumsgesetzen und Ansprüchen der Pflanze entspricht. Gibt man aber der Pflanze Gesteinsmehle, die die Spurenelemente in ihrer ursprünglichen ungelösten Form enthalten, so löst sie sich das heraus, was sie braucht, und nicht mehr, alles Zuviel bleibt in ungelöster Form im Boden.

7. Auch Versuche in den USA haben ergeben, dass Pflanzenwurzeln imstande sind, Mineralien auch ohne Vermittlung des Wassers aufzunehmen. Wenn der Humus keine wassergelösten Mineralsalze enthält, wenn eine zu große Gabe von Salzen zu Überdosierung und Schaden der Pflanze führen kann, wenn die nichtlöslichen Mineralien aber niemals zur Überdosierung in der Pflanze führen und wenn schließlich nachzuweisen ist, dass die Pflanze Mineralien sogar ohne Wasser in ihre Säfte überführen kann, dann muss die Meinung der Kunstdüngerwirtschaft – ‚Die Pflanze braucht zum Leben wassergelöste Mineralien.' – falsch sein. Folglich ist die Kunstdüngung ein nicht natürliches Düngeverfahren und widerspricht den Wachstumsgesetzen.

8. Eine weitere Behauptung der chemisch-anorganischen Düngelehre: Die Pflanze kann keine organische Substanz aus dem Boden aufnehmen. Diese Behauptung ist von einer ganzen Reihe von Forschern in Europa und den USA, beginnend bei Arrturi Ilmari VIRTANEN (1933), mehrfach widerlegt worden. Die Versuche haben ergeben, dass die Pflanze alle organischen Riesenmoleküle bis zu den größten unverändert als Nahrung verwertet.
   Alle Lebewesen können organische Substanz von anderen Lebewesen empfangen und verwerten. Diese organische Nahrung wird der Pflanze vom Boden vorbereitet, sie gedeiht daher umso vollkommener, je mehr sie sich auf die Vorarbeit des lebendigen Bodens verlassen kann, der ihr die Nahrung reicht. Aufgabe der Düngung ist also die Bodenpflege: Düngen heißt nicht die Pflanze füttern, sondern den Boden lebendig machen (CASPARI 1948). Toter Salzdünger kann nur Mineralstoffe vermitteln, nicht aber organische Substanz. Die Zeit ist nicht mehr fern, wie es scheint, da wir zu Humuswirtschaft in einer modernisierten Form zurückkehren werden.

9. Was man Humus nennt, ist die Stätte, an der die Pflanzennahrung bereitet wird. Das ist der Organismus, der die letzte Vorarbeit leistet für die vollkommenere Ernährung der Pflanze, besser, als es die beste chemische Fabrik jemals können wird. Was aber ist Humus? Bildung der Krümelstruktur und Bildung der Gare sind identisch mit einer echten Humusbildung. Krümel ist eine Ehe zwischen Mineral und lebendiger Substanz.
   Humus ist ein lebendiges Gewebe, das Unterste im Mineralreich, identisch mit den höheren im Pflanzen- und Tierreich. Der Humus hat eine Art Gefäßsystem in Form von Hohl- und Kapillarräumen, in dem Wasser, Kohlensäure, Sauerstoff, Stickstoff und Mikroben bewegt werden und das die Atmung des Humus sichert. Zu seinem Wachstum braucht das Humusgewebe bestimmte Mineralien, die wichtigsten sind Ton und Kalk, sowie ein Angebot lebendiger Substanz, die aus dem Zerfall niederer und höherer Organismen

hervorgeht. Der Humus bildet sich nur in Gegenwart der Elemente Silizium und Kohlenstoff, ein offensichtlicher Hinweis, dass die Bildung des Gewebes Humus bereits in einem Zeitalter erfolgte, in dem das Silizium noch eine größere Rolle gespielt hat als der Kohlenstoff. Heute ist es in der lebendigen Welt umgekehrt. Die lebendige Substanz, gebildet aus dem Zerfall von organischer Masse, muss jedoch einen Reifungsprozess durch Bakterien und Pilze durchmachen, ehe sie die Fähigkeit zur Krümelbildung erlangt. Voraussetzung für die Humusbildung ist also neben den mineralischen Baumaterialien die Reifung der lebendigen Substanz bis zur Krümelfähigkeit und damit zur Vollwertigkeit als biologische Pflanzennahrung.

10. Wird der Lebensprozess der Humusbildung durch Mineralsalze gestört? Wasserlösliche Mineralien verschieben unmittelbar das elektrische Potenzial des Bodens und damit die Lebensbedingungen für die Bodenkolloide. Wer kunstdüngt, vernachlässigt den Boden, weil er ihn nicht mehr braucht, er füttert ihn nicht mehr mit organischer, mit lebender Substanz, ohne sie aber gibt es keine Humusbildung. Die Humusbildung wird durch die Kunstdüngung zwar nicht sofort, im Verlauf mehrerer Jahre aber mit Sicherheit verhindert, weil Letztere ebenso brutal in das Wachstum des Gewebes Humus eingreift wie in das Wachstum des pflanzlichen Gewebes.

Die lebendige Substanz als Grundlage der Gesundheit

5. Artikel, Frühling 1954

Das Wesen einer Krankheit ist zu begreifen im Wesen des Lebendigen selbst. Das Lebendige offenbart sich uns als das, was wir lebendige Materie nennen, und tritt in seinen höheren Organisationsformen (Pflanze, Tier, Mensch) für uns sichtbar in Erscheinung. Keine dieser Organisationsformen, ganz gleich, ob es sich um Tiere, Pflanzen oder Mikroben handelt, existiert als isoliertes Individuum, sondern ist ebenso Teil eines unbegreiflichen Ganzen, wie die lebendige Materie an sich in allen ihren Erscheinungsformen einem höheren Gesetz gehorcht. Das tiefste Wesen der Krankheit aber ist nur zu begreifen als ein Heraustreten aus der biologisch-physiologischen Ordnungsgemeinschaft der unteilbaren Ganzheit „Schöpfung".

Die Medizin des vorigen Jahrhunderts hat die Krankheit zunächst als individuelle pathologische Erscheinung betrachtet und sie meist mit Chemieeinsatz bekämpft und die allgemeine und die individuelle Hygiene begründet.

Die Erfolge dieses Bestrebens waren unter anderem die aseptische Operation, die Asepsis bei Geburt und Wochenbett und die Ausrottung vieler Seuchen. Zunehmende Entartungserscheinungen hingegen werden sichtbar bei den Kulturpflanzen und beim Humusorganismus des Ackerbodens. Was die Natur macht, ist immer richtig. Und wenn es auf der Erde Krankheitserreger und Schädlinge gibt, so hat das einen guten Grund. Es wäre ganz widersinnig anzunehmen, sie seien prinzipiell unerbittliche Feinde gesunder Lebewesen. Sie sind in Wirklichkeit die Feinde des nicht mehr Gesunden.

Wenn wir die Ursache von Krankheiten suchen, so finden wir sie nicht in Form der Erreger, die den einzelnen Organismus zerstören, sondern innerhalb dieses Organismus selber. Krankheitskeime gibt es immer und überall. Es wäre sinnlos, sich vorzustellen, dass man sie ausrotten könnte. Mit ihrer Hilfe erhält die Natur ihre biologische Ordnung, und wo sie in Massen auftreten, da ist diese Ordnung gestört.

Die biologische Wertigkeit beziehungsweise die Gesundheit eines Organismus liegt in seinem Bestand an lebendiger Materie begründet, das heißt im lebendigen Gehalt aller seiner verschiedensten Zellkerne. Eine Schwächung oder Degeneration der Zellkerne wird sehr leicht durch Fehl- oder Mangelernährung beziehungsweise Behinderung des natürlichen Stoffwechsels herbeigeführt.

Die Ernährung der Zelle erfolgt zum Teil anorganisch, sie ist imstande, wasserlösliche Verbindungen aufzunehmen und in lebendige Materie zu verwandeln; sie nimmt aber auch lebendige Substanz in erheblicher Molekülgröße auf. Lebendige Substanz: Darunter werden alle spezifischen und unspezifischen Molekülverbände verstanden, die zwar biologisch unterhalb der Funktionseinheit „Zelle" stehen, sich aber im Gegensatz zu mineralischen Riesenmolekülverbänden durch typische Lebensäußerungen unterscheiden. Sie sind im Lichtmikroskop sichtbar, wenn sie in Riesenmolekülverbänden auftreten.

Wir betrachten die regelmäßige Aufnahme spezifischer lebender Substanz von bestimmter biologischer Prägung als Voraussetzung für die Erhaltung der biologischen Wertigkeit aller Organismen und ihrer Zellkerne, also die Voraussetzung für die echte biologische Gesundheit.

Da aber heute auf der Erde jedes Lebewesen von der Substanz anderer Lebewesen lebt, ist der Kreislauf der lebendigen Substanz im Ganzen für die Gesundheit entscheidend, denn jedes Lebewesen ist ausnahmslos abhängig von der biologischen Vorarbeit derjenigen Organismen, die ihm zur Nahrung dienen. Die Gesundheit des Menschen ist daher absolut abhängig von der Gesundheit der von ihm verzehrten tierischen und pflanzlichen Nahrung und diese weiterhin von der Gesundheit des Bodens beziehungsweise von dessen lebender Substanz, die Letztere hervorbringt.

Die Regulierung dieses Gesundheitszustandes wird von Mikroben geleistet, von denen es biologisch gesehen drei große Gruppen gibt:

a) die physiologischen Bakterien
b) die abbauenden Bakterien
c) die pathogenen Bakterien (Krankheitserreger)

Die physiologischen Bakterien bauen auf, überall dort, wo lebende Substanz in wachsende Organismen aufgenommen wird. Die abbauenden Bakterien verwerten jede organische Abfallsubstanz, woher sie auch kommen mag (Mist, Kompost).

Die pathogenen Bakterien zerstören alles, was von der biologischen Norm abweicht (Degeneriertes). Wenn es gelänge, über den Weg der normalen Nahrung genügend von physiologischen Bakterien aufgebaute lebende Substanz laufend sicherzustellen, müsste vielen Erkrankungen der Boden entzogen werden. Ohne die Arbeit der physiologischen Mikroben kann es keine gesunden Lebewesen geben.

Es muss daher unser Bestreben sein, die biologische Wertigkeit von Pflanzen und Tieren, welche uns zur Nahrung dienen, auf der biologischen Höhe zu halten und dafür zu sorgen, die Leben spendende Humusschicht unserer Erde als wichtigstes biologisches Regulativ gesund und leistungsfähig zu erhalten.

Fragen zur Umstellung auf die biologische Wirtschaftsweise

6. Artikel, Sommer und Herbst 1954

Wenn ein Bauer oder Gärtner seinen Betrieb auf eine biologische Bewirtschaftung umstellen will, so muss er sich zuerst darüber im Klaren sein, dass die Umstellung nicht mit einigen Rezepten durchgeführt werden kann, dass es nicht genügt, wenn man einfach auf den Kunstdünger verzichtet und stattdessen seinen Stallmist schlecht und recht kompostiert. Der biologische Landbau ist eine Lebensaufgabe und erfordert ganze Männer und Frauen, er muss weniger erlernt werden als vielmehr erlebt und erarbeitet.

Die Kunstdüngerwirtschaft nimmt den Bauern die Mühe des Denkens ab: Saatgut wird geliefert, alle Jahre neu, Kunstdünger (wasserlösliche Mineralien), nach Hektar errechnet, wird geliefert, gleichzeitig die nötigen Schädlingsbekämpfungsmittel.
Der Boden wird als Pflanzenstandort betrachtet, um dessen Innenleben man sich nicht zu kümmern braucht, die Loslösung vom Boden ist vollzogen.

Die Mineralstofflehre gibt es seit rund 100 Jahren; als man entdeckt hatte, dass man der Kulturpflanze wasserlösliche Salze anbieten kann, ergriff die Industrie die Chance und entwickelte ein Wissenschafts- und Vertriebssystem von beherrschendem Ausmaß. Die vier Haupt- oder Kernnährstoffe N, P, K, Ca wurden in wasserlöslicher Form verabreicht, gefolgt von den ebenfalls in wasserlösliche Form gebrachten Spurenelementen Cu, Fe, Mn, Al, Si, Zn, Ni, Co, B.

In der Kunstdüngerwirtschaft besteht die einzige Brücke zwischen der Pflanze und der Umwelt in dem Vorgang der Mineralstoffaufnahme in wassergelöster Form, von der behauptet wird, sie sei die einzige Form der Nährstoffaufnahme für die Pflanze überhaupt. Angesichts dieser alles beherrschenden Kunstdüngerwissenschaft muss auch der biologische Landbau eine Wissenschaft werden, denn anders lässt sich nun einmal in der modernen Zivilisation nicht wirtschaften.

In der biologischen Landwirtschaft wird die Pflanze nicht gefüttert; das Ziel ist eine Pflanze, die von selbst wächst. Das geht aber nur auf einem lebendigen Boden und deshalb steht im Mittelpunkt eines solchen Betriebes der Boden und immer wieder nur der Boden. Man muss ihn genau kennen, muss ihn riechen und anfühlen lernen, man muss wissen, was ihm fehlt und was er haben muss, um gesund zu sein, man muss sein Leben spüren lernen und wissen, dass aus ihm alles Lebendige kommt und in ihm alles Lebendige endet. Erst dann kann man biologisch denken, fühlen und arbeiten, erst dann verwächst die ganze Familie mit der fruchtbaren Erde, und erst dann wird aus einem „Betrieb", aus einer „Pflanzenfabrik", ein Bauernhof.

Worin liegt der Unterschied zwischen künstlicher und natürlicher Bodenwirtschaft? Der Unterschied liegt in der Betrachtungsweise des Stoffwechsels der Pflanze: Der Chemiker hält das Düngesalz für die einfachste, billigste, bequemste und natürlichste Art der Düngung, denn er glaubt, dass er mit dem Mineralstoff der Pflanze alles gibt, was sie zum natürlichen Wachstum braucht. Für den Chemiker besteht die einzige Brücke zwischen der Pflanze und der Umwelt in dem Vorgang der Mineralstoffaufnahme.

Der Biologe weiß um die enge Bindung zwischen Pflanze und Boden und erkennt diesen als den Nährstofflieferanten für alle Bedürfnisse der Pflanze. Alles, was sie braucht, schöpft sie aus dem Kreislauf des Bodens und seiner lebendigen Substanz, auch die Mineralstoffe. Daher ist der Boden durch die Bewirtschaftung in den Zustand zu versetzen, dass er dies bewerkstelligen kann.

Die Hauptmaßnahme, den Bodenzustand in ein Optimum zu bringen, ist jedwede Art von Kompostierung, die ein Vorverdauen organischer Abfälle in Richtung Humus darstellt. Gesunde und reichhaltige Komposte bringen außer dem Ersatz an lebendiger Substanz auch eine biologisch genau und richtig dosierte Menge von Mineralien mit, eingebaut in die Gebilde der lebendigen Substanz – also nicht isoliert.

Auf diese Weise wird dem Boden an Mineralsubstanz genau das wiedergegeben, was ihm die Pflanze entzieht; ein Mangel kann nicht auftreten. Ein direktes Aufbessern des Mineralhaushaltes des Bodens geschieht im biologischen Landbau durch den Einsatz von Urgesteinsmehlen, die nicht direkt wirken, sondern von den Lebewesen des Bodens aufgeschlossen werden müssen.

Welche Folgeerscheinungen treten bei der Kunstdüngung auf? Abbauerscheinungen: Das Saatgut verliert seine immerwährende Keimkraft, man braucht immer wieder frisches. Die Pflanze verliert die Fähigkeit, Abwehr- und Schutzstoffe zu bilden, die Krankheitsanfälligkeit nimmt zu und zwingt zum Einsatz von Gift. Die Pflanze verliert die Fortpflanzungsfähigkeit (Samenbildung).

Die richtige pflanzen- und bodenerwünschte Dosierung der Mineraldünger (Hauptnährstoffe und Spurenelemente) ist nahezu unmöglich. Der Mineralhaushalt des Bodens kommt in Unordnung, chronische Bodenschäden treten auf.

Man kann eine Kulturpflanze also nur richtig ernähren, wenn man nicht in den Stoffwechselprozess zwischen Boden und Pflanze eingreift. Die Kunstdüngung ist in keinem Fall eine normale Ernährung des Bodens, erst recht nicht eine normale Ernährung der Pflanze. Es gibt keinen Kompromiss zwischen Kunstdüngung und biologischem Landbau – man kann nur das eine oder das andere tun.

Theorie und Praxis der Kompostbereitung im biologischen Landbau

7. Artikel, Winter 1954 und Frühjahr 1955

Düngung und Kompostwirtschaft waren in früheren Zeiten unbekannt, solange genügend jungfräuliches Land vorhanden war. Als dieses aber Mangelware wurde, fing der Bauer an, Abfallstoffe zu verwerten, und entdeckte, dass der Boden lebendige Eigenschaften hat, die erhalten werden müssen, wenn er fruchtbar bleiben soll. Der deutsche Arzt Albrecht Daniel THAER (1752–1828) begründete in der ersten Hälfte des 19. Jahrhunderts die Humuslehre und mit ihr die Landwirtschaftswissenschaft (vier Bände, 1798–1804). Er wies nach, dass man den Humus der Kulturflächen erhalten kann, wenn man organische Abfallstoffe (Mist, Gülle, Jauche, Stroh, Pflanzenabfälle) auf das Land bringt, und begründete weiters die Kleewirtschaft.

In der zweiten Hälfte des 19. Jahrhunderts begründete Justus v. LIEBIG die Mineraldüngung aus der Erkenntnis heraus, dass die Pflanze aus den gleichen Mineralien besteht, die man im Boden findet, und dass die Salzformen von Mineralien von der Pflanze gerne aufgenommen werden, sodass Mineralmangel durch Gaben von Mineraldüngern zu beheben sei. Aus diesen Erkenntnissen Liebigs formten seine Zeitgenossen und Nachfolger den Grundsatz, dass die löslichen Mineralsalze die einzige Nahrung seien, die die Pflanze aufnehmen könne. Dieser Grundsatz wurde zum Freipass für jedwede Kunstdüngung, in deren Gefolge die Humusdecke verschwindet, die Pflanze wird unfruchtbar, krank und anfällig.

Diese Entwicklung führte in die Richtung des biologischen Landbaus, der seine Methode nach den Gesetzen des Lebendigen richtet. Die Pflanze braucht zum Wachstum nicht nur Mineralsubstanz, schon gar nicht tote aus dem Kunstdüngersack, sondern auch lebendige Substanz, organische Masse. Der Boden braucht das Gleiche, da die Lebensprozesse des Bodens den gleichen Gesetzen unterliegen, denen auch die Pflanze unterliegt. Diese Mineralsubstanz und lebende Substanz stammt aus den Lebenskreisläufen vornehmlich aus den Abfällen der höheren Organismen und wird gewonnen durch die Kompostierung. Kompost ist somit der vollkommene Düngestoff. Er vermag die durch die Kultur entstandenen Mängel auszugleichen, sowohl biologisch als auch mineralisch. Er ist weiters imstande, während seines Reifungsprozesses einen Gesundungsprozess zu entwickeln, der das Krankhafte zum Verschwinden bringt.

Rudolf STEINER (1924) entwickelte die biologisch-dynamischen Kompostpräparate, die, in homöopathischen Dosen gegeben, im Kompost die Lebenskräfte und damit seine Wirksamkeit noch steigern, was sich auf Boden und Produkt überträgt. Auch andere Zusätze erhöhen die Düngekraft des Kompostes, vor allem Urgesteinsmehl oder diverse Bakterienpräparate. Die Komposte sind bei Luftzutritt abzudecken und feucht zu halten. Bis hierher ist vom Haufenkompost die Rede.

Die Natur kompostiert jedoch flächig, wie das Herbstgeschehen (Laubfall) zeigt. Die oben liegende Frischmasse wird von Bodentieren und Mikroben zerkleinert und verarbeitet, sinkt ab, wird von neuer Frischmasse bedeckt und wandelt sich durch Bakterientätigkeit zu Humus. Dieser Vorgang gibt den Anstoß, auch im Landbau flächig zu kompostieren in Form von Mulchdecken, Zwischensaaten, Gründüngungen, Mistschleiern, Bodendecken aus halb verrottetem Material, aufgegrubberten Stoppel- und Wurzeldecken, mit Urgesteinsmehl bestreut.

Dem Haufen wird anvertraut, was jahreszeitlich und bedarfsmäßig flächig nicht verwertet werden kann. Das anfallende Material soll nicht längere Zeit unkontrolliert lagern, sondern möglichst bald (Stallmist) der Verrottung zugeführt werden, um unkontrollierte Abbauvorgänge zu verhindern.

Fragen zum biologischen Landbau und was darauf zu antworten ist

8. Artikel, Sommer 1955

1. *Wie kann der Begriff „Humus" mit wenigen Worten gekennzeichnet werden?* Humus ist eine Schutz- und Dauerform der lebendigen Bodensubstanz nach der Verarbeitung durch die Kleinlebewesen und ein Vorrat an lebenden und leblosen Nährstoffen für den Pflanzenwuchs.

2. *Eignen sich bisher unfruchtbare Moorerde und Torf auch zum Kompostieren?* Nein, Torf ist ein durch Inkohlung (Luftentzug in Mooren) tot gewordenes ehemals lebendes Material, das im Boden eine momentane Lockerung erzeugt, aber kein Leben bringt.

3. *Weshalb ergeben Stallmist und Laub zusammen keinen wertvollen Kompost?* Laub in größeren Mengen ist als Beimischung zu Komposten nicht geeignet. Es legt sich flächenhaft zusammen, verklebt miteinander, bildet ganze Teller, die absolut luft- und wasserdicht sind und die Verrottung des Mistes sehr beeinträchtigen und das Endprodukt abwerten. Laub in größeren Mengen ist für sich allein zu kompostieren.

Zwei Jahre Praxis der biologischen Bodenuntersuchung in der Schweiz

9. Artikel, Herbst 1955

Der biologische Landbau denkt zuerst an den Boden und dann erst an die Pflanze, weil er weiß, dass derjenige doch den längeren Atem hat, der den besseren und lebendigeren Boden hat. Das gerade prüft die biologische Untersuchung und das gerade hat man von ihr zu erwarten. Der Bauer gewöhnt sich leicht an, nur an den nächsten Herbst zu denken und nicht an die vielen Jahre, die darauf folgen. In der Angst um Existenz und Rentabilität stirbt der echte und natürliche Landbau!

Es ist und bleibt das Ziel des biologischen Landbaus, den Boden lebendig zu machen, und es ist und bleibt das Ziel der biologischen Kultur und Düngung, das Bodenleben zu erhalten und nötigenfalls bis zum höchsten Wert zu mehren. Die Pflanzenprobleme – Ertrag, Ernährung, Schädlingsbefall und Krankheit – lösen sich dann von selbst. Die biologische Untersuchung sieht zuerst den Boden und immer wieder zuerst den Boden, die Pflanze in zweiter Linie.

Wir haben die Mineralfrage vom Boden aus zu lösen, nicht von der Pflanze allein aus, und wir werden sie auch von dorther lösen, wir werden lernen, das natürliche Mineralbedürfnis vollkommen zu befriedigen (Urgesteinsmehl).

Prüfung von Komposten: eine Probeentnahme von frischem Material und eine vom gleichen Haufen nach beendeter Kompostierung.

Prüfung von Äckern und Wiesen: Probeentnahmen an möglichst vielen Stellen der oberen (15 Zentimeter) lebendigen Bodenschicht; sie können zu allen Jahreszeiten durchgeführt werden. Das Aufdecken von Fehlern ist durch einen einmaligen Test schwer, eine fortlaufende Testierung bietet hier Abhilfe. Wir müssen den biologischen Landbau auf wissenschaftlich exakte Grundlagen stellen, damit er sich durchsetzen und beweisen kann.

Bodenbearbeitungsfragen: Im Hinblick auf die Erhaltung und Mehrung der lebenden Substanz im Boden

10. Artikel, Winter 1955

Die Landwirtschaft steht niemals stille – es fließt alles –, so wie in anderen Berufen, die mit Lebendigem zu tun haben, zum Beispiel in der Heilkunde.

Der Bauer hat sich angewöhnt, seinen Acker zum Säen, Pflanzen, Lockern, Krümeln und Unkrautjäten mit vielerlei Maschinen alljährlich viele Male zu befahren, umzustürzen und zu zermahlen. Je öfter, desto besser! Es war mehr eine Frage der Arbeitskraft und der Zeit, wie viele Male das jährlich geschah, als eine Frage, wie weit das nützlich oder schädlich sein könnte.

Wenn wir die Fragen der Bodenbearbeitung in diesem Geiste ansehen, so wird es uns leichtfallen zu begreifen, wie viel es da noch zu entwickeln gibt. Die Umsetzung der organischen Stoffe im Boden geht in verschiedenen Schichten vor sich. Nur wenn die Arbeit dieser Schichten reibungslos ablaufen kann, gibt es eine optimale, eine bestmögliche Humusbildung.

Die Umsetzung geht dann, wenn wir den Acker dauernd umdrehen und verfurchen, wohl auch vor sich, aber unvollkommen. Der Acker kann viel weniger von den Vorteilen einer großen Lebendigkeit Gebrauch machen. Jedes Mal, wenn der Pflug die Schichtbildung in der lebendigen Oberschicht zerstört, geht ein Teil der Organismen zugrunde. Seine Teile müssen sich erst mühsam und langsam wieder zu einer Ordnung zusammenfinden. Die Zahl der Kleintiere und Mikroben geht mit jedem Mal robuster Bearbeitung zurück, bis die Entlebung des Bodens vollständig wird.

Es kann deshalb daran kein Zweifel bestehen: Die Landwirtschaft der Zukunft wird danach streben, den Pflug als Mittel der Bodenbearbeitung möglichst auszuschalten. Sie wird Maschinen benutzen, die die Schichtbildung des Bodens möglichst wenig stören. Sie wird die Oberfläche nur gerade so viel bearbeiten, wie es für die Zwecke der Kultur unbedingt notwendig ist. Pioniere ans Werk! Bodenbedeckung: Die Umsetzung der organischen Stoffe im Boden zu fruchtbarem Humus, das A und O im biologischen Landbau, hat zwei unerbittliche Feinde: das Tageslicht und die Trockenheit.

Die Bodenbedeckung hilft sie fernhalten und darin liegt ihre größte Bedeutung. Die Bodenbedeckung ist teilweise der Maschinenbearbeitung im Weg, auch hier werden neue Geräte zu entwickeln sein.

Welche sind die wichtigsten Fehler beim Kompostieren?

Die Arbeit des Kompostierens verrichten kleine und kleinste Lebewesen in Tausenden von Arten, die überall da sind, wenn organische Materie nach Beendigung eines Lebensprozesses umgearbeitet werden soll zu neuer Brauchbarkeit. Bei diesem Vorgang herrscht wie überall in der Natur eine wundervolle Ordnung und Zweckmäßigkeit. Bei der Kompostierung kommt es darauf an, genau die Bedingungen zu erfüllen, unter denen die Umsetzung organischer Materie in der Natur vor sich geht.

- Genügend Feuchtigkeit! Ist das Material zu trocken (Schönwetterperioden, trockenes Material), muss gewässert werden.
- Genügend Luft, Atemluft für die aeroben Bakterien und Luftstickstoff für den Aufbau von Eiweißstoffen, daher locker aufsetzen, egal, wie hoch Haufen oder Walme sind. Im Kompostvorgang gibt es eine Abbauphase und eine Aufbauphase. Die Lebewesen der Abbauphase brauchen mehr Wasser und die Lebewesen der Aufbauphase brauchen mehr Luft.
- Haufen und Walme zudecken mit Strohhäckseln, Grasschnitt, Kompostvlies. Die Decke muss luft- und feuchtigkeitsdurchlässig sein, muss das Licht, den Wind und den Gussregen draußen lassen. Sie schützt die Materie vor störenden Einwirkungen.
- Komposte gehören weder in Gruben noch auf Betonplatten, sondern auf den gewachsenen Boden. Sehr zu empfehlende Zusätze sind Wildkräuter und Urgesteinsmehl.

Fragen zum biologischen Landbau

11. Artikel, Frühjahr 1956

1. *Kann durch biologische Wirtschaftsweise ein kranker Mensch wieder gesund werden und in welcher Zeit?*
   Die biologischen Landbaumethoden sind nur aus dem Bedürfnis entstanden, menschliche und tierische Krankheiten zu verhüten. Sie wurden sämtlich von Pionieren gefördert, die die Zunahme der Entartungsleiden auf den zunehmend künstlichen Landbau zurückführen. Daraus darf geschlossen werden, dass man auch Krankheiten, die bereits bestehen, durch biologischen Landbau und optimale Ernährung günstig beeinflussen kann. Die mitgeteilten Erfahrungen weisen darauf hin, dass dem so ist. Ob es allerdings in allen Fällen möglich ist, länger bestehende chronische Erkrankungen vollkommen zu heilen, muss bezweifelt werden. Das Verhindern des Fortschreitens sowie Linderungen von Beschwerden zu erreichen, wird in vielen Fällen möglich sein.

2. *Wie ist es möglich, in einem dichten Baumbestand ohne chemische Düngung und Spritzung schöne Äpfel zu bekommen?*
   Passende Sortenwahl für Klima und Boden ist unerlässlich, hochgezüchtete Industriesorten eignen sich nicht für den biologischen Landbau, da sie ohne chemischen Schutz die Reife nicht erreichen. In einem dichten Baumbestand kann nur Ordnung herrschen, wenn das biologische Gleichgewicht nicht gestört und alles erfüllt ist, was bisher gefordert wurde. Biologische Ordnung unter und über der Erde, dazu gehören auch der Vogelschutz und die Förderung der Bienen.

Pionierarbeit für eine ganzheitliche, organische und zukünftige Landwirtschaft, die die Gesetze des Lebendigen wieder in den Mittelpunkt ihrer Kulturarbeit stellt und damit ihrer Aufgabe gerecht wird, für ihre Mitmenschen Gesundheit zu schaffen, ist notwendig.

Vom Segen der Heilkräuter in der Landwirtschaft

12. Artikel, Sommer 1956

Das Leben auf unserer Erde nährt sich aus allen Elementen und allen Kräften, die zur Verfügung stehen; es braucht die Strahlungsenergie der Sonne ebenso wie die Kraft der Erde, es braucht den Wind, die Luft, das Wasser, das Licht, die Wärme. Und es braucht sie so, wie sie auf der Erde vorkommen. Daran ist grundsätzlich trotz aller menschlichen Bestrebungen nichts zu ändern.

Das Leben braucht aber auch das „andere Leben" auf der Erde, das sind die lebendigen organischen Wirkstoffe, die die Lebewesen zu ihrem Schutz, Wachstum und zur Fortpflanzung brauchen; feine, ungeheuer kompliziert zusammengesetzte Wirkstoffe in der notwendigen Vollkommenheit und Menge, die brüderlich von einem zum anderen ausgetauscht werden.

Die Wirksamkeit der Heilkräuter, die zum größten Teil seit Jahrtausenden den Menschen bekannt ist, beruht darauf, dass ein jedes von ihnen komplizierte Wirkstoffe besitzt, die für den Ablauf organischen Lebens irgendwie wichtig sind. Sie fördern auf eine uns noch meist unbekannte Weise natürliche Vorgänge des Wachstums, der Kohlehydratbildung, der Eiweißbildung, der Zellvermehrung, der Fruchtbarkeit und vieler anderer organischer Vorgänge, die den Lebewesen eigen sind.

Die Zusammenarbeit der Lebewesen ist jedoch so organisiert, dass keiner seine Befugnisse überschreitet. Auf diese Weise werden die Lebensräume der Organismen gegeneinander abgegrenzt; ein jeder erhält den ihm zustehenden Platz an der Sonne, aber nicht mehr. Dem natürlichen Egoismus einer jeden Spezies ist die Schranke gesetzt durch den Zwang zur Lebensgemeinschaft; das drückt sich auch in der Wirkung der Heilkräuter aus. Dort macht es nicht die Menge aus, sondern die heilenden Wirkstoffe gelangen nun in geringer Menge, ja meist nur in nicht nachweisbaren Spuren zu anderen Organismen und werden dort wirksam.

So gibt es zahlreiche Beziehungen von Pflanzen untereinander, Freundschaften und Feindschaften bei Gemüse und Feldfrüchten, fördernde Wirkungen durch Beikräuter, spezielle Baum- und Straucharten für verschiedene Böden (Bewaldung von Steppen). Es gibt Tausende von Beispielen, auf wie vielfältige, ja geheimnisvolle Art das Lebendige auf der Erde miteinander verwachsen und verwoben ist. Mit den Heilkräutern wird der Versuch gemacht, der natürlichen Wirkstoffe teilhaftig zu werden, indem wir ihre Wirkungen auf Krankheiten unseres Körpers erproben.

Wohl am weitesten entwickelt ist diese Möglichkeit in den Lehren der Homöopathie: Heilen mit kleinsten Mengen von Wirkstoffen. Solche Heilkräuterwirksamkeiten wurden erprobt bei der Kompostbereitung, insbesondere durch die biologisch-dynamischen Präparate von Rudolf STEINER: Kamille, Löwenzahn, Eichenrinde, Schafgarbe, Brennnessel, Baldrian. Aber auch andere Forscher, Fritz CASPARI (1948), Maye E. BRUCE (1953), Franz LIPPERT (1953), befassten sich mit diesem Thema mit vollem Erfolg. Auch hier genügen kleine Mengen, wenige Gramm Kräuter für Komposte üblicher Gartengröße.

Seit der begonnenen Erforschung der Spurenelementwirkung fangen wir an, etwas tiefer in die Geheimnisse der organisch-biologischen Substanzen zu blicken. Es darf uns daher nicht wundern, wenn winzige Mengen von Kräuterpulvern aus Wildpflanzen im lebendigen Organismus „Komposthaufen" enorme, ja entscheidende Wirkungen hervorbringen können. Für eine für den Menschen vollgültige Nahrung ist es nicht nur wichtig, dass die groben Nährstoffe vorhanden sind, die Eiweiße, Fette, Kohlehydrate, Vitamine, Minerale und Spurenstoffe, sondern auch die hochwichtigen organischen und lebendigen Substanzen, ohne die die Feinarbeit unserer Körpergewebe und -zellen allmählich zum Erliegen kommt. Diese Stoffe aber vermittelt uns nur eine Pflanze, die selbst richtig ernährt wird, die selbst die Möglichkeit hat, ihren Zellen die vollkommene, die wirklich biologische Nahrung zu verschaffen. Und dafür braucht sie unter anderem auch die Wirkstoffe aus dem Pflanzenreich der Wildnis. Dies ist der Sinn der Anwendung von Heilpflanzenpräparaten in der Landwirtschaft.

Stallmist oder Stallmistkompost – Wissenschaft und Praxis im biologischen Landbau

13. Artikel, Herbst 1956

Der biologische Landbau ist nicht denkbar ohne die richtige Behandlung der lebendigen Dünger. Es ist und bleibt eine unumstößliche Tatsache, dass der Unterschied zwischen Frischmist und Mistkompost einen ganz entscheidenden Raum einnimmt im Denken des biologischen Bauern, dass sich hier wirklich entscheidet, ob man die Methode ernst nimmt oder nicht.

Es gilt im biologischen Landbau als ausgemacht, dass dem kompostierten, mehr oder weniger vollkommen verrotteten Mist unbedingt der Vorzug gebühre gegenüber dem sonst üblichen Verfahren, den Stallmist ungeachtet seines Zustandes auszubringen und unterzupflügen. Man hat zweifelsfrei beobachtet, dass die Wüchsigkeit und Gesundheit, die Keimfreundlichkeit und Schädlingsfreiheit bedeutend gesteigert werden, wenn der Mist nicht stallfrisch aufs Feld kommt, sondern vorbehandelt wird.

Eigene zahlreiche Versuche haben ergeben, dass der Unterschied zwischen dem frischen und dem vorbehandelten Stallmist ganz allein in dem Ablauf und der Entwicklung der mikrobiologischen Umsetzungsvorgänge zu finden ist. Die Abbauphase ist im Frischmist noch nicht vollzogen, während sie im Mistkompost bereits abgeschlossen ist. Auch die Stickstoffversorgung durch den Mistkompost ist eine bessere, was im Ablauf der Vorgänge zu suchen ist.
Der biologische Landbau will nicht Pflanzen „füttern", einzig und allein um „Erträge" einzuheimsen, sondern will Leben erzeugen, Lebensvorgänge in Gang halten und Nahrung wachsen lassen nach den Gesetzen des Lebendigen. Das ist undenkbar ohne eine richtige Führung der entscheidenden Lebensvorgänge in den organischen Düngern. Erst wenn wir erkennen, wie wichtig diese Lebensvorgänge für das natürliche Pflanzenwachstum sind, werden wir wirklich biologischen Landbau betreiben können.

Bei Frischmistdüngung laufen die mikrobiologischen Vorgänge ungeordnet ab; eine solche Erde ist unruhig, während die mit Kompost versorgte ein einheitliches, ruhiges, mikrobiologisches Bild zeigt. In der Natur gehen die Abbauvorgänge an der Oberfläche vor sich, die Aufbau und Humusbildungsvorgänge in der tieferen Schicht der lebendigen Krume, also getrennt. Die Pflanzenwurzel meidet streng alle Abbauschichten. Beim Einackern von frischen, organischen Substanzen (Frischmistgründüngung) geraten Abbauvorgänge in tiefere Schichten und erzeugen dort Unordnung, unter Luftabschluss entsteht Fäulnis und damit Gift, das Pflanzenwachstum antwortet darauf zögerlich; daher ist diese Art von Düngung falsch.

Reifkomposte können jederzeit eingearbeitet werden, da ihre abgeschlossene Reifung in der tieferen Schicht ihre Entsprechung findet. Nun hat aber die Haufenkompostierung bis zur völligen Vererdung in der Landwirtschaft ihre Schwierigkeiten: Arbeitsaufwand, Zeitaufwand, Masseverlust, möglicherweise Notwendigkeit von Frischmassezukauf.

Untersuchungen haben jedoch ergeben, dass halb reife, noch in der Abbauphase befindliche organische Dünger ausgebracht werden können, wenn man darauf verzichtet, sie einzuackern, sie unterzuarbeiten. Der Abbau erfolgt bei Luftzutritt an der Oberfläche und stört die Pflanzenwurzel nicht; die Aufbauphase vereinigt sich mit der Krümelstruktur zu neuem Humus.

Bei keinem anderen Verfahren lässt sich eine so ideale Art der Humusbildung beobachten und die Belebung des Bodens geht auf keine andere Weise so rasch vor sich. Man kann also sagen, dass mikrobiologisch nichts dagegen und alles dafür spricht, organische Dünger noch in der Halbreife als Bodenoberschicht, also als Bodenbedeckung, zu verwenden.

Die ideale Form der organischen Düngung ist diejenige, die eine natürliche Schichtbildung auf dem Feld bewirkt. Dazu gehört die natürliche Trennung von Abbauvorgängen in der obersten und Aufbauvorgängen in der darunter liegenden Bodenschicht. Halb reife, noch in der Abbauphase stehende Dünger gehören ausschließlich auf die Bodenoberfläche, eingearbeitet werden darf nur vollständig reifes, also vererdetes Material.

Der organischen Oberflächendüngung gehört zweifellos die Zukunft! Bis jedoch dieses neue Verfahren zum Tragen kommt, hat die Mistkompostierung noch ihre volle Berechtigung. Die Kunst des Kompostierens wird aber trotz neuer Erkenntnisse immer ein Kernstück und Prüfstein für den organischen Landbau bleiben. Die Kunst des Kompostierens liegt im richtigen Gleichgewicht zwischen Durchlüftung und Durchfeuchtung.

Fragen zum biologischen Landbau und was darauf zu antworten ist (Wissenschaft und Praxis im biologischen Landbau)

14. Artikel, Winter 1956

1. *Ist die Qualität des Stadtkompostes von einem Ausmaß, dass seine Verwendung gerechtfertigt ist?*
   Ob der Durchschnitt der Qualität der Stadtkomposte ausreicht, um die Qualität der Kulturböden zu verbessern, kann derzeit weder bejaht noch verneint werden. Derzeit liegen die Dinge der Kompostierung auf dem Land genauso im Argen wie bei den Stadtkomposten, es ist noch viel Arbeit nötig, um in beiden Bereichen zur Qualitätsverbesserung zu kommen.

2. *Ist Beimischung von Erde zu Stallmist zum Kompostieren nötig? Kann Mist ohne Erde mit gleichem Erfolg geimpft werden wie mit Erde?*
   In tierischen Abfällen hat die lebende Substanz eine größere Dichte als in pflanzlichen; in reinem Mist ist die Dichte zum Beispiel 100- bis 200-mal so groß wie im Stroh. Bei der Kompostierung von so dichtem Material geht der Abbau auch durch den Luftmangel zu weit und für die Lebensprozesse im Boden bleibt nichts mehr übrig. Durch die Beimischung von Stroh wird die Dichte vermindert, die Belüftung des Misthaufens verbessert, dazu eine Urgesteinsmehl-Zugabe im Stall, so haben die Humus erzeugenden, luftliebenden Kleinlebewesen gute Lebensbedingungen. Die Beimischung von Erde hat den Hauptzweck, die Dichte des lebendigen Materials noch mehr zu verringern und den Verlust an Gesamtmenge zu reduzieren und hängt davon ab, wie weit der Mist durch Einstreu schon vorher „verdünnt" wurde. Je weniger Einstreu, desto mehr Erdbeimischung, je mehr Einstreu, desto weniger ist nötig.

Eine gute Erde wirkt wie eine Beimpfung mit Heilkräutern oder mit physiologischen Bakterien. Je dichter die tierische Abfallsubstanz liegt, umso mehr werden die erwünschten biologischen Umsetzungsprozesse benachteiligt und die unerwünschten gefördert.

Stand der Humusforschung und ihre praktischen Konsequenzen

15. Artikel, Frühjahr 1957

(Anm. d. Bearb.: *Dieser Vortrag wurde an den Volkshochschultagen 1957 auf dem „Möschberg" gehalten.*)

Nachdem der unversehrte Kreislauf der Stoffe als Voraussetzung gesunden Lebens erkannt ist, ist die Humusforschung zu einer echten Ernährungsforschung geworden und nur im Rahmen der Ernährung aller Organismen zu begreifen. Um die bisher erkannten Gesetze der Humusbildung und -verwertung kennenzulernen, muss man die Grundsätze der modernen Ernährungslehre überhaupt betrachten.

Man unterscheidet heute nach Helmut MOMMSEN (1954, 1965, 1976) drei wertmäßig verschiedene Stufen der Ernährung, die stofflich unterscheidbar sind:

1. Stufe: Bau- und Betriebsstoffaufnahme
2. Stufe: Vitalstoffaufnahme einschließlich Spurenstoffen
3. Stufe: Aufnahme spezifisch-lebendiger Substanz
Im Laufe der jahrzehntelangen Ernährungsforschung sind diese drei Stufen nacheinander wissenschaftlich erkannt worden; die Bau- und Betriebsstoffaufnahme ist am längsten bekannt und am gründlichsten erforscht, die Aufnahme lebender Substanz ist erst kürzlich erkannt und noch keineswegs anerkannt, geschweige denn genügend erforscht worden.

1. *Bau- und Betriebsstoffe* sind die Elemente Ka, Ca, Na, Mg, P, N und C-Verbindungen, aber auch die organischen Verbindungen: Eiweiß, Kohlehydrate und Fette. Alle diese Stoffe sind zwar meist aus Lebensvorgängen hervorgegangen, sind aber nicht lebendig und können kein Leben produzieren. Sie werden im Ernährungskreislauf ausschließlich von lebender Substanz bewegt, ausgetauscht, zerlegt, wieder aufgebaut, wie sie gebraucht werden. Sie vermitteln Betriebsenergie, stehen aber im Rang unter der lebenden Substanz.

2. *Vitalstoffe* einschließlich Spurenstoffen sind Wirkstoffe oder werden zur Wirkstoffbildung gebraucht, wie die Spurenelemente. Die Wirkstoffe stehen in ihrer biologischen Bedeutung zwischen der leblosen und der lebenden Materie, sind erheblich komplizierter gebaut und werden von den höchstentwickelten Organismen nicht selbst hergestellt, sondern vielfach bezogen als Vitamine, Hormone, Enzyme. Zu ihrer Bildung gehören vielfach seltene Elemente wie Kobalt, Molybdän und Kupfer. Von diesen Elemente-Arten werden die meisten für die Lebensvorgänge gebraucht, wenn auch nur in Spuren. Mit diesen Elementen werden Wirkstoffe gebildet, mit denen die lebende Substanz den Transport, die Umformung und die Verwendung der Bau- und Betriebsstoffe regelt, mit deren Hilfe überhaupt alle stofflichen Notwendigkeiten der Lebensvorgänge gelenkt werden. Sie wirken als Biokatalysatoren, als Regler des Stoffwechsels,

als Wächter über die Energieumsetzung und Wärmebildung, als Wuchsstoffe, als Lockstoffe in Form der Duft-, Aroma- und Farbstoffe. Die Wirkstoffe sind bereits typisch für Lebensvorgänge und den Stoffen der ersten Stufe übergeordnet, sind aber selbst nicht lebendig. Sie stehen zwischen leblos und lebendig, sind Produkte der lebenden Substanz, sind diesen eindeutig untergeordnet, sie zerfallen aber beim Tod von Organismen nicht.

3. *Stoffe der lebenden Substanz:* Sie sind chemisch nur sehr wenig bekannt, sind jedoch so kompliziert aufgebaut, die Zahl ihrer Atome so groß, dass ihre Erforschung von führenden Biochemikern als äußerst schwierig bezeichnet wird. Die Lebenssubstanz ist aber gerade derjenige Stoff, der im Stoffkreislauf die höchste Rangstufe einnimmt; von ihr werden die Lebensvorgänge maßgeblich gelenkt.

Man weiß, dass die Lebenssubstanz erheblich widerstandsfähiger ist, als man bisher angenommen hat; aus diesem Grund bleibt sie beim natürlichen Tod von Zellen, Geweben und Organismen erhalten und zerfällt nicht, genauso wie die Vitalstoffe. Mit diesem Überleben ist der Kreislauf der lebenden Substanz gegeben. Dieser Kreislauf führt vom Boden zu den Organismen und von den Organismen wieder zum Boden zurück, da alle Materie, die lebt, aus dem Boden kommt und in den Boden wieder zurückkehrt.

Die vollständige Ernährung des Bodens kann nicht bewerkstelligt werden mit den Stoffen der ersten Stufe, den Bau- und Betriebsstoffen chemisch bekannter Art, am wenigsten mit Mineralsalzen allein. Der Organismus Boden kann ohne Vitalstoffe und lebende Substanz ebenso wenig existieren wie die höheren Organismen.

Die Landwirtschaft kann aber Vitalstoffe und lebende Substanz für die Bodenernährung nur aus einer einzigen Quelle beziehen: aus dem Material abgelaufener Lebensvorgänge, aus den Abfällen von Menschen, Tieren und Pflanzen und Mikroben, aus sogenannten organischem Material. Dieses Material enthält zugleich alle lebensnotwendigen Stoffe aller Ernährungsstufen: Baustoffe, Betriebsstoffe, Vitalstoffe und lebende Substanz. Dieser Nahrung braucht nichts mehr hinzugefügt zu werden. Jede Ergänzung ist nicht nur überflüssig, sondern stört die biologische Einheit der Nahrung. Jedes Zufügen, zum Beispiel von Mineralsalzen, bedingt eine Fehlernährung.

Wenn die künstliche Zufuhr von N, Ca, K und P trotzdem pflanzenwirksam und wuchssteigernd ist, so geht das nur auf Kosten der lebenden Bodensubstanz und nur deshalb, weil mangels ausreichender organischer Nahrung ein Defizit in allen Ernährungsstoffen besteht. Nun wird derzeit die organische Abfallsubstanz weder richtig behandelt noch richtig angewandt. Man geht mit ihr verschwenderisch um, weil man mit ihr überhaupt nicht umgehen kann. Man lässt sie nicht nur auf Haufen verkommen, in Methantürmen verfaulen, verbrennen und in die Flüsse, Seen und Meere verschwinden. Man lässt sie auch dort entwerten, wo man sie zur Düngung tatsächlich braucht. Man tut es unwissend, weil man keinen Maßstab hat.

Wir können heute grundsätzlich Folgendes behaupten:

1. Alle Lebewesen auf der Erde, auch die Menschen, sind mithilfe der von ihnen hinterlassenen organischen Abfallsubstanz auf jeden Fall und unter allen Umständen vollkommen zu ernähren. Es kommt nur darauf an, diese Abfallsubstanz zu erfassen und vollwertig an den Boden zu bringen.

2. Der volle Wert von Abfallstoffen kann nur erhalten werden, wenn die in ihnen weiterlaufenden Lebensvorgänge keine Unterbrechung erleiden, ehe sie an den Boden kommen.
3. Der Boden vermag die Wertigkeit der Nahrungsstoffe, einschließlich der Wertigkeit der lebenden Substanz, über längere Zeiträume zu konservieren. Der Boden vermag das aber nur dann, wenn er in der natürlichen Schichtbildung, das heißt im stufenweisen Umbau der Abfallsubstanz, nicht gestört wird.
4. Die Pflanze vermag diese konservierte Nahrung zu mobilisieren und aufzunehmen, sobald sie durch die Fotosynthese in die Lage versetzt ist, Betriebsstoffe zu liefern.
5. Jede Ergänzung organischer Dünger und jede Verwendung von Düngern, die nicht unmittelbar organischer Herkunft sind, stellt eine Fehlernährung des Bodens und damit der Pflanze dar. Die Boden- und Pflanzenernährung ist ein echter Lebensvorgang und niemals, auch nicht teilweise, künstlich ersetzbar.

In diesen fünf Punkten haben wir die Grundsätze des natürlichen Landbaus vor uns. Wenn wir sie praktisch auswerten, ist die gröbste Arbeit getan.

Bodenbehandlung mit Symbioflor-Humusferment

16. Artikel, Sommer 1957

Von Anfang an haben sich alle Zweige und Richtungen des biologischen Landbaus darum bemüht, durch zusätzliche Maßnahmen die biologische Güte, die Qualität der Humusdünger und des Bodens zu verbessern.

1. Als Erstes haben sich Heilkräuter, ganz bestimmte Heilkräuter, in bestimmten Aufarbeitungen für verschiedenste Vorgänge bei Pflanzen, in Komposten, im Boden bewährt.
2. Als Zweites ist die Spurenelementdüngung zu nennen, und das zu Recht. Die intensive Landwirtschaft und der intensive Gartenbau entnehmen den Böden in unverhältnismäßig hohem Grad jene seltenen Elemente, die auch natürlicherweise nur in kleinen Spuren vorkommen, die aber für das Leben unentbehrlich sind. Eine richtige Dosierung kann kaum getroffen werden, jede nicht zutreffende verursacht Schädigungen. Der biologische Landbau bedient sich der natürlichen, mineralischen Form, wie sie im Urgesteinsmehl im richtigen Verhältnis vorliegt.
3. Impfung mit bestimmten Bakterien, und zwar in erster Linie mit physiologischen Bakterien, die bei der Humusbildung unentbehrlich sind. Im „Symbioflor-Humusferment"* sind diese drei Verfahren vereinigt. Es enthält bestimmte Urgesteinsmehle, ausgewählte Heilkräutersubstanzen und die Grundsubstanzen für die Anzüchtung einer Bakterienkultur.

Wir sollten uns nun allerdings auch von vornherein darüber im Klaren sein, dass sich diese neuartige Maßnahme in nichts von den anderen im biologischen Landbau unterscheidet. Sie erzeugt keine raschen Wunder, sie wirkt langsam, stetig und allmählich auf die Güte der Böden ein, und sie wirkt nur dann dauerhaft und sicher, wenn die anderen Voraussetzungen für das gesunde Bodenleben erfüllt sind. Nichts wird dadurch überflüssig, wir haben nur ein wertvolles Hilfsmittel mehr. Der biologische Landbau bleibt trotzdem, was er immer sein wird: stete Sorge und Mühe um den lebendigen Boden und die gesunde Pflanze.

*Das Symbioflor-Humusferment wird nicht mehr hergestellt. (*Anm. d. Red.*)

Von der Ordnung des Lebendigen, seiner Gesundheit und seiner Krankheit

17. Artikel, Winter 1957 – Frühjahr 1958

Der menschliche Geist, menschlicher Verstand und Logik sind in den Wissenschaften zur höchsten Blüte getrieben worden. Gar mancher hat darüber vergessen, dass uns immer die letzte Erkenntnis fehlt. Alle unsere menschlichen Erkenntnisse sind nur Teile der Wahrheit, sie sind niemals die letzte Wahrheit und werden es niemals werden. Man vermag mit dem Leben verwunderliche, ja erstaunliche Experimente anzustellen und kommt leicht auf den Gedanken, dass wir es nach unserem Belieben behandeln und verwandeln können; aber nichts kann falscher sein als dieser Irrglaube, denn wir können kein einziges Stückchen „Leben" konstruieren – nicht einmal eine Amöbe, geschweige denn ganze Organismen. Die Wissenschaft vom Lebendigen muss sich deshalb ganz darauf beschränken, die lebendigen Dinge und ihre Zusammenhänge so zu betrachten, wie man sie vorfindet, ohne viel daran ändern zu können. Nicht eine Handbreit dürfen wir ungestraft von den Ordnungswegen abweichen, die der Schöpfer des Lebens vorgezeichnet hat. Wer sich daraufhin den Landbau der letzten Jahrzehnte ansieht, wird leicht bemerken, wie sehr man gegen diese Weisheit gehandelt hat. Die Agrikulturchemie hat den Landbau ihrem totalen Anspruch unterworfen und so sehr gestaltet, dass es zu einer der schwierigsten Aufgaben geworden ist, die Gesetze des Lebens an ihm wieder zu verwirklichen.

Denn es ist eine fundamentale Lebensfrage für die gesamte Menschheit, da die Gesundheit, das einzige Gut, das eine glückliche Menschheit nicht entbehren kann, vom Boden her kommt und nur vom Boden, der den Gesetzen des Lebens voll entspricht.

Von diesen Dingen ist in der derzeitigen Landwirtschaft kaum die Rede. Sie interessieren nur dort, wo Krankheit den Ertrag gefährdet. Man versucht zwar über Kleber- und Vitamingehalt, über Spurenstoffe und Nährmittel an die Produktgüte heranzukommen, übersieht dabei aber vollständig die Ganzheit in der Betrachtung. Man wird noch sehr lange Zeitläufe brauchen, bis man erfährt, dass die Vorgänge, nach denen das Leben auf der Erde gelenkt und gesund erhalten wird, so ungeheuer verwickelt und vielfältig sind, dass man sie niemals bis in ihre letzten Feinheiten mess- und sichtbar zu machen imstande sein wird.

Praktisch gibt es also nur einen Weg: Man muss die für uns Menschen und unsere Lebensordnung gültigen Gesetze des Lebens ablesen, dort, wo sie ohne Eingriffe des Menschen in den natürlichen Vorgängen sichtbar werden. Hat man eines dieser Gesetze erkannt, so ist es unsere Aufgabe, ihm in der menschlichen Lebensordnung Geltung zu verschaffen und es als oberstes Gebot zu betrachten.

Dieses Vorgehen ist etwas ganz anderes als die bisher üblichen Verfahren, bei denen man gewisse Teilerkenntnisse, zum Beispiel den Stickstoffbedarf der Pflanze oder die Schädlingsbekämpfung, herausgegriffen hat aus dem Zusammenhang und deren scheinbare Lösung auf das ganze System umgelegt hat, wobei, weil der Weg den Lebensgesetzen zuwiderläuft, dauernd korrigiert werden muss. Das Prinzip ist falsch, weil es nicht der Natur abgelauscht ist, und wird immer falsch bleiben.

In der Natur gibt es einen „Kreislauf des Stickstoffs" – niemand hat ihn besser dargestellt als Raoul H. FRANCÉ (1911, [2012]) – und Stickstoff braucht jede Pflanze. Den Lebensgesetzen entsprechend, muss die Pflanze ihren Stickstoff aus diesem Kreislauf erhalten. Schon LIEBIG hat klar erkannt und gesagt, dass nichts die natürlichen Stickstoffquellen ersetzen kann, auch in aller Zukunft nicht. Es ist ein widernatürliches Verfahren, die Harmonie der Lebensvorgänge durch künstliche Stickstoffgaben zu stören. Es entspricht nicht den Lebensgesetzen, wenn wir aus materiellen Gründen im Frühjahr Stickstoffsalze streuen, weil der noch kalte Boden nicht viel Stickstoffumsatz haben kann, da die Lebensvorgänge nur langsam ablaufen. Mit der Beschleunigung des Wachstums zur Unzeit beginnt das Vergehen gegen die Gesundheit.

Man verfährt ebenso mit dem Pflanzenschutz: Der Mensch, seine Haustiere und Nahrungspflanzen werden als schutzbedürftig angesehen, aber nicht im Sinne der Lebensgesetze geschützt, sondern gewissermaßen von außen. Sie schützen sich nicht selbst, sondern werden geschützt. Man züchtet damit ein Geschlecht von Menschen, Tieren und Pflanzen heran, das mehr und mehr die Fähigkeit verliert, sich selbst zu schützen. Es braucht den künstlichen Schutz. Es ist dies eine sehr gefährliche Sache, weil die Folgen erst bei Enkel und Urenkel sichtbar werden.

Gesundheit ist die Fähigkeit, sich selbst zu schützen, nichts anderes. Diese geht auf dem eingeschlagenen Weg allmählich verloren.

Es gibt gegenüber den ewig gültigen Schöpfungsgesetzen keinen Kompromiss: Sie werden entweder missachtet oder sie werden geachtet, eine Zwischenlösung gibt es nicht. Unsere menschliche Lebensordnung kann nur dann bestehen – und nur dann wird sie von Bestand sein –, wenn sie die natürlichen Ordnungen des Lebendigen als einzige Richtschnur für unser Handeln anerkennt.

Der Niedergang der menschlichen Gesundheit, seine Gründe und die Möglichkeiten, sich herauszuhalten.

Man kann den wissenschaftlich getarnten Ungeist unserer Zeit, ihren Materialismus und die Unfreiheit nur überwinden im Geist.

Das Antlitz unserer Zeit trägt die Züge schwindender Geistigkeit; sie bevorzugt den geistlosen Massenmenschen, ja sie „züchtet" ihn. An die Stelle des selbstsicheren Glaubens an das Gute, an eine höhere Macht und an die Vollkommenheit der Schöpfung ist der Glaube an die Vollkommenheit menschlicher Werke, menschlicher Organisation, menschlicher Heilkunst getreten, dem sich der Massenmensch sklavisch unterordnet ohne eigenen Geist.

Die Technik wird erst dann etwas Vollkommenes sein, wenn sie mit den Kräften des Geistes eingeordnet wird in die Ordnung der Schöpfung.

Das Glück voller Gesundheit aber kann nur erfahren, wer den Grundregeln der Naturordnung entspricht und in Harmonie lebt mit allem Lebendigen:

1. Gesundheit ist Besitztum und gemeinsame Eigenschaft alles Lebendigen.
2. Will die Menschheit die Gesundheit erhalten, so muss sie dafür sorgen, dass alle Menschen eine gesunde Erbsubstanz haben und ihren Nachkommen weitergeben.
3. Die vollkommene Nahrung ist eine Voraussetzung für die Gesundheit.
4. Eine Fähigkeit eines Organismus, die nicht betätigt wird, geht ihm verloren, sie verkümmert.

Statistik

18. Artikel, Sommer 1958

Die Statistik – das Aufzeichnen und Vergleichen in Zahlen, in Kurven, in Prozenten – ist eines der wertvollsten Hilfsmittel, um irgendeine Arbeit zu kontrollieren. Man kann auf diese Weise sehr viel erfahren, was auf andere Weise niemals herauskommt, und manchmal kann man gar vermeiden, auf falsche Wege zu geraten, wenn man beizeiten die Statistik zurate zieht. Für unsere Arbeit am biologischen Landbau ist die Statistik ebenso unentbehrlich wie für jede andere wissenschaftliche Arbeit. Wir brauchen sie, um daraus zu lernen, um daraus die nächsten Schritte abzulesen, die wir tun müssen, und wir brauchen sie schließlich, um zu erkennen, was wir falsch gemacht haben, damit es rechtzeitig korrigiert werden kann.

Wir unternehmen es ja, wissenschaftliche Klarheit in den biologischen Landbau zu bringen, um die nebulosen Vorstellungen von früher endlich zu überwinden. Wir unternehmen es, eine Kontrolle für unsere Arbeit zu schaffen, weil wir ehrlich arbeiten wollen, und deshalb brauchen wir die statistische Arbeit an den Ergebnissen der Bodenprüfungen, deshalb müssen wir Materie sammeln und Tausende und Abertausende von Proben auswerten. In Lebensabläufen sind einzelne Messergebnisse von sehr beschränktem Wert. Die Entwicklung des Bodens, die Entwicklung des ganzen Betriebes nach seiner Umstellung auf die biologische Wirtschaftsweise braucht lange Zeit, oft Jahre, ehe man genaue Messergebnisse erwarten kann.

Je mehr Messergebnisse und diese von längeren Zeitabläufen, desto besser, desto aussagekräftiger die Ergebnisse der Statistik. Die Ergebnisse der ersten Zeit werden mehr oder weniger einen Trend angeben, die zusammengefassten Ergebnisse von mehreren Jahren jedoch einen Aufschluss über die Richtigkeit des Weges oder aber auch über gemachte Fehler. Um die Wahrheit über den Boden zu erfahren, braucht es unendlich viel Geduld.

Es geht aber nicht nur darum, regelmäßig Bodenproben zu liefern, es geht auch um alle anderen Werte des Betriebes wie die Erträge, ihre Qualität, die Rentabilität des Viehstalles und seine Entwicklung, die Tier- und Menschengesundheit und so weiter. Alle diese Werte in Zahlen über Jahre sind imstande, den biologischen Landbau zu untermauern.

Die Zeit ist gekommen, um unsere Arbeit zum ersten Mal zu überschauen, um Rechenschaft abzulegen über das Erreichte, Falsches auszumerzen und Richtiges zu fördern, kurz um den Weg in die Zukunft genauer abzustecken, als das bisher möglich war.

Schäden durch Bodenbearbeitung

Die stark gestiegene Bodennutzung und die Technisierung der Bodenarbeit erfordern die Beachtung von Schäden am Boden, die früher weniger möglich waren und praktisch nicht ins Gewicht fielen. Als solche Schäden kommen in Betracht:

1. *Schäden physikalischer Art*

a) Veränderungen der Grundwasserspiegel

b) Schäden der Porenstruktur

c) Bodenverdichtung und Podsolbildung bei intensiver Mineraldüngung (anorganische Handelsdünger)

d) oberflächliche Krustenbildung bei Erosion und Humusmangel

2. *Schäden biologischer Art*

a) Vernichtung der Bodenkleintiere und Würmer durch Maschinen und Humusmangel
b) Neigung zu Austrocknung und starker Wärmeaufnahme auf unbedeckten Flächen
c) Störung der Humusbildung durch Beseitigung der Bodenschichtung beim Pflügen und Umstürzen
d) Störung der Wurzelfunktionen durch Einbringen unreinen organischen Materials in die Wurzelsphäre

Aus diesen Angaben geht hervor, was eigentlich selbstverständlich war: Je intensiver der Landbau, desto größer die Differenz zwischen Kulturbau und natürlichem Pflanzenwuchs. Da wir heute von der Kulturpflanze mehr verlangen müssen als bisher, vor allem bezüglich ihrer biologischen Qualität als Nahrungs- und Futterpflanze, entsteht die Aufgabe, die Technik des Landbaus so weit wie möglich den natürlichen Wachstumsbedingungen anzupassen.

Das Ideal, das heißt die ständige Bodendecke aus organischem Material und der vollkommene Verzicht auf jeden Eingriff in die Bodenschichtung durch Umarbeiten, Pflügen, Fräsen, Meißeln und vieles andere, ist vorläufig nicht erreichbar, weil die erforderliche Technik, die entsprechenden Maschinen und die praktische Erfahrung noch nicht zur Verfügung stehen.

Die winterliche Bodendecke ist zwar schon ein Fortschritt in der gewollten Richtung, aber weniger wichtig als die Sommerdecke, weil fast nur während der Vegetation die biologische und physikalische Bodenbeschaffenheit gebildet wird.

Es ist deshalb Aufgabe des biologischen Landbaus, Methoden der Bodenbearbeitung zu entwickeln, die die physikalischen und biologischen Bodenschäden weitgehend vermeiden oder ganz unmöglich machen.

Was ist Humus?

19. Artikel, Herbst 1958

Humus ist die Fruchtbarkeit der Erde, Humus ist Nahrung der Pflanzen, und er ist also auch Nahrung der Tiere und Menschen. Er ist zugleich das bindende, verbindende Element des Bodens, denn ohne ihn wäre die Erdoberfläche eine Staubwüste. Und nicht zuletzt ist er Grundlage alles Lebendigen, der bestimmt über Gesundheit und Krankheit. Von ihm geht alles aus, was wir lebendig nennen, und in ihn kehrt es nach seiner Zeit wieder zurück, zu neuem Wandel bereit.

Die Agrikulturchemie hat in analytischer Denkungsweise allerlei Bestandteile des Humus wie Huminstoffe und so weiter dargestellt, ohne den Kern zu treffen.

Die alten Forscher der voranalytischen Zeit mit ihrer Auffassung, „die alte Kraft" des Bodens sei der Humus, waren der Wahrheit viel näher. THAER (vier Bände 1809–1812), ein Arzt, der seinen Beruf aufgab, um eine Landwirtschaftswissenschaft zu begründen, hat die Pflege des hofeigenen Düngers und die Kleewirtschaft als Humusquellen gefordert. Nachdem erkannt wurde, dass durch die Entnahme der Ernten ohne Rückbringung der organischen Masse als Dünger auf den Boden mit der Zeit ein Defizit entstehen müsse, unternahm die Agrikulturchemie den grandiosen Versuch, das Defizit durch Mineralsalze und durch künstliche Stickstoffsynthese zu beseitigen. Das Defizit auszugleichen ist richtig und nötig, muss jedoch in einer Form erfolgen, die die Mitwirkung des Bodenlebens nicht ausschaltet, was jedoch sowohl durch die leicht löslichen Mineralsalze der künstlichen Düngung geschieht als auch durch den synthetischen Stickstoff. Letzterer macht das Bodenleben überflüssig, inaktiv und führt zum Ausfall wichtigster Wirkstoffbildungen, auf die Böden und Pflanzen angewiesen sind und die mit der natürlichen Stickstoffentnahme aus dem Humus Hand in Hand gehen.

Es ist also auf die Dauer nicht möglich, die natürliche Stickstoffversorgung der Pflanze künstlich zu ersetzen, man ist auf das Bodenleben aus anderen Gründen angewiesen. Das oberste Gesetz des Düngens bleibt also die Erhaltung des Bodenlebens. Auf natürlichste Weise ist das Bodenleben aber nur zu erhalten, wenn praktisch alle dem Boden entnommene Substanz (Lebenssubstanz und mitgeführte Mineralien) in den Boden zurückkehrt, wenn sie ihren Kreislauf durch Pflanzen, Tiere und Menschen hindurch vollendet hat. Es wird vielleicht niemals möglich sein, diesen Kreislauf wirklich vollständig zu schließen und wiederherzustellen, auch nicht bei größter technischer Bemühung, die derzeit noch in keinster Weise in Gang ist. Die Natur aber bietet uns für diese Mängel einen Ausgleich durch die wandernde Lebenssubstanz (Samensporen), die durch Luft und Wasser auf der Erde herumgeführt wird (zum Beispiel „Löwenzahnkugeln", Birkensamen). Die Lebenssubstanz ist das Kernstück des Humus. Es gibt lebende Substanz, deren Teilchen bei etwa tausendfacher Vergrößerung im Mikroskop sichtbar sind und gezählt werden können. *Es gibt auch Lebenssubstanz, die im Lichtmikroskop nicht mehr sichtbar ist.*

Im Kubikmillimeter eines voll lebendigen Bodens finden sich rund 30.000 Teilchen Lebenssubstanz, im Kubikmillimeter eines hochwertigen organischen Düngers etwa eine Million Teilchen (ein Quadratmillimeter ist etwa der tausendste Teil eines Gramms Erde). Diese Teilchen besitzen eine Art Klebrigkeit und kitten so den Staub der Erdoberfläche zu dem zusammen, was wir mit THAER „Humus" nennen. Humus ist demnach die primitivste Form lebenden Zellgewebes, wie es alle Organismen besitzen.

Alle lebenden Zellen von Organismen enthalten lebendige Substanz, die sie durch die Nahrung aufnehmen und andere abgeben; die Summe dessen, was davon in den Boden gelangt, wandert durch eine sinnvolle Kette von Mikroben und besonders Bakterien, die diese Substanzen dann freigeben (ein Stäbchenbakterium etwa 100 Teilchen), sodass sie als Erdstaub im Humus liegen bleiben.

Die Pflanze vermag mithilfe ihrer Symbionten (Wurzelbakterienflora) die Lebenssubstanzen aufzunehmen. Das geschieht in genau geregelter Form: Es besteht eine Abhängigkeit zwischen der Menge des Chlorophylls, das eine Pflanze besitzt, und der Menge an Humus, den sie entnehmen darf. Dadurch verhindert die Natur eben den Raubbau, den man mit der Einführung der Stickstoffdüngung angefangen hat.

Die synthetische Stickstoffdüngung bringt das Verhältnis Chlorophyll–Nährstoffbindung–Humusentnahme–Stickstoffbindung–Bodenmikrobenzahl aus dem Gleichgewicht und führt zu einer unzuträglichen, unkontrollierten Humusentnahme. Massige synthetische Stickstoffanwendung vermag sogar in einer einzigen Wachstumsperiode den größten Teil der lebenden Bodensubstanz abzubauen.

Förderung der Humusbildung

Die Humusbildung ist abhängig vom Bodenleben, denn Humus ist ein Produkt der Lebensvorgänge im Boden. Feuchtigkeit, Luft, Dunkelheit und Mindestwärme sind notwendig. Ebenso eine Bodenbedeckung, dadurch Ausschluss des Lichtes, Verhinderung von Austrocknung, Förderung der Wärmebildung. Beachtung der Bodenschichtung: Abbauvorgänge in den oberen Schichten, Aufbauvorgänge in den unteren Schichten, daher Vermeidung von Störungen der Schichten durch Pflügen, Wenden, Graben.

Die Lebensvorgänge des Bodens bedürfen der vollkommenen Ernährung, daher beste Auswahl an mineralischen und organischen Materialien. Organische Dünger im weitesten Sinn, Bodendecken in frisch lebendigem Zustand, Komposte aus bestem Verfahren (Trockenheit und Nässe vermeiden, luftig und locker aufsetzen).

Humus ist das Ende und der Anfang allen Lebens, in ihm ruhen die Geheimnisse von Leben und Gesundheit aller höheren Organismen, und nur von hier aus kann man Mensch, Tier und Pflanze gesund erhalten und gesund machen – alles andere sind Notmaßnahmen von kurzer Dauerwirkung.

Nur aus einem voll lebendigen Boden vermögen wir die höheren Lebewesen wirklich vollkommen zu ernähren und das ist gleichbedeutend mit der Erhaltung ihrer Gesundheit. Deshalb müssen wir unsere Böden allmählich wieder lebendig machen. Die Meister der toten Materie (Agrikulturchemiker) können uns nicht ein einziges Fünkchen Leben produzieren – das Lebendige ist gegeben und kann von uns nur gepflegt werden: Es ist und bleibt das Geheimnis eines Geistes, der über uns ist und dem wir dienen, zuvorderst durch die Pflege jener unzähligen Lebensfünkchen der Mutter Erde, die wir Humus nennen.

Menge und Güte der lebenden Bodensubstanz als Test für die Bodenfruchtbarkeit

20. Artikel, Winter 1958

Wir nennen einen Boden fruchtbar, wenn er die Nahrung für ein reichliches und vollkommenes Pflanzenwachstum bereithält.

Das Wachstum darf reichlich genannt werden, wenn unsere Kulturpflanzen die für die Ernährung erforderlichen *Mengen* an Ertrag liefern. Als Anhaltspunkt dienen die statistisch festgestellten Ertrags- und Höchstertragsgrenzen.

Das Wachstum darf vollkommen genannt werden, wenn die Kulturpflanzen äußerlich gesund erscheinen, keines nennenswerten Schutzes gegen Krankheiten und Schädlinge bedürfen und als vollwertige, gesunde Nahrung für Mensch und Tier gelten können. Damit wird die Frage nach ihrer biologischen *Güte* gestellt.

Beides, die Menge und Güte des Ertrages, sind die Richter im biologischen Landbau. Sie sind es freilich auch im übrigen Landbau, nur steht dort die Menge im Vordergrund, während die Güte, die echte biologische Güte, wenig Rücksicht findet.

Im biologischen Landbau steht die Güte im Vordergrund, die Menge rangiert an zweiter Stelle, denn was nutzen Höchsterträge, wenn es an gesundheitlichem Wert für Mensch und Tier mangelt und man Ausgaben für Pflanzenschutzmittel und Gesundheitsfürsorge aufwenden muss?

Bei der biologischen Güte handelt es sich stets um die Wirksamkeit von lebendigen Vorgängen, um die Wirksamkeit biologischer Kräfte und Gleichgewichte, um ein stets in Bewegung befindliches, unbegreifliches „Etwas", das uns nur in äußeren Erscheinungen sichtbar wird.

Ob etwas biologisch hochwertig war, erkennen wir erst, wenn wir sehr viel später das Resultat sehen – die Gesundheit von Pflanzen, Tieren und Menschen. Wir müssen die Lebensvorgänge als Ganzes nehmen, ihren Ablauf, ihren Zusammenhang, ihre Abhängigkeiten beobachten und vergleichen.

Die Beobachtung lebendiger Abläufe ist etwas grundsätzlich anderes als die stoffliche Zerlegung und darin liegt der eigentliche Unterschied zwischen der biologischen und der chemisch-physikalischen Forschung.

Der Biologe kann, wenn er Neues vom Lebendigen erfahren will, nicht beliebige Experimente anstellen, er muss es in seinem Zusammenhang lassen und als Ganzes erforschen.

Die Gesetze des biologischen Landbaus können nicht in Einzelheiten erkannt werden, denn er ist ein Ganzes. Alle ihn ausmachenden, miteinander verknüpften Lebensvorgänge müssen in Ordnung sein. Sonst ist es kein biologischer Landbau. Die Funktion des Ganzen muss über viele Jahre und Jahrzehnte hinweg gesehen werden, das ist der einzige ganz sichere Test, den es im biologischen Landbau gibt.

Alle im Biolandbau getätigten Bodentests sind nur imstande, einen kleinen Ausschnitt aus ungeheuer verzweigten, niemals ganz durchschaubaren Lebensvorgängen im Boden zu zeigen. Ein solcher Test ist immer nur im Vergleich zu werten, entweder im Vergleich zu früheren Proben oder im Vergleich mit anderen.

Der Test muss uns sagen, ob der Boden imstande ist, an unseren großen Aufgaben mitzuhelfen, ob er mit Recht ein lebendiges Glied in dem lebendigen Ganzen ist, ob man mit Recht von ihm sagen kann, dass er dem Menschen dient, seiner Ernährung, seinem Wohlbefinden, seiner Gesundheit, seiner Zukunft.

Große Fragen sind das, die uns da gestellt werden! Und wir sollen sie beantworten, indem wir mit List und Tücke versuchen, die ewig wechselnde Lebendigkeit des Bodens in das Mikroskop und in die Zählkammer, in die bakteriologische Nährlösung und Zahlenkolonne zu bannen – fürwahr eine schwere Aufgabe!

[Anm. d. Bearb.: *Mit diesen grundlegenden Erkenntnissen ging Rusch an die Aufgabe heran, einen Test zu entwickeln, der Aussagekraft besaß für die Menge und Güte der lebenden Bodensubstanz. Weitere Erkenntnisse in dieser Forschung: Je mehr Symbionten eine Bodenprobe ernähren kann, das heißt, je mehr hochwertige Bakterien als Begleiter von Pflanze, Tier und Mensch der Boden hervorbringt, umso höher ist seine biologische Güte.*]

Zur Frage der Menge: Ein biologisches Wachstum von Kulturpflanzen ist nur möglich, wenn eine dem Wachstum entsprechende Menge an organischer Substanz zur Verfügung steht. Außerdem sind die physikalisch-chemischen Eigenschaften, die eine fruchtbare Erde haben muss, nur vorhanden, wenn der Boden mit bestimmten Mindestmengen von organischer Substanz durchsetzt ist, das heißt, lebend verbaut ist (nach Franz SEKERA 1943 [2012]).

Wir verlangen, dass ein Boden nicht deshalb fruchtbar genannt werden darf, weil er genug verfügbare Kernnährstoffe enthält, wir verlangen vielmehr, dass die Lebensvorgänge des Bodens selbst durch die Düngung so in Ordnung gebracht werden, dass sie von sich selbst aus imstande sind, die Pflanze ohne künstliche Nachhilfe zu ernähren. Das ist für uns erst Fruchtbarkeit.

Unser Begriff „Fruchtbarkeit" ist also etwas grundsätzlich anderes als die agrikulturchemische Fruchtbarkeit, und das ist eines der wichtigsten Kernstücke im biologischen Landbau. Unsere Bodenfruchtbarkeit lässt sich nur anhand von Lebensvorgängen prüfen, nicht in chemischer Analyse. Das ist zwar viel schwieriger, aber für uns unentbehrlich.

Der Test soll aussagen, ob das Bodenleben ausreicht, um ein biologisch vollkommenes Wachstum hervorzubringen, nicht weniger, aber auch nicht mehr.

Der praktische Nutzen von Bodenprüfungen

21. Artikel, Frühjahr 1959

Einen rentablen Landbau ohne wissenschaftliche Kontrollen gibt es heute nicht mehr. Ein Betrieb, der sie entbehren zu können glaubt, kann nicht konkurrieren und versagt in Krisenzeiten.

Im biologischen Landbau stehen wir im Stadium der Entwicklung von wissenschaftlichen Kontrollmethoden, weil es solche Methoden bisher nicht gab; sie wurden nicht entwickelt, weil man glaubte, dass die Kulturpflanzen ausschließlich mineralisch, nicht aber auch organisch ernährt werden müssen.

In diesem Stadium ist die wissenschaftliche Arbeit mehr auf die Mitarbeit der Praktiker, das heißt der Betriebe, angewiesen als umgekehrt; im nächsten Stadium kehrt sich das Verhältnis um, das heißt, der Wissenschaftler vermag dem Praktiker mehr zu geben als umgekehrt.

Wir befinden uns heute in unserer Arbeit ungefähr in der zweiten Hälfte des ersten Stadiums. Je intensiver der Praktiker, der Bauer und sein Betrieb, mitarbeiten, desto schneller wird das Stadium erreicht, in dem er den weitaus größeren Nutzen von der gemeinsamen Arbeit heimträgt. Das gilt es zu erreichen.

Wir alle wissen, dass sich bis jetzt nicht eine einzige landwirtschaftliche Versuchsanstalt mit der wissenschaftlichen Vorarbeit für die Lenkung des organischen Landbaus befasst. Aus welchen Gründen, ist hier nebensächlich. Das für uns Entscheidende ist, dass wir ganz auf uns selbst angewiesen sind. Auf uns selbst, das heißt: auf jeden Einzelnen von uns, auch auf den kleinsten Bauern.

Zurzeit muss jeder mitarbeiten, den biologischen Landbau zu einer hieb- und stichfesten, krisenfesten, rentablen Methode zu machen, damit wir den immer schärferen Kampf um die Gesundheit und um den Markt gewinnen.

Das können wir nur, wenn wir besser sind als die anderen. Wir können aber nur besser sein als die anderen, wenn wir die besseren Methoden und die bessere wissenschaftliche Arbeitskontrolle besitzen. Wir sind im Begriff, sie zu bekommen, nicht zuletzt dank der mikrobiologischen Bodenprüfungen. Wir werden deshalb diese Arbeit in den folgenden Jahren noch bedeutend intensiver vornehmen.

Von einer wissenschaftlichen Betriebskontrolle ist erstens ein mittelbarer und zweitens ein unmittelbarer Nutzen zu erwarten.

Der mittelbare Nutzen

Die Betriebsleitung, der Bauer, bekommt Einsicht über Betriebsmittel, Arbeitseinsatz, Notwendigkeit von Schulung, Absatz und Betriebsrentabilität.

Beratung in der Düngeranwendung, Gründüngung, Fruchtfolge, vergleichende Erfahrung mit anderen Betrieben. Verbindung zwischen Lenkungsarbeit und der Mitarbeit der Praktiker herstellen.

Die wissenschaftliche Lenkung bekommt Unterlagen. Unterlagen für die bestmögliche organische und anorganische Düngeweise und die bestmögliche Art der Behandlung organischer Dünger; für die Ausarbeitung notwendige Richtlinien, um den biologischen Landbau instand zu setzen, alle seine Ziele zu erreichen (Gesundheit, Rentabilität, Giftfreiheit).

Der unmittelbare Nutzen

Der Betrieb erhält Unterlagen, um
1) das Bodenleben zu kontrollieren,
2) den Humusvorrat (Rücklage im Boden) zu überprüfen,
3) die biologische Qualität des Bodens zu kontrollieren,
4) den pH-Wert zu überprüfen.

Der Betrieb erhält Unterlagen zur Sicherstellung des Betriebes vom Boden her und damit für die Beeinflussung der Ertragshöhe und der Produktqualität; die Gesundheit im Viehstall und Familie.

Es ist für den einzelnen biologischen Landbauer die Möglichkeit gegeben, das „biologische Denken" zu erlernen, das unentbehrlich ist, wenn man die Früchte organischen Landbaus und deren Fortschritt überhaupt ernten will.

Die Praxis des biologischen Landbaus vollinhaltlich erlernen

Wer die Sachlage kennt, muss im Gegenteil erstaunt sein, dass es gelungen ist, in wenigen Jahren Methoden zu entwickeln, die zu bereits vier Fünftel ein zutreffendes Resultat erbringen. Haben wir doch anhand der ausgedehnten Bodenprüfungen schon in diesen ersten Entwicklungsjahren grundlegende Fortschritte erzielen können, die wir selbst vor wenigen Jahren für unmöglich gehalten hätten! Während wir vorher völlig im Dunkeln tappten, wenn man uns fragte, was denn mit der Lebendigkeit und der biologischen Qualität von Böden und Komposten los sei, können wir jetzt in den allermeisten Fällen darauf eine begründete Antwort geben.

Helfen wir deshalb alle wie bisher mit, unserem biologischen Landbau die Sicherheit und Stabilität zu geben, die er braucht, um seine großen Aufgaben an Ernährung und Gesundheit zu erfüllen.

Der Lebensablauf im Mutterboden

22. Artikel, Sommer 1959

(Aus einem Vortrag aus den „Möschberg"-Frauentagen 1959)

Alles Leben fließt über den Mutterboden. Wie es dort aufblüht, sich regt und vergeht, davon wächst den Nahrungspflanzen Gesundheit zu, die wir von ihnen als das höchste Geschenk der Schöpfung mit der Nahrung in uns aufnehmen dürfen.

Dass diese eine Realität in streng naturwissenschaftlichem Sinn ist, davon soll hier die Rede sein. So winzig klein die wichtigsten Lebewesen des Bodens sind – sie sind kaum größer als ein Tausendstel Millimeter –, so gut kann man sie und ihre Arbeit im Mikroskop sehen.

Der Mutterboden hat in seiner natürlichen Form drei Arbeitsschichten, in denen jeweils die Umformung bis zum Humus, also bis zur fertigen Pflanzennahrung, vor sich geht:

Oberste Schicht: Nährdecke. Hier liegen die rohen Abfälle der lebendigen Organismen, pflanzliche und tierische, sie bestehen aus Zellen, jede zwischen 0,001 und 0,01 Millimeter Durchmesser. Diese rohen Abfälle werden von Unmengen von Kleintierarten zersägt, bis sich das Material dichter legt und Feuchtigkeit hält.

Zweite Schicht: Durch die folgende Tätigkeit von Sprosspilzen und Gärungsbakterien werden die Abfallzellen weiter abgebaut, bis zu den schwer angreifbaren Zellulosen der Zellwände von Pflanzen. Schwer verdauliche Eiweiße, tierische Schutzgewebe und die lebende Substanz aller Abfallzellen werden freigelegt.

Dritte Schicht: Nun gehen die Spaltpilze ans Werk und arbeiten die Produkte der zweiten Schicht auf. Unter den Spaltpilzen finden sich Bakterienarten, die auch in den Organismen von Pflanzen, Tieren und Menschen zu finden sind: die Symbionten (lebendige Mitarbeiter). Diese bereiten den Pflanzen ihre Nahrung durch ihre Eiweißstoffe, ihre Kohlehydrate, Wirk- und Wuchsstoffe und ihre lebende Substanz. Diese Symbionten des Mutterbodens bilden den Übergang zum pflanzlichen und tierischen Leben. Was von den Pflanzenwurzeln nicht aufgenommen wird, speichert der Boden auf, indem sich die winzigen organischen Teilchen (ein Zehntel bis ein Hundertstel kleiner als Bakterien) mit dem Staub des Untergesteins verkleben zu Humus.

Die Aufeinanderfolge der beschriebenen drei Bodenschichten, die nicht deutlich getrennt zu sehen sind, ist unter allen Umständen nötig, wenn Humus entstehen soll. Der Humusbildung entgegen wirkt dagegen häufige Bodenbearbeitung, insbesondere häufiges Wenden. Die Pflanze selbst entwickelt von sich aus eine eigene Bakterienflora im Wurzelgebiet (ähnlich dem Menschen in seiner Darmflora) und lässt sich von ihr Nahrung zubereiten, insbesondere lebende Substanz.

Und diese lebendige Substanz, der wichtigste Anteil des Humus, herrscht damit aus den Abfällen des Lebens und wird umgeformt durch tausenderlei Helfer im Boden. Nur sie vermag Gesundheit und Krankheit zu übertragen, je nachdem, wie sie gestaltet wird.

Die Lebenssubstanz liegt in jeder Zelle im Plasma um den Zellkern herum, der für Vererbung und Fortpflanzung verantwortlich ist; und ohne sie gibt es kein gesundes Zell-Leben. Da der

Mensch nichts anderes ist als eine Anhäufung von Myriaden von Zellen, so ist er nur so gesund wie seine Zellsubstanz. Von ihr hängt alles ab, auch die Funktion seiner Organe und Gewebe. Erhält der Mensch daher aus dem Boden gesunde, lebende Substanz in biologischer Güte, so bleibt er gesund; erhält er sie nicht, so vermag auf Dauer auch die beste Erbsubstanz, der vollkommenste Organismus den Mangel nicht mehr auszugleichen und er wird krank. Wir können auf die Dauer niemals gesünder sein als unsere Nahrungsspender.

Wir sind immer nur so gesund wie unsere Haustiere, unsere Kulturpflanzen, unsere Bienen und unser Mutterboden. Nicht ein einziger Vorgang bei der Wanderung der lebenden Substanz durch Boden, Pflanze, Tier und Mensch ist überflüssig, unsinnig oder unwichtig. Jeder Lebensvorgang wirkt auf den Charakter, auf die Gesundheit, auf die biologische Güte der lebendigen Substanz ein, und dieser Vorgang kann nicht künstlich nachgemacht werden, er muss so gelassen werden, wie er ist.

Die biologische Bedeutung der Fruchtfolgen

23. Artikel, Herbst 1959

Fruchtfolge als Mittel gegen die Bodenmüdigkeit nach Monokulturen ist seit Großvaters Zeiten bekannt und hat sich aus der Erfahrung heraus entwickelt.

Jede Pflanzenart nimmt nicht nur Stoffe aus dem Boden auf, sondern scheidet auch aus wie jeder Organismus. Diese Ausscheidungsstoffe sind ihrerseits Wirkstoffe, die das Bodenleben beeinflussen beziehungsweise andere Pflanzenarten. Diese Stoffe können wachstumshemmend oder auch wachstumsfördernd wirken. Im organisch-biologischen Landbau konnte erarbeitet werden, dass alle Probleme, die die Bodenmüdigkeit aufwirft, allein damit praktisch lösbar sind, dass wir dem Boden sein natürliches Leben wiedergeben und so stark erhalten, wie die Fruchtfolge es erfordert.

Es hat sich sogar nachweisen lassen, dass zum Beispiel Kartoffeln ohne Schaden und ohne Ertragsabfall mehrere Jahre hintereinander in Monokulturen angebaut werden konnten (siehe Alwin SEIFERT: „Gärtnern, Ackern – ohne Gift“ [1971] – 16 x Frühkartoffel als Vorfrucht von Rosenkohl hintereinander). Daraus ist der Schluss zu ziehen, dass ein genügend belebter Boden bei manchen, sogar anspruchsvollen Pflanzen meist nicht „müde“ wird, wenn er eben stets lebendig erhalten wird.

Vier Faktoren sind es beim derzeitigen Wissensstand, die zur Erschöpfung des Bodens führen:

1. Die Verarmung an Spurenelementen
2. Die hungernde oder falsch gelenkte Bodenflora
3. Die Verarmung an verwertbarer organischer Substanz
4. Die Verarmung an Bodentieren

Zu 1. *Die Spurenelemente:* Sie sind mehr oder weniger seltene Exemplare in dem Elementengemisch der Erdoberfläche. Es gibt an die 80 Elemente, die das Lebendige braucht, soweit man weiß, einige davon in großen Mengen, die meisten nur in Spuren. Pflanzen haben je nach Art ganz bestimmte, untereinander verschiedene Bedürfnisse an Spurenelementen (zum Beispiel Mg, Cn, Fe).

Wird ein notwendiges Spurenelement von einer Pflanzenart bevorzugt aus dem Boden weggenommen, dann wird der Boden „müde". Bei Fruchtfolge, bei der die Pflanze alle vier bis fünf Jahre gewechselt wird, wird die Erschöpfung („Bodenmüdigkeit") hinausgezögert. Die Spurenelemente sind jedoch lebensnotwendig. Eine synthetische Spurenelementedüngung ist schwierig, da die richtige Dosierung der einzelnen Elemente nahezu ausgeschlossen ist.

Im organisch-biologischen Landbau wird daher Urgesteinsmehl verwendet. Dabei gibt es keine Dosierungsfragen, wohl aber müssen die Böden genügend Leben haben, um die nur mikrobiell löslichen Elemente der Urgesteinsmehle aufzuschließen.

Zu 2. *Die mikrobielle Bodenflora:* Die Wirkstoffe der Pflanzenausscheidungen können insbesondere bei Monokulturen den Boden sehr belasten beziehungsweise können die gleiche Pflanze oder die Nachfrucht schädigen oder fördern, wie wissenschaftliche Arbeiten beweisen. Es wurde jedoch erarbeitet, dass mit der Aktivierung der Bodenflora und Erhöhung des Bodenlebens die Probleme der Monokultur verschwinden.

Zu 3. *Die organische Bodensubstanz:* Sie entscheidet über die Auswahl und den Charakter der Bodenflora (Mikroben). Es wächst in jedem Boden das an Mikrobenflora, was eben dort leben kann. Es ist daher von größter Wichtigkeit, dass eine quantitativ reichhaltige Bodenflora wachsen kann, und das kann nur mit der regelmäßigen Versorgung durch organische Abfallstoffe geschehen. Ist der Boden ausreichend belebt, ist er imstande, jede organische Substanz zu verdauen, auch dann, wenn sie bestimmte Hemmstoffe enthält.

Zu 4. *Die Bodentiere:* An der Spitze steht der Regenwurm. Die Kleintiere sind die Hauptzerkleinerer und Verdauer der Abfallsubstanz in Pflanzennahrung. Die Monokultur schädigt in verschiedener Weise das Leben der Bodentiere, da sie Einheitsverhältnisse vorgibt, die den Bedürfnissen der Kleintiere nicht entsprechen.

Die biologische Bedeutung der Fruchtfolge liegt letzten Endes darin, dass bei wechselweisem Anbau verschiedenartiger Gewächse das Bodenleben eine Förderung erfährt, während es bei der Monokultur, die ohne Wechsel ständig fortgeführt wird, zu einer Schädigung, Ertragsminderung, Krankheitsbefall und so weiter kommt, und zwar deshalb, weil die Lebensbedingungen für das Bodenleben nicht erfüllt werden oder nicht erfüllbar sind.

Humus – unsterbliches Leben

24. Artikel, Winter 1959

Alle Organismen auf der Erde sind sterblich. Sie treten nach dem Gesetz des Lebens an, wenn es die Schöpfung will, und sie durchmessen die zugedachte Bahn, bis sie wieder abtreten müssen – als Organismen ausgelöscht, als seien sie nie gewesen.

Das aber, aus dem sie gebildet sind, was ihr Leben in sich trägt, ist unsterblich, der Geist, der sie schuf, und die lebende Substanz, die ihn verkörpert. Den Geist vermögen wir nicht mit leiblichen Augen zu sehen, wohl aber die lebende Substanz, in der der Schöpfungsgeist ins Leben tritt. Mit der lebenden Substanz bildet der Geist die Organismen, die er will, die Mikroben, die Pflanzen, die Tiere und schließlich den Menschen. Und ist auch jegliche Gestalt auf Erden vergänglich – die lebende Substanz ist es so wenig wie die leblose.

Ein jeder Organismus, auch der Mensch, bildet sich aus lebloser und lebendiger Substanz, aus den Atomen und Kleinmolekülen der Mineralien und aus den Großmolekülen der Lebendsubstanz.

Jeder Organismus ist aus Einzelbausteinen der Zellen aufgebaut. Die Zellen sind grundsätzlich gleich aufgebaut, aus Wasser und Mineralien, sind abgegrenzte, lebendige Gebilde, existieren vom Einzeller (Bakterien) bis zum Vielzeller (Pflanzen, Tiere, Mensch) und können vielerlei spezielle Fähigkeiten erwerben.

Die Zellen werden durch die Teilchen der lebenden Substanz mit Leben erfüllt (in jeder Zelle 100 und mehr), sie organisieren den Bau der Zelle und sorgen für Ernährung und Fortpflanzung.

Die **Lebendsubstanz** in den Zellen erscheint als Klümpchen, das man sehen und zählen kann und das auch ohne Zelle, also zellfrei, existieren kann. Sie überlebt den Tod eines Organismus und seiner Zellen und wandert im Strom der nährenden Substanzen weiter; sie überlebt Hitze und Kälte und ist offenbar unsterblich.

Die Lebendsubstanz ist einem Kreislauf unterworfen, genauso wie die Mineralstoffe. Der Kreislauf der Mineralstoffe ist wissenschaftlich ziemlich genau erforscht; die Atome der Mineralstoffe sind sich überall gleich. Im Gegensatz dazu der Kreislauf der Lebendsubstanz, von dem noch kaum etwas bekannt ist. Die Lebendsubstanzen bestehen chemisch aus nur wenigen Mineralien, sind aber sehr verzwickte Gebäude aus Millionen von einzelnen Atomen, die von der Natur möglichst unversehrt erhalten werden. Die Lebendsubstanzen haben die Fähigkeit, sich beim Zerfall einer sterbenden Zelle mit einem organischen Schutzmantel zu umgeben, um ihren kostbaren Inhalt sicher über die Runden zu bringen. Solche Fähigkeiten und Spezialitäten, wie sie die Lebendsubstanzen ausmachen, gibt es unzählige, und deshalb ist der Kreislauf der lebenden Substanzen tausendmal wichtiger als der Kreislauf der leblosen.

Was ist nun der **Kreislauf der lebenden Substanz?** Tier und Mensch leben von der Pflanze, beide aber geben ihre Abfälle oder im Falle ihres Todes alle ihre Substanz an den Boden ab. Von dort nimmt die Pflanze alle Lebensstoffe, die leblosen wie die lebendigen, wieder in sich auf, stellt sie auch den tierischen Organismen und uns wieder zur Verfügung – und der Kreislauf ist damit geschlossen: Boden–Pflanze–Tier–Mensch–Boden.

Das Ergebnis der Lebenstätigkeit des Bodens nennen wir Humus; er ist die Frucht der beiden Kreisläufe, wobei die Lebendsubstanz *klebrig* ist und die mineralische Substanz in Form von Erosionsstaub zum fruchtbaren Bodenkrümel verkittet: Der Boden wird „gar".

Die **Bodengare** ist eine Wirkung der lebenden Substanz, ohne sie gibt es kein Wachstum und keine Pflanzengesundheit. Die durch die Arbeit des Bodenlebens hervorgebrachte Bodengare ist durch nichts anderes ersetzbar. Der Boden braucht die absterbenden Zellen der Lebewesen, um ihre Substanz in Humus umzuwandeln, und *der wichtigste Bestandteil der Bodengare ist die lebende Zellsubstanz des verwesten Lebens,* dessen Dasein beendet ist und das nach dem Gesetz der Schöpfung nach vollendetem Schicksal in den Boden zurückkehren muss.
Der Humus ist das große Reservoir lebender Substanz, aus dem sich die gesamte belebte Natur ständig erneuert. Der Bauer hat dieses Reservoir anvertraut bekommen, und es ist seine vornehmste Aufgabe, es zu hüten.

Das ist der erste Kernsatz des biologischen Landbaus. Von der Natur wird alles getan, um die Lebendsubstanz mit ihrem kostbaren und komplizierten Aufbau, ohne Schaden zu nehmen, über die Runden zu bringen. Bei dem Kreislauf der lebendigen Substanz durch die Organismen hindurch ist eine feine, unmerkliche Änderung im Gefüge sehr wohl möglich, bis hin zu Krankheitsmerkmalen.

Je kränker daher Mitglieder von Lebensgemeinschaften (Mensch, Tier und Pflanze) sind, umso mehr krankhafte, abgewandelte, nicht mehr der Ordnung des Lebendigen entsprechende Lebendsubstanz wird im Kreislauf umlaufen und *so gut, wie man Gesundheit essen kann in Form der lebenden Nahrungssubstanz, so kann man auch Krankheit essen in Form von verdorbener Lebendsubstanz.*

Möglicherweise – aber bekannt ist darüber noch überhaupt nichts – versteht es die Natur, kranke Lebenssubstanz wieder zu regenerieren beziehungsweise gesund zu machen, wenn dies aber überhaupt möglich ist, dann nur im Durchgang durch viele, viele Lebensvorgänge im Boden. Und deshalb ist der lebende Boden für die Gesundheit von Tier und Mensch ganz und gar unentbehrlich.

Zur Auswertung biologischer Bodenprüfungen

25. Artikel, Frühjahr 1960

[Anm. d. Bearb.: *Der mikrobiologische Test wurde 1949/50 entwickelt und nach ausgiebiger wissenschaftlicher Erprobung und Korrektur 1955 im biologischen Landbau eingesetzt.*]

Dieser Test war der erste seiner Art, der für den biologischen Landbau erarbeitet wurde und Aussagen brachte über Menge und Güte der organischen Substanz durch Auszählen der Zellen unter dem Mikroskop und durch das Plattengussverfahren.

Es konnten dadurch Anhalte über die Bodenfruchtbarkeit gemacht werden und Angaben über notwendige Düngungsmaßnahmen.

Die Ergebnisse brachten Sicherheit für die Bauern und Sicherheit für die Führung, mit ihren Angaben auf dem richtigen Weg zu sein. Es war ein hoher Arbeitsaufwand und ideeller Einsatz nötig, um dieses Verfahren durchzuziehen, und es war sehr mitentscheidend für die Aufwärtsentwicklung des organisch-biologischen Landbaus in seiner Frühzeit 1951-1988.

Nach dem Tod von Dr. Hans Müller 1988 wurde das von ihm errichtete Labor in den Räumen der Genossenschaft von Galmitz (Schweiz) noch einige Jahre weitergeführt, 1990 jedoch stillgelegt.

Das Verfahren wurde von neueren Methoden abgelöst, die leichter zu standardisieren sind und exakte Messwerte liefern.

Übertragung von Erbsubstanzen?

26. Artikel, Sommer 1960

Erbsubstanzen sind die wertvollsten lebendigen Substanzen aller Zellen und Gewebe, aus denen Organismen bestehen. Die Erbsubstanzen bestimmen, was eine Zelle tun kann, wo sie hingehört, wie sie aussieht, und aus Erbsubstanzen allein bauen sich ganze Organismen auf, auch der Mensch.

Es sind die „Zentralen", von denen aus alle Lebensvorgänge gelenkt werden. Sie sind zum Beispiel verantwortlich dafür, ob aus einer kleinen Eizelle ein ganzer Mensch wird oder ob eine Drüsenzelle richtig arbeitet, eine Nervenzelle in Ordnung ist, eine Pflanze richtig wächst, und sie sind verantwortlich dafür, dass sich die Lebewesen auch fortpflanzen können. Mit einem Wort gesagt: Die Erbsubstanzen oder „Erbmassen" bewirken alles, was man „lebendig" nennt, sie sind die wahren Träger des Lebens, die Verwirklichung des Geistigen im Materiellen.

Bekanntlich baut sich unsere ganze landwirtschaftliche und wissenschaftliche Arbeit auf dem Gedanken auf, dass alle lebenden Substanzen von der Natur in möglichst voller Tüchtigkeit erhalten bleiben, wenn irgendwelche Lebewesen sterben, ganz gleich, ob es sich dabei um Mikroben/Bakterien oder um Pflanzen, Tiere und Menschen handelt. Ja sogar dann, wenn in einem Organismus während seines Lebens Zellen sterben, was fortlaufend der Fall ist, dann bleibt – so setzen wir voraus – die lebende Zellsubstanz erhalten und kann wieder zu Neubauten von Zellen Verwendung finden.

Für die „Erhaltung der lebendigen Substanz" haben wir in wissenschaftlicher Arbeit viele Beweise gefunden. Für die Frage, ob diese erhalten gebliebene Substanz auch wiederverwendet werden kann, dient als Beweis einstweilen die Tatsache, dass man in lebender Substanz die Organismen gesund machen kann – oder auch krank, je nachdem, wie sie beschaffen ist.

Das hat sich in der Heilkunde bewiesen, und das hat sich im biologischen Landbau ebenso bewiesen: *Wenn die Gesundheit Schaden gelitten hat durch falsche Ernährung von Mensch, Tier, Pflanze und Boden, kann man durch die Pflege der lebenden Substanzen alle diese „Organismen", auch den Mutterboden, gesund machen.*

Damit haben wir an sich einen Beweis, einen für uns vollständig ausreichenden Beweis, für den „Kreislauf der lebendigen Substanz". Und damit haben wir also etwas ganz Neues, etwas, das uns die Wunderwirkungen der biologischen Heilkunde und Landwirtschaft erst erklärlich macht.

Und so kommt es, dass der Mutterboden wieder mehr Wasser aufnehmen kann, dass er unempfindlicher wird gegen Trockenheiten, widerstandsfähiger gegen Verschlämmung und Frost, dass die Saat besser aufgeht und besser überwintert, dass die Schädlinge seltener werden und die Viruskrankheiten verschwinden, die Haltbarkeit größer wird und die Bekömmlichkeit besser.

Und so kommt es letzten Endes, dass das Vieh gesünder wird, dass es mehr leistet, dass es fruchtbarer wird und dass viele schlimme Probleme, die der Viehstall bringt, besser und leichter zu lösen sind als vordem. Und wir Menschen haben den Nutzen davon.

André VOISIN (1958 und 1959) fordert: „Es gibt nur einen einzigen wirklichen Beweis für die Güte eines Bodens – die Pflanzengesundheit. Und es gibt nur einen einzigen wirklichen Beweis für die Güte einer Nahrungspflanze – Tier und Mensch und ihr Wohlergehen." So etwa sagt VOISIN genau das, was wir seit langer Zeit wissen.

Der Kreislauf der lebendigen Substanz ist für uns also durchaus bewiesen; er ist eine Tatsache für uns, auf die wir unsere Arbeit aufbauen. Wir sind damit gut gefahren und haben keinen Grund, auch nur einen Augenblick daran zu zweifeln, und wir werden in Zukunft noch viel mehr als bisher unsere Arbeit danach ausrichten.

Es wird noch lange Zeit dauern, bis man den „Kreislauf lebendiger Substanzen" als wissenschaftlich bewiesen allgemein anerkennt. Das ist nicht einmal so falsch, wie es für den Außenstehenden scheinen mag. Die Naturgesetze müssen von allen Seiten her bewiesen werden, ehe man sie als wissenschaftlich bewiesen anerkennen kann. Und es ist auch kein Nachteil, wenn man uns auf diese Weise zwingt, sehr genau und sehr exakt zu arbeiten, um weitere Beweise für die Wahrheit herbeizuschaffen. Wir wollen das auch tun.

Man kann also umso mehr verstehen, weil ja unsere Theorie ziemlich alles umwirft, was man bisher als wahr anerkannt hat. Ein Beispiel für alle: Man nahm an, dass Pflanzen nur anorganische, salzförmige Nährstoffe in sich aufnehmen und dass der Boden solche also enthalten müsse. Auch die Düngung bestünde dann aus solchen Stickstoffsalzen, Kalisalzen, Phosphorsäuresalzen und so weiter, und es hätte keinen Sinn, der Pflanze zur Düngung etwas anderes anzubieten als eben solche Stoffe, wie sie die Agrikulturchemie benutzt. Und nun kommen wir und erklären, dass die Pflanze so ziemlich alles aufnehmen kann, was im Boden vorkommt, vor allem auch die *lebenden Substanzen*, die teilweise ja auch Erbsubstanzen sind.

Das stellt die Düngerlehre auf den Kopf. Und trotzdem haben wir recht. Denn tatsächlich verschaffen wir unseren Pflanzen eine bessere, eine vollständigere, natürlichere Ernährung als die Agrikulturchemie; wie könnten sie sonst besser und gesünder sein? Und unser ganzes Geheimnis ist ja nur dies: Wir bieten der Pflanze einen lebendigen Boden, der ihr alle Substanzen, auch die lebenden, verschafft; wir geben der Pflanze möglichst überhaupt keine „löslichen" Nährstoffe, sondern ernähren den Boden so, wie es die Natur macht. Wir ernähren eben überhaupt möglichst nur den Mutterboden, nicht die Pflanze, weil nur das Leben des Mutterbodens eine gesunde Pflanze garantiert. Wir machen es also nur genauso, wie es die Natur macht, wir bemühen uns nur, sie sorgfältig und gewissenhaft nachzuahmen. Das ist unser ganzes Geheimnis.

Umso mehr aber freuen wir uns, wenn uns von anderer Seite her eine große, eine geradezu göttliche Hilfe kommt: Die Amerikaner Eduard Lawrie TATUM und Joshua LEDERBERG (1946) sowie George Wells BEADLE (1969) haben bewiesen, dass die Übertragung von Erbsubstanz *von Zelle zu Zelle* möglich ist!

[BEADLE, LEDERBERG und TATUM erhielten 1958 für ihre Entdeckungen über genetische Neukombinationen und Organisation des genetischen Materials bei Bakterien den Nobelpreis für Physiologie oder Medizin. *Anm. d. Red.*]

Sie haben in einem sehr umständlichen, lange dauernden und auch teuren Versuch bewiesen, dass man die Übertragung von Erbsubstanzen bei Bakterien direkt nachweisen kann: *Bakterien können aus der Substanz anderer Bakterien lebende Erbsubstanzen in sich aufnehmen und damit Eigenschaften erwerben, die sie selbst vorher nicht hatten, die aber die gestorbenen Bakterien hatten, von denen die verzehrte Substanz stammt.* Genau das haben wir seit langer Zeit behauptet, und es war die Grundlage unserer Arbeit.

Uns genügt es, wenn die Wissenschaft hinterherkommt (wie sie es ja meist tut!), wenn wir nur inzwischen schon verstehen, unsere Geschöpfe auf dem Acker, im Stall und im Haus gesund zu machen und erbgesund zu erhalten.

Aber wir würden uns unsere Arbeit schon sehr erleichtern, und unsere Arbeit würde umso eher denjenigen zugutekommen, für die wir sie tun, nämlich allen Menschen, wenn der wissenschaftliche Beweis in allen Formen und in jeder Richtung nicht allzu lange auf sich warten ließe. Dann würden uns auch die „anderen" endlich ernst nehmen müssen, wie es unsere Sache verdient. Und die Früchte unserer Arbeit würden dann nicht nur wenigen zugutekommen, sondern der ganzen Menschheit. Dann wäre nämlich das dringendste Problem gelöst, das auf der Menschheit lastet: Das Problem der Entartung des Menschengeschlechtes durch die Zivilisation, das Problem der Grundgesundheit, die allenthalben Stück für Stück untergraben wird, weil wir von der „biologischen Wertigkeit" bisher nichts, aber auch gar nichts verstanden haben.

Keine Nahrung ist gesünder als der Boden, auf dem sie wächst

27. Artikel, Herbst 1960

Wenn die Frucht auf dem Halm steht und die Kartoffeln blühen, dann vergisst man allzu leicht, dass diese Pracht, dieser Gottessegen buchstäblich aus Erde gemacht ist, wie es vom ersten Menschen geschrieben steht. Wir sagen Muttererde, denn die Erde ist wirklich die Mutter alles Lebendigen.

Die Versuche der Wissenschaft, die Geheimnisse der Natur und des Pflanzenwachstums nachzuahmen, um damit Weltnahrungssorgen zu beenden, sind zahlreich, waren jedoch zum Scheitern verurteilt, so wie jüngst, da zwar die synthetische Darstellung des Chlorophylls, des grünen Pflanzenfarbstoffs, gelang, es sich jedoch zeigte, dass es unfähig war, Kohlehydrate herzustellen. Das natürliche Chlorophyll ist jedoch dazu imstande, allerdings nur zusammen mit den viel komplizierteren Chloroplasten, den Lebensstoffen aus dem Humus.

Nun gibt es im Boden aber eine Unzahl von Sorten lebender Substanzen (man hat bisher 1050 errechnet), mit deren Hilfe alle lebenden Organismen vom kleinsten Insekt bis zum Urwaldbaum, vom Bakterium bis zum Menschen, aufgebaut werden, ein gewaltiger Lebensstrom, der durch alle Lebewesen hindurchgeht und ihr Leben überhaupt erst möglich macht. Ohne ihn gäbe es kein Leben, nur Krankheit und Tod – dieser Lebensstrom, der, aus dem Boden kommend, über Pflanze, Tier und Mensch, über deren Abfallprodukte wieder zum Boden zurückkehrt, wobei der Hauptträger auf den Kulturböden die organischen Dünger aller Art sind.

Was ist nun Gesundheit des Bodens? Das ist selbstverständlich sein physikalischer Zustand (Gare, Belüftung, Wasserbindefähigkeit, Lebendverbauung, Grundwasserstand, Nährstoffgehalt), in erster Linie jedoch sein Gehalt an lebender Substanz in den verschiedensten Sorten, wie sie gebraucht werden. Wenn nun die Pflanze gesund ist, so war es der Boden. Die Pflanze ist der einzig gültige Test für die Bodenqualität (so sagt es auch VOISIN [1958 und 1959]), und ist der Mensch gesund, so war es die Pflanze, und so geht es weiter in der Kette der Lebensvorgänge, darum ist keine Nahrung gesünder als der Boden, auf dem sie wächst!

Wenn man von Gesundheit spricht, so ist das eine sehr schwere Forderung, die nicht leicht zu erfüllen ist, am wenigsten in der freien Natur: Es ist nur das gesund, was sich selbst zu behaupten und sich selbst fortzupflanzen vermag, was auch ohne jeden günstigen Schutz lebensfähig ist. Diese Gesundheit kann man nicht in Ziffern ausdrücken, man kann sie nicht messen, man kann nur feststellen, dass sie da ist oder dass sie fehlt. Mutter Erde und Gesundheit ist ein und dasselbe.

Der Stand unseres Wissens über die Ernährung der Pflanze im Blick auf ihren gesundheitlichen Wert als Nahrung für Tier und Mensch

28. Artikel, Winter 1960, Frühjahr und Sommer 1961

Die Entwicklung der Wissenschaft in den letzten hundert Jahren

Der menschliche Geist ist in den letzten hundert Jahren andere Wege gegangen als jemals früher in der Geschichte der Menschheit. Der Unterschied im wissenschaftlichen und praktischen Denken von einst und jetzt ist so entscheidend wichtig, dass man anders die gegenwärtige Zeit in ihrem Ringen um die menschlichen Probleme nicht verstehen kann. Wer die Wahrheit sucht, muss denken können. Denken aber heißt, sich über die Vielfalt des Alltäglichen zu erheben und nach dem Gemeinsamen der natürlichen Vielfalt zu suchen, nach dem, „was die Welt im Innersten zusammenhält" (Johann Wolfgang von GOETHE).

Grundsätzlich kann man zweierlei Wege gehen, um die Wahrheiten zu erforschen und Naturgesetze aufzudecken: Man kann die Dinge zerlegen in ihre Einzelteile, um sie einzeln zu erkennen, in Gedanken wieder zusammenzufügen und sich ein Bild vom Ganzen zu machen; man kann umgekehrt versuchen, in Gedanken das Ganze und seine Grundgesetze zu erkennen, um von hier aus, gewissermaßen von oben herab, das Geschehen im Einzelnen zu erklären und zu deuten.

Der Mensch und seine Wissenschaften sind seit jeher beide Wege gegangen. Man hat immer versucht, tiefer ins Einzelne zu dringen, um das Ganze erkennen zu können, und man hat immer auch versucht, vom Ganzen aus dieses Einzelne zu deuten und einzuordnen. Beides ist echte Wissenschaft, denn beides dient gleichermaßen der Naturerkenntnis, es ergänzt sich; wo die eine Denkmethode versagt, da vermag die andere weiterzuhelfen. Und beides zusammen ist erst exakt, zuverlässig und wohlfundiert.

Man hat sich heute angewöhnt, die eine Methode, nämlich die, welche zerlegt, um zu forschen, die analytische (auflösende) Methode zu nennen, ihr Denken das kausal-analytische Denken. Und zurzeit behaupten ihre typischen Vertreter, sie allein betrieben exakte Naturwissenschaft. Das Gegenteil, nämlich das synthetische und biologische Denken, welches vom Ganzen ausgeht, um das Einzelne zu deuten, wird in den Bereich der Philosophie verwiesen und gilt fast allgemein als unwissenschaftlich. Wie ist es dazu gekommen?

Die Erfindungen des 19. Jahrhunderts haben etwas grundsätzlich Neues gebracht: Der forschende Blick in das Einzelne, in die Einzelteile ist plötzlich ungeheuer geschärft worden. Man hat das Mikroskop erfunden und es bis zum Elektronenmikroskop entwickelt, das Vergrößerungen bis zum 500.000-Fachen und mehr erlaubt. Man hat die Röntgenstrahlen entdeckt, die das Unsichtbare sichtbar machen können. Man hat die chemische Analyse entwickelt und damit der analytischen Forschung ein weiteres Feld eröffnet, und die Physik begab sich erfolgreich ins Gebiet des Allerkleinsten, um die wirkenden Kräfte zu erkennen.

Diese Fortschritte haben unser gegenwärtiges Leben gestaltet. Man hat Einblicke in das Einzelne bekommen, von denen man sich vor 200 Jahren noch nichts hat träumen lassen, und man hat dieses ganz neue, unerhört umfangreiche Wissen vom Einzelnen gebrauchen können, um eine Zivilisation zu schaffen, wie sie vorher nicht denkbar war.

Es darf uns nicht wundern, wenn darüber der Blick auf das Ganze verloren gegangen ist. Die Gefahr ist zu groß, als dass man ihr hätte entgehen können. Die neuen Forschungsmethoden haben so viel Neues gebracht, dass man zunächst alle Hände voll zu tun hatte. Die einzelnen Wissensgebiete haben sich so erweitert, dass es unmöglich geworden ist, alles zu wissen: Der Spezialist wurde geboren und übernahm die Herrschaft, der Universalist wurde verdrängt; es gibt heute niemanden mehr, der behaupten könnte, er wisse alles. Das ist aber nötig, wenn man die Natur im Ganzen deuten will.

Die biologischen Zusammenhänge zwischen allem Lebendigen, vom Mutterboden bis zum Menschen hin, klarzumachen und alles menschliche Tun in diesen großen Rahmen zu stellen, dazu bedarf es der Ganzheitsschau und der Ganzheitsforschung.

Die Nahrungspflanze ist, was ihren gesundheitlichen Wert betrifft, nur vollkommen, wenn sie Gesundheit vermittelt und gesund erhält. Gesund ist nur das, was erbgesund ist und imstande, anderen Lebewesen Gesundheit zu schenken. Dafür aber gibt es keine analytischen Tests, sondern nur einen einzigen gültigen Test, die reale Wirklichkeit.

Das heute in der Wissenschaft herrschende Spezialistentum steht einer echten Ganzheitsschau im Weg. Der Spezialist darf dabei nur Hilfsperson sein, der mit seiner Erkenntnis (er nennt das gesichertes Wissen) imstande ist, ein Steinchen in das Mosaik des Ganzen zu stellen, aber nicht verlangt, von seiner Erkenntnis Schlüsse über das Ganze zu ziehen, dem falsche Maßnahmen folgen müssen. Er kann nicht mehr sein als Teil des Ganzen.

Es ist eine Kette: Mensch–Tier–Pflanze–Mikroben–Mutterboden–Agrikultur. Alle ihre Glieder müssen im Suchen nach der Wahrheit einbezogen werden, wenn wir über die menschliche Ernährung forschen, die ja die menschliche Gesundheit großteils erbringen soll. Was ist menschliche Gesundheit? Mit den eigenen geistig-seelischen wie körperlichen Kräften „den Kampf ums Dasein" bestehen, ohne wesentliche fremde Hilfe, ohne künstlichen Schutz.

Es genügt nicht, wenn, wie es der heutigen Meinung entspricht, die Nahrung aus gewissen Kern- und Ergänzungsstoffen (Eiweiß, Kohlehydraten, Fetten, Mineralien, Vitaminen, Enzymen, Hormonen und Spurenelementen) besteht, nachdem nachgewiesenermaßen insbesondere die Angehörigen der Industrienationen, denen all diese Nahrungsstoffe reichlich zur Verfügung stehen, keineswegs gesund sind, sondern im Gegenteil immer mehr und häufiger mit Krankheiten aller Art behaftet sind.

Die neuesten Forschungen jedoch betreffen die lebendige Substanz, das heißt die lebende Zellsubstanz und die Erbsubstanz, die durch die Nahrung Eingang finden in die Zellen des Organismus. Diese Nachweise sind heute so viele, dass wir sie hier nicht mehr aufzählen können. Sie wandern aus dem Dünger auf den Mutterboden, aus dem Mutterboden in die Pflanze und aus den Pflanzen in die tierischen Organismen und übertragen damit Gesundheit oder Krankheit. So haben wir bewiesen, dass man mit den schweren Problemen im Landbau erst fertig wird, wenn man sich von den Nährstoffvorstellungen der Chemiker frei macht und alle seine Kulturhandlungen unter die Direktion der lebendigen Substanz stellt.

Es kommt des Weiteren auch viel weniger darauf an, wie eine Ernährung gehandhabt und zusammengestellt wird, es kommt vielmehr darauf an, wo die Nahrung gewachsen und geworden ist. Sie kann echte Gesundheit nur vermitteln, wenn sie aus gesunden Lebensvorgängen und gesunden Organismen kommt.

Wenn wir dies erfüllen, können wir den hohen Forderungen gerecht werden, die die Menschheit an ihren Landbau stellen darf.

„Du musst mir nicht nur Nährstoffe liefern, sondern vollkommene Nahrung", in diesen Worten ist alles enthalten, was für den zukünftigen Landbau maßgebend ist.

Wir haben uns seit zwölf Jahren konsequent bemüht, eine Heilkunde, eine Ernährungslehre und eine Düngelehre zu entwickeln, die sich ganz bewusst der lebenden Substanzen bedient und jede Handlung unter ihre Direktion stellt. Wenn die lebenden Substanzen mit zu einer vollkommenen Nahrung gehören, dann ist die vollkommene Nahrung nicht nur eine Summe von Nährstoffen chemischer Natur, sondern eine lebendige Einheit, die sich bisher nur als Ganzes betrachten lässt, weil die chemische Struktur lebender Substanzen noch ein Buch mit sieben Siegeln ist.

Die synthetischen Dünger, Mineralsalze N, Ca, K, P, Mg und Spurenstoffe stellen eine nicht organische Pflanzennahrung dar und verursachen den Abbau der Bodenstruktur, den Verlust der Fortpflanzungsfähigkeit und den Verlust der Widerstandskraft gegen Krankheiten und Schädlinge. Die Dosierung dieser Düngesalze stößt auf Schwierigkeiten und verursacht Schädigungen im Bodenleben, da jede Dosierung problematisch ist, weil nicht genau den Bedürfnissen entsprechend errechenbar.

Im Reich des Lebendigen gibt es überhaupt nur Dinge, die alles miteinander zu tun haben; dieses Reich ist ein unteilbares Ganzes, und wer den Boden verdirbt, der verdirbt die Pflanzen, die Tiere und sich selbst. Das ist keine Philosophie, sondern die einzig mögliche Schlussfolgerung aus allen bisher bekannten biologischen Tatsachen.

Der Schöpfer der Natur selbst hat dafür gesorgt, dass sich kein Lebewesen auf der Erde zum Diktator des anderen machen kann. Auch der Mensch kann bei all seinem technischen Können nur leben und erbgesund bleiben, wenn die ganze übrige Natur, die ihm das Leben immer wieder erneuert, lebt und gesund ist. Dafür sorgt – und das ist das Entscheidende – der Kreislauf der lebenden Substanzen.

Wer den Mutterboden krank macht, bekommt auf die Dauer nur noch kranke Kulturpflanzen, und wer von kranken Kulturpflanzen lebt, wird auf die Dauer genauso krank wie sie. Die ganze Zukunft der Menschheit hängt also – mehr als von allem anderen – von der Ernährung ab.

Auch der Pflanze wird Gesundheit über ihre Nahrung vermittelt und letzten Endes ist also die Frage nach dem biologischen Wert einer Nahrung eine Frage nach der Ernährung der Pflanze und nichts anderes. Und damit konzentriert sich die Frage auf den Mutterboden.

Wissenschaft und Praxis

29. Artikel, Herbst 1961

[Anm. d. Bearb.: *Es handelt sich um einen Dankes-Artikel für Dr. Hans Müller von Dr. Hans Peter Rusch anlässlich des 70. Geburtstages von Müller am 4. Oktober 1961. Dieser Artikel wird vollinhaltlich in der Zeitschrift „Kultur und Politik" auf den Seiten 15 bis 19 wiedergegeben. Wir verzichten an dieser Stelle darauf, ihn hier zu zitieren. Der Hinweis darauf soll genügen.*]

Die makromolekulare Stufe des Lebendigen

30. Artikel, Winter 1961

Früher betrachtete man als kleinste Einheit des Lebens die Zelle, hier begann für die naturwissenschaftlichen Vorstellungen das Leben, darunter gab es nur mineralisierte Substanz, das heißt die Elemente und ihre Verbindungen, zum Beispiel die Salze.

Es wurde eine totale Mineralisation der lebenden Organismen (Pflanze, Tier, Mensch) bei ihrem Absterben bezüglich aller ihrer Stoffe angenommen, verbunden mit der Annahme, dass jeder Organismus die lebendigen Substanzen, die er in sich trägt, wieder von vorne neu aufbauen muss. Diese letztere Annahme trifft nun nicht zu, die Mineralisation geht zwar tatsächlich vor sich, betrifft aber nicht alle Stoffe.

Die Forschung ist in den letzten beiden Jahrzehnten auf verschiedenen Wegen tief in das Niemandsland zwischen lebendiger und lebloser Substanz eingedrungen und hat dabei überraschende Feststellungen gemacht, die das naturwissenschaftliche Weltbild teilweise total zu verändern beginnen. Daran sind Makromolekularchemie und Biophysik ebenso beteiligt wie die Erbforschung, die Virusforschung und die Biologie allgemein. Jeder dieser Wissenszweige hat, teilweise ganz unabhängig voneinander, nachgewiesen, dass es zwischen der lebendigen Zelle und den unlebendigen Kleinsubstanzen eine Riesenzahl von Großmolekülen, das heißt von lebenden Substanzen, gibt, die in den verschiedensten Formen bei einer Auflösung lebender Zellen, also beim Tod der Zelle, als Lebenseinheit nicht auseinanderfallen, auch nicht bei den Verdauungsprozessen, sondern erhalten bleiben: Unser *Gesetz von der Erhaltung der lebendigen Substanz* und der *Kreislauf lebendiger Substanzen* als wesentlichster Teil der Nahrungskreisläufe werden damit ganz allmählich Stück für Stück bewiesen.

Die Zelle ist demnach als kleinste Lebenseinheit entthront, es gibt unterhalb der Zelle bereits alles das, was man „Leben" nennt. Zwischen den Kleinsubstanzen, zu denen nicht nur die Mineralsalze, sondern auch die Vitamine, Enzyme, Hormone, Kohlehydrate und Eiweißbausteine zu rechnen sind, und den „großen Zellen" gibt es einen ausgedehnten Lebensbereich, den wir die „makromolekulare Stufe des Lebens" nennen. Wie ist sie beschaffen und welche Bedeutung hat sie für die Erhaltung und Fortpflanzung der lebendigen Organismen?

Ein makromolekulares Großmolekül ist aufgebaut aus Atomen, geordnet in besonderer Weise. Je weniger Atome in einem Molekül vorhanden sind, desto fester ist die Aneinanderbindung. Je größer die Anzahl der Atome ist, desto schwieriger wird das Problem der Bindung, desto wandelbarer und unbeständiger sind die Moleküle; sie sind labil, reagieren auf jede Veränderung und besitzen infolgedessen die besondere Eigenschaft der Lebendigkeit. Ohne diese Lebendigkeit, ohne die Fähigkeit, auf Umwelteinflüsse zu reagieren, gäbe es kein Leben. Aber gerade wegen dieser Labilität, wegen der Veränderlichkeit und Empfindlichkeit ist es äußerst schwierig, sie zu untersuchen und ihr Verhalten zu studieren. Man kann sie nur indirekt studieren, indem man ihre Wirkungen in ungestörten Lebensvorgängen untersucht. Solche Studien werden in Hunderten Laboratorien der ganzen Welt durchgeführt, dabei wurden erstaunliche Neuigkeiten zutage gefördert.

So sind gewisse Großmoleküle nicht so empfindlich wie die Masse, und diese sind die allerwichtigsten lebenden Substanzen, nämlich die Erbsubstanzen.

Eine der wichtigsten Eigenschaften der lebendigen Großmoleküle ist die Fähigkeit, sich selbst zu verdoppeln, das heißt, sie können sich selbst vermehren, was innerhalb von Zellen, also im Schutz einer bereits höheren Form des Lebendigen, vor sich geht. Bei der Fähigkeit der Selbstvermehrung von Großmolekülen handelt es sich um eine „Urfunktion“, ohne die es Fruchtbarkeit und Fortpflanzung nicht gibt.

Bei der Teilung von Erbsubstanzen in kleinste Scheibchen durch einzelne Röntgenstrahlen konnte festgestellt werden, dass man sie weder abtöten konnte noch ihnen ihre Erbeigenschaften nehmen. Bei diesen so gewonnenen Erkenntnissen ist naheliegend, dass diese Grundformen der lebenden Substanzen erstens sehr widerstandsfähig sein müssen, zum Beispiel bei Kälte und Hitze in der freien Natur zu überleben verstehen, zweitens, dass es Organismen, besonders Pflanzen, keine Schwierigkeiten macht, *diese relativ kleinen Lebendsubstanzen aufzunehmen*, und drittens, dass bei der Umformung organischer Substanz, wie tierische Verdauung oder Humusbildung, das massenmäßig meiste der lebenden Substanz mineralisiert werden kann, ohne dass dieselbe restlos zerstört werden müsste. Ein kleiner Teil genügt, um immer noch die lebendigen Eigenschaften zu retten.

Die wichtigste Frage, die uns auf der makromolekularen Stufe des Lebens begegnet: Bauen sich die Lebewesen, bei der Pflanze beginnend, wie die heutige Lehrmeinung behauptet, nur und ausschließlich aus Nahrung in mineralischer Kleinform auf und gibt es keinen Kreislauf der lebenden Substanzen? Dagegen sprechen zahlreiche Beispiele, dass lebende Großmoleküle, wie die Mikrosomen und die Erbsubstanzen, sehr wohl von den Zellen bereitwillig aufgenommen werden, zu denen sie passen.

Die Forschung auf der makromolekularen Stufe des Lebens kommt unseren wissenschaftlichen und landbaulichen Grundsätzen, die wir in der Praxis und im Laboratorium seit langer Zeit betätigen, heute Schritt für Schritt näher. Was an unseren Überzeugungen bisher nicht schlüssig bewiesen war, wird zurzeit und in nächster Zukunft bis ins Letzte bewiesen sein. Dann wird es nicht mehr so schwer sein, die Folgerungen zu ziehen.

Immerhin aber ist es notwendig, dass es Menschen gibt, die sich nicht scheuen, schwankenden Boden eines Niemandslandes zu betreten, wenn es um die wichtigste Frage geht, die uns Menschen gestellt ist, die Frage nämlich, wie wir es anstellen müssen, damit die Menschheit gesund und glücklich wird. Mit dem Landbau fängt es an, der Mutterboden schafft unser Schicksal, das war und bleibt unser oberster Grundsatz. Wenn uns nun die Wissenschaft in das Niemandsland nachfolgt, das wir mutig betreten haben, so wollen wir auch ihr dafür dankbar sein.

Der Stand unseres Wissens über die Ernährung der Pflanzen (Ein Blick auf den gesundheitlichen Wert der Nahrung)

31. Artikel, Frühjahr 1962

Als ich vor langer Zeit mit Bodenstudien begann, war dies die einzige Frage, die mir gestellt war: „Was muss im Boden vorgehen, wenn er fruchtbar sein soll, und was muss in ihm vorgehen, wenn er gesunden Pflanzenwuchs produzieren soll?“

Welche Maßnahmen sind imstande, hier Aufschluss zu geben?

Der Rusch-Test, der in der Lage ist, sowohl die Fruchtbarkeit als auch die biologische Güte eines Bodens zu bestimmen.

Der Regenwurmbesatz eines Bodens: Der Regenwurm zeigt hauptsächlich an, wie viel organische Substanz herangebracht wurde und in noch unzersetzter Form vorhanden ist.

Die Beobachtung der „schönen Gare“ oder des „garen Bodens“, wenn ein schwerer Boden als gar imponiert oder ein hängiger Boden nicht abschwemmt.

Der zuverlässigste Test für den Boden ist die Pflanze: Wenn an der Pflanzung etwas fehlt, so fehlt es am Boden. Eine Ausnahme ist das zögerliche Einsetzen des Frühjahrswachstums, ehe die Bodenwärme einsetzt; dieses aber ist natürlich und darf nicht gestört werden durch Treibdünger.

Ein sehr zuverlässiger Test ist die gesundheitliche Entwicklung der Nutztiere, insbesondere des Milchviehs. Wo Krankheit auftritt, stimmt im Allgemeinen am Boden noch etwas nicht; gesunder Boden garantiert einen gesunden Stall.

Nun stellt sich die Frage, um die es hier geht: Was lehrt uns das biologische Denken, die biologischen Tests und die Erfahrung bezüglich der Ernährung der Pflanzen, wenn sie eine vollkommene Nahrung für Mensch und Tier sein sollen?

Wer gesunde Nahrung produzieren will, muss auf jeden künstlichen Treibdünger konsequent verzichten, da jede wirksame Kunstdüngung vom ersten Tag an ihr Zerstörungswerk am biologischen Gefüge der Organismen „Pflanze und Boden“ beginnt. Kunstdünger sind der synthetische Stickstoff und die künstlichen Düngesalze. Sie werden der wachsenden Pflanze – ohne die Mitwirkung des Bodens – aufgezwungen, indem sie die „Barrieren“ der Boden- und Wurzelflora durchbrechen und mit dem ständig einströmenden Wasser gelöst in die Pflanze hineingepumpt werden. Die Pflanze muss nun sehen, was sie mit diesen Salzen anfängt. Sie muss sie, da sie sie nicht wieder loswerden kann, „verbauen“, das heißt in ihrem Gewebe so verteilen, dass sie nicht mehr als unnatürliche „Stoffwechselfehler“ wirken und die Pflanze gefährden können – die Pflanze muss wachsen, ob sie will oder nicht. Also produziert sie plötzliches, unplanmäßiges Wachstum, reißt allen verfügbaren Humus an sich, aktiviert überstürzt die Chlorophyllbildung (das heißt, sie wird rasch dunkelgrün), um genug Nährstoffe zu übereiltem Bau zur Verfügung zu haben, und bekommt einen stark künstlich überhöhten Stoffwechsel („fiebernde Pflanzen“, AALAND). Damit ist die Harmonie der Wechselbeziehung zwischen Boden und Pflanze, die Grundlage für den gesunden, natürlichen Pflanzenwuchs, beseitigt. Die Pflanze beginnt den Raubbau am Bodengefüge, am Humusvorrat, und nach kürzerer oder längerer Zeit sind nicht nur das Erbgut und das Abwehrsystem der Pflanze verdorben, sondern auch der „Organismus Mutterboden".

Wer gesunde Nahrung produzieren will, muss auf chemische Gifte im Landbau vollkommen verzichten lernen, denn die Anwendung von giftigen Spritz- und Stäubemitteln (Pflanzenschutzmitteln) gegen Krankheit und Schädling beseitigt alsbald die biologische Qualität des Bodens.

Dünger und Düngung müssen so gelenkt werden, dass das höchstmögliche Ergebnis bezüglich der Lebenskraft der Böden und ihrer Qualität dabei herauskommt. Wirtschaftsdünger, Grünkompost, Güllen und Jauchen müssen durch eine Rotte mit Luftzutritt, um nicht in der Fäulnis ohne Luftzutritt Gifte zu erzeugen. Neben der Haufenkompostierung, Entwicklung der Oberflächenkompostierung, bei der die Humifizierung nachgeahmt wird, wie sie in der Natur vor sich geht, ist dieses Verfahren auf jeden Fall das Richtige.

Außerordentlich wichtig für die Frage der biologischen Boden- und Pflanzenqualität ist die Bodenbearbeitung selbst. Die Humusbildung im Boden geht in Schichten vor, von denen jede ihre eigenen Spezialbakterien und -kleintiere besitzt. Ein Umstürzen des Mutterbodens bringt diese verschiedensten Lebensvorgänge so durcheinander, dass die regelrechte Humusbildung sehr behindert wird.

An der Humusbildung sind auch bestimmte Pflanzen vorzüglich beteiligt wie Klee, Leguminosen und Gras, die in Form von Gründüngung sehr viel zur Produktion gesunder Nahrung beitragen.

Ein großer Fehler ist das Unterbringen unreifer und halb reifer organischer Dünger in den Boden. Jedes tiefere Einarbeiten (unterhalb fünf Zentimetern), insbesondere das Unterpflügen auch des frischen und halb reifen Stallmistes oder der Gründüngung, ist ein Frevel am Boden und am Dünger zugleich. Die Humusbildung läuft ganz falsch ab, es bilden sich Torfe und Fäulnisgifte.

Bodendecken als Schutz gegen Licht, gegen Austrocknung, gegen zu starke Abkühlung oder Erwärmung sowie Schutz für die Bodentiere sind von großer Bedeutung und gehören zur Humuswirtschaft wie die Flächenkompostierung und die Gründüngung, auch das macht uns die Natur vor. Die Bodendecken sind dünn aufzutragen (Mistschleier!), und zwar so, dass ihre Rotte durch Luftzutritt nicht gehindert wird.

Die Mineralfrage: Ein stets lebendig gehaltener Boden braucht nur sehr geringe Mengen an Mineralsalz. Der Pflanzenwuchs und die Pflanzengesundheit sind nur dann vollkommen und biologisch, wenn die Pflanze ihre Mineralstoffe aus den Lebensvorgängen des Bodens, das heißt in Form organischer Moleküle und Molekülteile, in sich aufnehmen kann und nicht in Form anorganischer Mineralien. Es kommen daher nur Mineraldünger infrage, die vom Bodenleben zunächst aufgeschlossen werden müssen, sodass sie ganz genau den Bedürfnissen der lebenden Pflanzengewebe entsprechen wie Urgesteinsmehl mit seinen zahlreichen Spurenstoffvorräten, Rohphosphat, Kalkmergel, andere Kalksteinmehle sowie siliziumhaltige Lehme und Tone (Bentonit).

Gedanken über die Düngung im biologischen Landbau: Man muss sich radikal von den chemischen Vorstellungen frei machen, dass eine Düngung gut sei, wenn man ihre Wirkung alsbald zu sehen bekommt, und dass eine Düngung nur gut ist, wenn sie unmittelbar die Erträge steigert.

Die wahre biologische Düngung wirkt niemals direkt! Ein Boden, dem auch eine stark zehrende Hackfrucht nichts anhaben kann, weil er einen hohen Humusvorrat hat, entsteht in drei Jahren, nicht in Monaten oder gar Wochen. Die echte Humuswirtschaft will erreichen, dass der Boden immer und zu aller Zeit hohe Testwerte hat, ganz gleich, ob darauf Gründüngung, Getreide, Futter oder Hackfrucht wächst.

Der beste biologische Bauer ist der, welcher alljährlich das Bodenleben gleichmäßig organisch ernährt.

So haben wir jetzt schon ein fest umrissenes Programm im biologischen Landbau praktisch erprobt, wissenschaftlich untermauert und immer nur auf das hohe Ziel gerichtet: Gesundheit zu schaffen für die Mitmenschen, die von unseren Früchten leben. Denn sehr viel mehr, als man bisher gewusst hat, hängt das gesundheitliche Schicksal der Menschen vom Landbau ab.

Die Bedeutung des Tons im Boden

32. Artikel, Sommer 1962

Bakteriengare oder Zellgare (die Mikrobenzellen lassen sich im Labor auszählen) durch Lebendverbauung, von SEKERA (1943) [2012] zuerst beschrieben: Die tote Mineralsubstanz der Oberschicht wird durch Bakterienkolonien lebend verbaut, dadurch Luftzutritt und Gasaustausch auch für die tieferen Bodenschichten. Diese Gare ist jedoch vergänglich, mangelt es dem Bodenleben an Nahrung, hört die Lebendverbauung auf und die Krümelbeständigkeit schwindet. Daher ist Sorge zu tragen, diese Bakteriengare, die wegen der Bodenbelüftung und der Aufnahme der Niederschläge unverzichtbar zu erhalten durch öfteres Füttern des Bodens (Bodenbedeckung und Flächenkompostierung).

Plasmagare: Sie ist im Gegensatz zur Lebendverbauung beständig; hier beginnt der Ton seine Rolle zu spielen. Die Voraussetzungen für eine Fruchtbarkeit der Erdoberfläche waren die Verwitterung des Gesteins, seine Aufspaltung, Zerkleinerung bis zu einer körnig-mehligen Oberschicht durch Urstürme, Vulkanausbrüche, Wolkenbrüche, durch Frost und Wasser. Im Laufe dieser Verwitterungsvorgänge entsteht auch der Ton. Der Hauptbestandteil aller Gesteine ist die Kieselsäure in Form von Silikaten, aus ihnen entsteht der Ton als Verwitterungsprodukt, nicht durch einen chemischen, sondern einen physikalischen Abbau. Er ist also eine physikalische Struktur mit den Silikaten als echte Kristalle, diese werden durch die Verwitterung zerkleinert bis zum Tonkristall, das allein die Fähigkeit besitzt, als Mineral in innige Beziehung zur lebendigen Substanz zu treten und damit die allererste und wichtigste Voraussetzung zur Fruchtbarkeit zu bilden.

Der Kristall ist die mineralische Ordnungskraft der Muttererde, die Tonkristalle sind daher Ordnungsgefüge. Die lebenden Substanzen sind ebenfalls Ordnungsgefüge, diesmal lebendige. Sie sind aperiodische Kristalle (Leben), im Gegensatz zu den periodischen Mineralkristallen. Die Kräfte der Tonkristalle und die Kristalle der Lebendsubstanz begegnen sich im Boden, umarmen einander und gehen jene „Ehe“ zwischen mineralischer und lebendiger Substanz ein, die der wirkliche Urgrund der natürlichen und dauerhaften Fruchtbarkeit ist. Hier begegnen sich die Ordnungen aus dem lebendigen und dem toten Bereich der Stoffe. Wir sprechen diese Wahrheit hier zum ersten Mal aus. (Sie wird hier erstmalig exakt definiert von Erhard HENNIG (zusammengefasst in HENNIG 1995 [2017]; Anm. d. Red.) Sie ist in der landwirtschaftlichen Lehre noch nicht bekannt. Genauso hat man den ungeheuren, lebhaften Kreislauf der lebenden Substanzen im Boden bis jetzt ganz übersehen und nicht für möglich gehalten, und doch ist er die Voraussetzung wahrer Fruchtbarkeit.

Der Ton ist also die mineralische Grundlage der Bodenfruchtbarkeit. Ohne ihn wäre der Kreislauf der lebendigen Substanz über den Boden gar nicht möglich, jedenfalls nicht in einer Form, die uns den Kulturanbau von Nahrungspflanzen erlauben würde. Das sicherste Mittel, die Tonkristalle heil zu erhalten, ist die organische Düngung, die Humuswirtschaft. Synthetische Düngesalze zerkleinern das Tonkristall und machen es wertlos. Der Tonkristall ist also das mineralische Gegenstück der Ordnungsgefüge lebender Substanzen. Es ist gut, von diesem Geheimnis zu wissen.

Wuchsstoffe

33. Artikel, Herbst 1962

Die Natur kennt eine ungeheuer große Zahl von Wuchsstoffen. Es handelt sich dabei um komplizierte Moleküle (Atomverbindungen), die in das Gebiet der Vitamine, Hormone und Enzyme gehören und die jeweils von bestimmten Geweben, Zellen und lebenden Zellsubstanzen produziert werden. Wuchsstoffe sind keine Nährstoffe, sondern gehören in das riesige Gebiet der Wirkstoffe, ja, man kann sagen, dass in gewisser Hinsicht jeder Wirkstoff in der Natur auch ein Wuchsstoff ist. Solche Stoffe sind dazu da, die Nährstoffe zu bewegen, zur Reaktion zu veranlassen, den Stoffwechsel in Gang zu bringen und in Gang zu halten, Zellteilungen und Zellvermehrungen zu veranlassen und vieles andere mehr, was zu den Lebenstätigkeiten von Organismen gehört: Sie sind sogenannte Biokatalysatoren, das heißt Stoffe, die die großen und kleinen Stoffumsetzungen bewirken, ohne eigentlich selbst daran teilzunehmen – sie veranlassen die Umsetzungen sogar meist, ohne selbst dabei verändert oder verbraucht zu werden, und ihre Tätigkeit kann meist nur von Gegenwuchsstoffen gebremst werden. Biokatalysatoren treten auch nicht in Massen auf wie etwa die Mineralstoffe (Nährstoffe im chemischen Sinne), sondern in winzig kleinen Mengen, manchmal in millionenfachen Verdünnungen. Sie sind, kann man sagen, in kleinsten Mengen ungeheuer wirksam.

Jedes Lebewesen wächst in der Natur nach einem genauen Bau- und Wachstumsplan, der für jeden Organismus von Geburt an festliegt, heran. Beim Einsatz von zusätzlichen Wuchsstoffen wird dieser Plan vollständig über den Haufen geworfen; es entstehen groteske, entartete Pflanzen, wie zahlreiche Versuchsreihen von Versuchsstationen und Industrielabors zeigen. Eine Dosierung ist nicht möglich. Mit winzigen Mengen eines einzigen Wuchsstoffes kann man ganze Lebensgemeinschaften in Unordnung bringen. Versuche, mittels Wuchsstoffen das Wachstum zu beeinflussen, sind nichts anderes als die allergefährlichste Form einer Kunstdüngung.

Lassen wir die Finger von Wuchsstoffen, ob es nun wirklich welche sind oder ob sie nur so genannt werden von denen, die sie verkaufen wollen. Die Leichtfertigkeit in technischen und chemischen Dingen hat die Menschheit an den Rand eines Abgrundes geführt, und noch kann niemand sagen, ob sie nicht darin umkommt. Wir bleiben besser bei unseren alten, einfachen, biologischen Grundsätzen: Gesundheit und Heilung schafft nur die Ordnung der Natur selbst, die natürlichen Kräfte, die von selbst entstehen, wenn wir dem Lebendigen bieten, wessen es bedarf. Es muss unser geheiligter Grundsatz bleiben: Nichts zu tun, was den natürlichen Ablauf der Lebensvorgänge stören könnte.

Das Schicksal der lebenden Substanzen im Humus

34. Artikel, Winter 1962

Das grundsätzlich Neue und Andere an der biologischen Auffassung von der Bodenfruchtbarkeit ist das Eingeständnis, dass es uns Menschen nicht möglich ist, den natürlichen Ablauf des Stoffwechsels zwischen Lebewesen, sei es bei Mensch, Tier, Pflanze oder Boden, irgendwie künstlich nachzuahmen. Eine willkürlich abgeänderte Zusammensetzung der Pflanzennahrung bekommt den Pflanzen nicht gut, sie werden anfällig und krank, und diese Anfälligkeit geht nachher auch auf Menschen und Tiere über, die von solchen Pflanzen leben. Der bestmögliche Ablauf von Lebensvorgängen erfordert nicht einige Mineralstoffe oder Elemente, sondern viele Dutzende, die man nicht willkürlich auswählen kann und bei denen zuweilen winzige Spurenstoffe wichtiger sind als die sogenannten Kernnährstoffe.

Die Lebewesen des Bodens sind die ältesten auf der Erde; sie haben zuerst das Lebendige organisiert und damit das höhere Leben erst möglich gemacht. Sie sind auch heute noch die wahren Schöpfer des Lebens, weil sie genauso wie früher an der Schwelle zwischen mineralischer und lebender Substanz stehen. Es ist also wohlbegründet, wenn wir verlangen, der Bauer müsse die Bildung der Fruchtbarkeit seines Bodens den Lebensvorgängen überlassen und dürfe sich nicht mithilfe „pflanzenverfügbarer Dünger“ in diese Vorgänge einmischen.

Einer der wichtigsten Vorgänge ist die Handhabung der organischen Dünger als Förderer der Lebensabläufe im Boden.

So ist die Bildung der Lebendverbauung erstmals von SEKERA (1943) [2012] beschrieben, die alljährlich neu entstehende mikrobielle Gare (Zellgare), nur mit frischem, organischem Abfallsmaterial möglich, obendrauf gelegt als Flächenkompost.

Die von der Lebendverbauung zurückbleibende lebende Substanz wird im Boden gespeichert, indem sich die Großmoleküle mittels bestimmter Ionen (Ca, K, Mg) an die Huminstoffe und Tonkristalle anlagern und so einen Humusvorrat bilden (Plasmagare oder makromolekulare Gare).

Von großer Bedeutung für die Pflanzennahrung ist die Qualität des organischen Düngers, je abwechslungsreicher dieser ist, umso wertvoller das Bodenprodukt: Stallmist, Gründüngung,

Urgesteinsmehl, Horn- und Knochenmehl. Die Ernährung des Bodens soll mäßig, aber vielseitig sein, dies ist eines der Geheimnisse der echten Humuswirtschaft.

Die Lebensprozesse, ausgelöst durch die Garebildung, sollen ungestört ablaufen dürfen, daher Einschränkung der Bodenbearbeitung auf das Notwendigste. Die Güte der Nahrung für Mensch und Tier hängt ganz allein vom Schicksal der lebenden Substanzen ab, und was darin der Boden leistet, entscheidet über unser Schicksal.

Heilen kann nur das Lebendige

35. Artikel, Sommer 1963

Was ist Heilen und was ist eine „Heilung"?

Das Heil eines Lebewesens ist seine Gesundheit. Echte Gesundheit ist das Vermögen eines Lebewesens, in der ihm zugemessenen Lebensgemeinschaft alle die ihm zustehenden Aufgaben zu erfüllen, auch an der lebendigen Umwelt und auch an den Nachkommen. Das gilt für Menschen, Tiere und Pflanzen gleichermaßen. Heilen heißt also, einem Lebewesen, das seine Gesundheit verloren hat, diese wiederzuschenken. Und das ist sehr viel, es ist viel mehr, als man bisher leider darunter versteht. Bisher setzte man „Gesundheit" gleich mit „frei sein von Krankheit", und unter Krankheit versteht man bisher fast nur das, was sich als krankhaft nachweisen lässt. Man dürfte nie eine Pflanze als „gesund" bezeichnen, die nicht mehr das Vermögen hat, sich selbst zu schützen, die unserer Hilfe bedarf, um ihre biologischen Aufgaben zu erfüllen, die „abbaut" und sterile Früchte liefert. Ein solches Geschöpf ist vielmehr schwer krank und es muss geheilt werden.

Die moderne Heilkunde kennt diesen Begriff „Heilung" in dem Umfang, in dem wir ihn verstehen, nicht. Sie verabreicht Tabletten und Spritzen, um Bakterien zu vergiften, sie beseitigt oft nur vorübergehend Schmerzen und Beschwerden, aber sie ergreift nicht die wirkliche Krankheit, die in den Zellen und im Organismus sitzt.

Wie kann man nun den Organismus heilen? Heilen kann man nur, indem man dem Organismus „lebendige Systeme" anbietet, mit denen er sich, das heißt seine Zellen, selbst heilen kann. Man kann also dafür sorgen, dass ein Organismus die Möglichkeit hat, sich selbst zu heilen. Zu diesem Zweck braucht er nichts anderes als eine Sammlung lebender Systeme, die aus einem normalen und natürlichen Kreislauf „Bodenpflanze" stammt. In der Humusschicht der Muttererde (Plasmagare) werden die lebendigen Systeme durch Pilz- und Bakterientätigkeit in sich steigernder, immer anspruchsvollerer Weise gereinigt, bearbeitet und vervollständigt. Funktioniert dieser Kreislauf nicht, ist eines dieser Glieder des Kreislaufes unbrauchbar. Ist zum Beispiel der Boden krank oder die Pflanze biologisch minderwertig, so hat kein Organismus mehr die Möglichkeit, seine abgebrauchten lebenden Systeme auszutauschen; er muss dann ebenfalls krank werden. Wir haben uns vielleicht noch niemals so recht klargemacht, dass wir da das ursprünglichste und einzige Heilprinzip anwenden, das die Natur kennt. Wir heilen mit Lebendigem und nur das Lebendige kann heilen. Und das ist in erster Linie die Heilnahrung aus der natürlichen Pflanzenproduktion in richtiger Auswahl, deren Wirkung man sehr gut durch

natürliche Reize (Sonne, Licht, Luft, Wasser, Training) unterstützen kann. Solche Heilnahrung vermag nur der biologische Landbau in seiner vollendeten Form hervorzubringen.
Niemand von uns soll sich irremachen lassen, denn wenn es einen Ausweg aus der gegenwärtigen körperlichen, seelischen und geistigen Situation der Menschheit gibt, dann ist es der Weg, den wir zu gehen uns abmühen. Deshalb darf niemand von uns darin müde werden, denn wenn man einen Weg zu gehen als menschliche Verpflichtung erkannt hat, dann hat man auch die Pflicht, ihn zu gehen.

Zehn Jahre biologische Bodenprüfung

36. Artikel, Herbst 1963

In seinen Anfängen hatte der biologische Landbau zur Kontrolle seiner Arbeit am Boden, an der Pflanze, seiner Düngung und seiner Erfolge kaum mehr zur Verfügung als die innerste Überzeugung, dass die künstliche Pflanzenernährung falsch sei. Zwar hat sich diese Überzeugung in diesen und jenen Erfahrungen allmählich als richtig erwiesen, im Großen und Ganzen aber arbeitete man „im Dunkeln". Es gab nur sehr unzuverlässige Anzeichen dafür, ob ein Boden, ein Kompost, eine Pflanze biologisch gut sei; die Folge war, dass beinahe jeder eigene Rezepte hatte, und es gab so viele verschiedene Vorschriften für den organischen Landbau, dass man sie unmöglich unter einen Hut bringen konnte.

Zu gleicher Zeit gab es aber im „offiziellen", von der Agrikulturchemie bestimmten Landbau bereits erprobte, eingespielte Tests, die scheinbar den „Nährstoff"-Gehalt von Böden und Düngern sehr exakt feststellten und zu genauen Angaben über die angeblich „harmonische" Kunstdüngung benutzt wurden. Besonders einfache Gemüter fühlten sich hier absolut gesichert, und da man zu Anfang die Kehrseite der Mineraldüngung auch noch nicht deutlich zu sehen bekam, ging damals die große Mehrheit der Bauern mit fliegenden Fahnen zur Kunstdüngung über.

Das wäre wahrscheinlich nicht geschehen, wenn die Entwicklung der biologischen Wissenschaften genauso weit fortgeschritten gewesen wäre wie die der chemisch-physikalischen. Davon konnte aber keineswegs die Rede sein, im Gegenteil: Noch heute befindet sich die Lebensforschung in ihren Anfängen, zum mindesten dort, wo sie sich als „anerkannte Wissenschaft" bezeichnet. Hätte man damals, vor 30 bis 40 Jahren, nicht nur chemische und physikalische, sondern auch biologische Tests gehabt, die anhand von Boden- und Düngerproben Angaben über Umfang und Güte der Fruchtbarkeit, über das biologische Gleichgewicht und die Bodengare erlaubt hätten, so wäre die Entwicklung der Landbauwissenschaft und des praktischen Landbaus vermutlich ganz anders verlaufen.

Nun haben vor etwa 30 Jahren Ärzte begonnen, sich genauer mit den Problemen zu befassen, und zwar Ärzte, die sich mit den mikrobiologischen Zeichen von Gesundheit und Krankheit abgaben. Damals zeichnete sich zum ersten Mal in diesen niedersten Lebensbereichen der Bakterien eine biologische Ordnung ab. Man bemerkte zum ersten Mal, dass es auch hier Anzeichen von Ordnung und Unordnung, von krank und gesund, von richtig und falsch gibt, Anzeichen, die man dort, wo Mensch und Tier mit Bakterien zusammenleben, für ein Urteil über

deren Gesundheitszustand nutzen kann. Es ergab sich sogar damals schon, dass man mithilfe bestimmter Bakterien auf die Gesundheit fördernd einwirken kann.
Inzwischen ist auf diesem Gebiet viel mehr bekannt geworden, und man weiß heute, dass die mit Menschen und Tieren zusammenlebenden Bakterien (Symbionten) den Zustand der Grundgesundheit sehr genau anzeigen. Man weiß, welche Arten man finden muss, wenn die Grundgesundheit gut ist, und man weiß, welche Bakterien auftreten, wenn der von ihnen besiedelte Organismus nicht in der biologischen Ordnung ist. An solchen Forschungsaufgaben haben auch wir, die wir heute die mikrobiologische Untersuchung der Bodenproben vornehmen, teilgenommen, und ein Arbeitskreis von Ärzten und Tierärzten hat sich unsere Erfahrung praktisch zunutze gemacht.

Eines Tages kamen wir dahinter, dass einer unserer Lehrer, der 1952 verstorbene Bakteriologe Arthur BECKER (1929), in einer Tonne Kolibakterien züchtete, die er auf seine Pflanzen im Garten goss. (BECKER war Facharzt für Innere Medizin und Bakteriologe; er experimentierte bereits seit 1922 mit bakterienhaltigen Arzneimitteln; *Anm. d. Red.*)

Von diesem schweigsamen Mann erfuhren wir nicht viel mehr, als dass er dies schon seit langer Zeit tue und dass der Boden auf diese Weise herrlich fruchtbar wurde. Da gab es so prächtiges Wachstum, wie man es sonst nie sieht, keine Schädlinge, keine Krankheiten und einen wunderbar garen Boden. Aber wir hatten das Gefühl, dass dieser immer bescheidene Mann selbst nicht genau wusste, welchen hochwichtigen Dingen er da auf der Spur war.

In den folgenden Jahren haben wir nun mit Muttererden aus Gärten, Pflanzbeeten, Gewächshäusern und Komposten genau dasselbe gemacht, was wir in der medizinischen Bakteriologie gelernt hatten: Wir haben versucht, die Bakterienflora dieser lebendigen Materialien auf Nährböden darzustellen, um herauszubekommen, wie groß die Fruchtbarkeit der Proben ist und von welcher Güte. Und das führte zu einem vollen Erfolg.

Mit der Zeit haben wir immer mehr Versuche angestellt und uns davon überzeugt, dass wir eine Methode entdeckt hatten, die für den biologischen Landbau geradezu wie geschaffen war, eine Methode, die er bisher hatte entbehren müssen, und wir nahmen denn auch um das Jahr 1950 herum alle diese Erfahrungen am lebendigen Boden in unsere medizinischen Vorträge auf. Einen solchen Vortrag hat auch Dr. Hans MÜLLER in Bern miterlebt und offenbar ganz klar die Chance erkannt, die sich hier für den biologischen Landbau bot. Es schien, man könnte hier den wissenschaftlichen Vorsprung des chemischen Landbaus nachholen und brauche in Zukunft nicht mehr „im Dunkeln" zu arbeiten wie bisher. Und diese Meinung hat sich in der weiteren Zukunft bestätigt.

[Anm. d. Bearb.: *Es folgt eine ausführliche Darstellung des von Dr. Rusch entwickelten Verfahrens, wonach Bakterien, die am häufigsten Lebewesen eines fruchtbaren Bodens, in ihrer Zusammensetzung ein unbestechliches Zeugnis der biologischen Bodenqualität abgeben. Es wird sowohl über die Menge als auch über die Güte des zu untersuchenden Bodens Entscheidendes ausgesagt.*]

Die Wirkung der tierischen Komponente im Dünger!

37. Artikel, Winter 1963

Der Boden kommt nur zu Höchstleistungen, wenn der biologische Substanzkreislauf funktioniert. Er braucht zur Entwicklung einer stabilen, hohen Dauerfruchtbarkeit nicht nur die Grundelemente Luft und Wasser, sondern auch die Stoffe aus dem biologischen Kreislauf.

Man unterscheidet drei verschiedene Stoffarten im Ernährungskreislauf, abgestuft nach ihrer Wertigkeit:

1. Die Nährstoffe, die Bausteine von Eiweiß, Kohlehydrat und Fett, die sich im Ernährungskreislauf der Ionen finden
2. Die Wirkstoffe wie Vitamine, Enzyme oder Fermente, Hormone und Wuchsstoffe
3. Die Großmoleküle der lebendigen Substanz, die als Inhalt lebendiger Gewebezellen und Flüssigkeiten in jeder Nahrung vorhanden sind.

Die wissenschaftliche Bezeichnung „biologisch" für einen Substanzkreislauf besagt, dass es sich um Stoffe handelt, die nur beim Lebendigen vorkommen und ihm dienen. Die Bezeichnung „Kreislauf" besagt, dass der Wechsel der Stoffe (der sogenannte Stoffwechsel) darin besteht, dass die Stoffe zwischen den einzelnen Gliedern des Lebendigen ausgewechselt werden, nicht zwischen dem Lebendigen und dem Leblosen. Das Lebendige in seiner heutigen Gestalt ist absolut davon abhängig, dass es die nötigen Stoffe für seine Lebenstätigkeit und den Aufbau seiner sichtbaren Gestalt aus dem biologischen Substanzkreislauf bezieht und dieser bedeutet Ordnung. Ein Lebewesen muss Ordnung in sich aufnehmen, nur um in biologischer Ordnung zu bleiben (Erwin SCHRÖDINGER 1951).

Alle drei Stufen der biologischen Nahrungsstoffe enthalten diese Ordnung. Nur ein gesunder Boden bringt gesunde Pflanzen hervor, und nur gesunde Pflanzen bringen gesunde Tiere und Menschen hervor, aber auch nur gesunde Pflanzen, Tiere und Menschen bringen einen gesunden Boden hervor. Die höchsten Leistungen, die vom Lebendigen vollbracht werden, vollbringt nicht Mensch oder Tier, auch nicht die Pflanze, sondern der fruchtbare Boden, die „Muttererde".

Es ist von der Natur vorgesehen, dass alles, was vom Boden lebt, das heißt alle Organismen, ihre Abfälle an den Boden zurückgeben, ohne jede Ausnahme in voller biologischer Ganzheit. Damit haben wir die biologische Grundregel für die natürliche Düngung.

Es gibt nun Bestrebungen, die den tierischen Dünger total ausschalten und den Boden nur pflanzlich ernähren. Das widerspricht den Gesetzen des ganzen, vollständigen biologischen Kreislaufs.

Nun ist es aber so, dass die tierische Komponente doch an den Boden herankommt, ohne dass man es verhindern könnte durch Würmer, Insekten, Vögel und andere mehr.

Aber es ist ohnehin ganz falsch, den Versuch zu machen, die tierische Komponente auszuschalten; sie gehört zur Ganzheit der Bodenernährung und ist für Höchstleistungen unentbehrlich.

Die höchste Leistung eines Bodens kommt also letzten Endes nur zustande, wenn zwei Hauptbedingungen erfüllt werden:

1. Der Boden muss Nahrung aus allen Bereichen des Lebens erhalten, sowohl vom Wurm und Insekt als auch von Pflanze, Vogel, Säugetier und Mensch, und zwar von allen ihren „Teilen".
2. Diese Nahrung muss möglichst hochwertig sein, das heißt möglichst viel biologische Ordnung enthalten, also möglichst von einem gesunden Lebewesen stammen.

Ursprünglich gab es freilich einmal nur den Boden und die Pflanze auf der Erde und sie genügten sich gegenseitig – der Kreislauf war noch einfach. Mit dem Aufblühen tierischen Lebens haben sich Boden und Pflanze darauf eingestellt, dass die tierischen Abfallprodukte am biologischen Substanzkreislauf teilnehmen, weil sie anders nicht imstande wären, dem Tier und dem Menschen hochwertige Nahrung zu liefern. Der ganze Kreislauf umfasst immer alle drei Arten von Lebewesen, den Boden, die Pflanze und das Tier.

Höchstleistungen der biologischen Nahrungsproduktion sind ohne die tierische Komponente nicht möglich. Allerdings ist sehr darauf zu achten, dass kein Übermaß geübt wird, sondern die Teile des Substanzkreislaufs in der biologischen Ordnung zueinander stehen.

Bodenfruchtbarkeit

38. Artikel, Frühjahr 1964

In diesem Kapitel wird das Nur-Stoffdenken der damaligen Naturwissenschaft, das übrigens auch heute noch nicht vollständig überwunden ist, als Unvollkommenheit bezeichnet. Es werden immer nur Teile des Lebendigen gesehen und forschend behandelt, woraus sich nur Antworten auf biologische Teilfragen finden lassen. Diese Ergebnisse werden dann als große Naturweisheiten ausgegeben. Dem gegenüber stand damals bereits der beginnende Wandel im naturwissenschaftlichen Weltbild, vor allem in der Physik.

Da lösten sich seit Albert EINSTEIN, Nils BOHR, Werner HEISENBERG und andere mehr die Stoffe plötzlich auf, und der Physiker Hermann WEYL (1924) konnte sagen: „Der Stoff ist nicht, der Stoff geschieht!“ An die Stelle der Stoffe traten nun Kräfte, Energien, unfassbare Wirksamkeiten.

Der biologische Landbau fordert anstelle der Nur-Detailforschung auf Stoffebene ein biologisches Ganzheitsexperiment, da das Leben nur in solchen nichtstofflichen Begriffen, in den großen Wahrheiten des Zusammenlebens aller Lebewesen zu verstehen ist. Die biologischen Ordnungen, die das Zusammenleben aller Lebewesen möglich machen, sind stofflich nicht zu beweisen.

[Anm. d. Bearb.: *Es wird darauf hingewiesen, dass der Druck von Dr. Ruschs Buch „Bodenfruchtbarkeit – Eine Studie biologischen Denkens“ (1968, 8. Aufl. 2014) kurz bevorstünde mit einer weitgehenden Darstellung aller Grundlagen des organisch-biologischen Landbaus und der Wegfindung heraus aus Kunstdünger, Pflanzenschutzgift, Kunstnahrung und Chemieverseuchung.*]

Düngetechnik und Bodenfruchtbarkeit

39. Artikel, Sommer 1964

Es handelt sich hier in erster Linie um die Bildung von Hemmstoffen auf frischen Düngern (Mist, Gründüngung). Für die Bildung der Hemmstoffe sind die pilzlichen und bakteriellen Lebewesen verantwortlich. In dem Augenblick, in dem sich über die frischen Düngestoffe die zuständige Zersetzungsflora (Pilze, Fäulnis- und Gärungsbakterien) hermacht, entstehen die Hemmstoffe. Die Hemmstoffbildung, auch Zellgare genannt, ist abhängig von der Bodentemperatur. Bei Temperaturen unter 15 Grad Celsius dauert es sehr lange, bis zu drei Monate, ehe die Hemmstoffwirkung überwunden ist, bei Temperaturen über 25 Grad Celsius erlischt die Hemmwirkung in zirka 10 bis 14 Tagen.

Vermischt man das Frischmaterial mit Erde in dem praktisch vorkommenden Verhältnis Dünger–Boden, so werden ganz erheblich größere Mengen Hemmstoffe gebildet aus der gleichen Materialmenge, nur erlischt die Hemmwirkung umso früher.

Die Zersetzungsbakterien haben im Boden mehr Platz zur Vermehrung als im konzentrierten Düngematerial.

Es sind in erster Linie die Stoffwechselprodukte der Zersetzungsbakterien, die die Hemmstoffe bewirken und so auf Samen und Pflanzen hemmenden Einfluss ausüben.

Wer Stallmist oder Gründüngung in den Boden einarbeitet, und sei es auch nur wenige Zentimeter, der muss damit rechnen, dass sich mit der Bodenerwärmung alsbald eine kräftige Zersetzungsflora ausbildet und reichlich Hemmstoffe gebildet werden.

Die Schäden an Samen und Pflanzen können nur verhindert werden, indem man den Ablauf der Zersetzung abwartet bis zum Einsetzen der makromolekularen Gare, auch Plasmagare genannt. Wie lange aber die Zersetzungszeit dauert und wie viel Hemmstoffe auf einmal, zum Beispiel pro Tag, gebildet werden, ist nach Bodenart, Jahreszeit, Düngermenge, Feuchtigkeit und Bodentemperatur entsprechend verschieden.

Die Wirksamkeit der Hemmstoffe kann bei Jungpflanzen Schädigungen hervorrufen, die später die Erträge beeinträchtigen. Schädigungen bei der Ankeimung, des Auflaufens, des Pflanzenwuchses, der Widerstandsfähigkeit und letztlich Ernteeinbußen können ihren Ursprung in nicht ausgereiftem Frischdünger haben.

Was verleiht dem Boden die nötige Triebkraft?

40. Artikel, Herbst 1964

Das Wachstum von wilden oder kultivierten Pflanzen, so selbstverständlich es auch ist, kommt nur zustande, wenn sehr viele und sehr verschiedene Faktoren zusammenkommen. Es hängt ab von:

a) der Pflanze selbst, das heißt vom biologischen Wert des Samens, der Pflanze, der Knolle,
b) vom Boden, das heißt seiner Leistungsfähigkeit beziehungsweise der Leistung seines lebe den Teiles und schließlich
c) von den Umweltfaktoren, zum Beispiel Licht, Wärme, Grundwasser, Unterboden, Konkurenzpflanzen und anderen Faktoren.

Wenn wir uns die Frage stellen, welchen Anteil daran der Boden hat, um eine natürliche Triebkraft zu haben, so schneiden wir damit ein Problem an, das für den Landbau praktisch wohl das Wichtigste ist, denn auf den Boden kommt es am meisten an. Sehen wir uns die Sache genauer an, so stellen wir fest, dass sich die wichtigsten Voraussetzungen für eine natürliche Triebkraft des Bodens etwa folgendermaßen einteilen lassen:

1. Der Boden muss von Natur aus eine bestimmte Beschaffenheit haben, um fruchtbar werden zu können.
2. Gewisse Böden eignen sich nur für gewisse Pflanzungen; zum Beispiel gibt es gute und schlechte Kartoffel- oder Weizenböden.
3. Nicht alle Pflanzen gedeihen in allen Gegenden, Breitengraden oder Höhenlagen.
4. Die Triebkraft des Bodens hängt weitgehend davon ab, wie wir ihn behandeln.
5. Die Triebkraft des Bodens hängt auch davon ab, wie wir ihn ernähren.

Schauen wir uns zunächst einmal die Punkte 1 bis 3 an:

1. Der Boden soll von Natur aus eine bestimmte Beschaffenheit haben, um natürliche Triebkraft zu entwickeln; man teilt deshalb ja auch die Böden in „Klassen“ ein, um ihre „Bonität“ auszudrücken.
2. Die Bodenbonität (Tongehalt, Grundwasserstand, Sandgehalt, Unterboden), die vorherbestimmt ist, kann nur mit besonderen Maßnahmen (Sandzufuhr, Lehmzufuhr, Drainage, Tongehalterhöhung durch Gebrauch von Urgesteinsmehl) geändert werden. Schwer veränderbar ist die Dicke der Krume; hier ist das Verfahren der natürlichen Bodenaufschließung anzuwenden, gültig für die meisten Böden. Beim Anbau von tief wurzelnden Schmetterlingsblütlern wie Klee, Lupine, Luzerne ist ihnen, sollen sie voll wirksam werden, viel Zeit zu lassen, mindestens eine Vegetationsperiode und
3. Wiederbelebung der alten bäuerlichen Fähigkeit und Erfahrung, dem Boden nur jene Kulturen anzuvertrauen, die dort gut gedeihen, und ihm nicht bestimmte Kulturen aufzuzwingen, die dort keine Aussicht auf gutes Gedeihen haben.
4. Die Triebkraft des Bodens hängt weitgehend davon ab, wie man ihn behandelt. Jedes Bearbeiten, jede Störung der natürlichen Schichtenbildung, so nötig sie auch sein mag, stört

die natürliche Fruchtbarkeit. Die natürliche Fruchtbarkeit, ohne die es keinen biologischen Landbau geben kann, hängt nicht davon ab, dass der Boden mechanisch gekrümelt wird, sondern nur davon, dass er biologisch strukturiert – lebendig aufgebaut – wird. Beides hängt voneinander ab. Wo es keine Lebenstätigkeiten gibt, da gibt es auch keine natürliche biologische Krümelung. Und wo es keine solche selbsttätige Krümelung gibt, da kann auch kein Leben gedeihen und das Leben des Bodens ist im biologischen Landbau der Spender alles dessen, was für das bestmögliche Pflanzenwachstum, das heißt für die höchste Bodentriebigkeit, nötig ist. Die natürliche biologische Bodenstruktur wächst langsam und stetig, fast genauso, wie eine Pflanze wächst, denn sie ist ein Lebensgebilde so ähnlich wie die Holzteile eines Baumes, der ja auch nur ganz allmählich heranwächst. Im biologischen Landbau in seiner organisierten, kontrollierten und wissenschaftlich durchdachten Form, wie es einen solchen noch nie gegeben hat, lebt der Boden, ist also auch fruchtbar und triebig, da wird der traditionelle Pflug entbehrlich, das entbehrliche Umwühlen zum Mord am Organismus Muttererde.

5. Die Triebkraft des Bodens hängt davon ab, wie wir ihn ernähren. Es handelt sich bei dieser Ernährung nicht allein um die organischen Dünger und Düngemittel, sondern um die Gesamtheit der Humuswirtschaft. Die echte, wirkliche Humuswirtschaft ist der gelungene Versuch, die Muttererde wieder in den Kreislauf der biologischen Wirksamkeiten einzuschalten. Diese Wirksamkeiten samt den sie begleitenden Stoffen müssen aus einem voll funktionierenden Kreislauf stammen, der in allen Gliedern auf Hochtouren läuft. Zur Düngung brauchen wir also sowohl die Pflanze wie das Tier, sowohl die pflanzliche wie die tierische Komponente.

Düngermengen und Düngerverfahren können nicht vorgeschrieben werden, die Humuswirtschaft ist und bleibt für alle Zeiten Sache des Bauern, seines biologischen Blickes, seiner eigenen Erfahrungen und Erlebnisse, seines Feingefühls für das Leben des Bodens.

Der biologische Landbau ist etwas ganz anderes als der konventionelle Landbau. Hier kann man die höchste Bodenleistung, die natürliche Triebigkeit nicht willkürlich herbeizaubern, indem man dem Boden diesen oder jenen „Stoff" zufügt, sondern hier muss man die Voraussetzungen zur Fruchtbarkeit von den zwei Grundgedanken aus erfüllen:

1. Der Boden ist mit allem, was er enthält, wie er gebaut ist und wie er lebt, ein lebendiger Organismus, der zu erstaunlichen Leistungen fähig ist, wenn man mit ihm umzugehen versteht.
2. Das Bodenleben ist nur eine von allen Lebenserscheinungen und unmittelbar vom übrigen Leben abhängig; es kann dem Boden nicht gut gehen, wenn es den Pflanzen und Tieren schlecht geht, und umgekehrt.

Der lebende Bodenorganismus ist ein Glied in der Kette aller Lebensvorgänge, wahrscheinlich das wichtigste. Eine Kette ist aber nur so stark wie ihr schwächstes Glied. Wer darüber nachdenkt, wird die Bodenfruchtbarkeit mit ganz anderen Augen anschauen wie bisher. Wer aber zum Humusbauern geworden ist, dem braucht man das alles nicht mehr zu sagen.

Eine Stunde der Besinnung

41. Artikel, Winter 1964

In einem täglichen Kampf um die Wahrheit muss man von Zeit zu Zeit in aller Stille seine Wege, sein Schaffen und seine Ziele überdenken, auf dass man nicht müde und wankend werde. Was ist es denn, um das wir uns Mühe geben, und was ist es, das uns zwingt, anders zu sein als die meisten, andere Wege zu suchen, von denen wir glauben, dass sie besser seien?

Man kann es mit wenigen Worten sagen: Wir glauben, dass der Mensch der modernen, technischen Vollkommenheit begonnen hat, die Fundamente seiner selbst, seines Lebens, seines Glückes, seiner Gesundheit zu untergraben, und wir glauben, dass er damit begonnen hat, sich selbst ins Unglück zu stürzen, vielleicht sogar sich selbst und die ganze herrliche, lebendige Schöpfung Gottes zu vernichten. Und weil wir das glauben, deshalb kämpfen wir um eine bessere Erkenntnis der Natur. Wer aber die Äcker bebaut, damit Mutter Erde Nahrung spende, der steht mitten im Brennpunkt des Zwiespalts zwischen Urnatur und menschlichem Wirken, er muss sich damit auseinandersetzen.

Das ist freilich nicht Sache von Schwächlingen und Mitläufern, jener Zeiterscheinung der Ameisenmenschen, die die Großstadt und die Wohnmaschinen aus Eisenbeton geschaffen haben. Sie begehren nicht mehr auf gegen Unwahrheit, Schein und Selbstbetrug, denn sie halten die Errungenschaften dieser Zeit, die kaum eine Sekunde der Weltgeschichte alt sind, für die vortrefflichsten Menschentaten, und man gibt ihnen, was sie brauchen – „Brot und Zirkus" nannten es die römischen Kaiser; heute heißt es Auto, Film, Fußball, Illustrierte und möglichst viel und immer mehr Geld, um sich alles das kaufen zu können, was vom Menschsein wegführt zur geist- und seelenlosen Beschäftigung, die das Denken erspart, das Verantwortungsgefühl auslöscht und das Gewissen schweigen macht.

Auch des Bauern hat sich das Massenmensch-Denken bemächtigt. Aus dem Herrn der Scholle, der Muttererde, wurde ein gehorsamer, willenloser Hilfsarbeiter einer Pflanzenfabrik. Wie konnte das geschehen? Eine kleine Teilwahrheit, nämlich die Minerallehre, erklärte man zur ganzen Wahrheit; damit war die Kunstdüngerwirtschaft geboren.

Kunstdüngung zwingt zum Saatgutbezug und zur Chemotherapie des Ackers und der Pflanze mit lebensgefährlichen und teuren Giften. Ehe aber die Schäden der Kunstdüngung auftraten, hat man die Bauern längst an die Kunstdüngung gewöhnt und sie hatten die Humuswirtschaft verlernt.

Deshalb kommt der Landwirt von heute gar nicht mehr auf den Gedanken, dass dieses ganze so raffiniert entwickelte industrielle System „Kunstdüngung" eigentlich nur auf seine Kosten geht.

Wir müssen erkennen, dass die ganze Kunstdüngerwirtschaft eine Fehlentwicklung ist auf der Basis von halben oder irrigen wissenschaftlichen Meinungen, die wir an ihren Platz stellen müssen. Was einstmals LIEBIG (1840) [1995] fand, war und ist eine Wahrheit: Die wachsenden Pflanzen bauen ihr Gerüst auf aus den mineralischen Bestandteilen des Bodens. LIEBIG hat geahnt, dass der Mineralstoffwechsel nicht die letzte Weisheit von Pflanzengedeihen sei, sondern dass irgendetwas ganz anderes diesen untergeordneten Stoffaustausch lenke und harmonisiere. Er hielt also selbst seine Entdeckungen für eine kleine Teilwahrheit und blieb dabei, nur mit natürlichen Mineralien zu arbeiten, auf keinen Fall aber mit künstlichem Stickstoff, und er war zutiefst erschrocken, als er bemerkte, was seine Nachfolger aus seinem Lebenswerk zu machen begannen.

Die Kunstdüngung war der erste Schritt, weitere folgten: der landwirtschaftliche Großbetrieb, die Eier- und Schweinefabriken, die Rindergroßviehställe und so weiter. Hier wird unser bester Freund, das Haustier, ohne jede Daseinsfreude mithilfe raffinierter Industrienahrung aus Nährstoffen, Hormonen und Antibiotika mitleidlos zur „Produktion" missbraucht.

Diese Fehlentwicklung ist die direkte Folge eines einzigen falschen Gedankens, des Gedankens der künstlichen Pflanzenernährung. Der biologische Landbau ist ein Geschenk der lebendigen Schöpfung, das sie nur dem gibt, der sie verehrt und demütig ihren Gesetzen gehorcht. Der biologische Landbau ist nicht Sache der Methode, sondern Sache des ganzen Menschen.

Humus und der Mensch

42. Artikel, Sommer 1965

Als die Menschen, zu Milliarden angewachsen, die Schätze der Erde in ihre Verwaltung nehmen mussten, da wurde dieses Schicksal auch dem fruchtbaren Boden zuteil. Man tat es mit dem Wenigen, das man von ihm wusste, aber man tat es in weltweitem Umfang. Damit wurde der moderne, wissenschaftliche Mensch, nicht wissend und nicht wollend zum Zerstörer der Fruchtbarkeit, zum Verschwender der „alten Kraft" des Bodens, zum größten Feind des Humus.

So kommt es, dass der Mensch nicht nur mit seinen Atombomben, seinen chemischen Giften, sondern auch mit der Zerstörung der eigentlichen Fruchtbarkeit, also des Humus, an seiner eigenen Vernichtung arbeitet, und sie wird kommen, wenn er sich nicht anders besinnt.

Durch die Erschaubarkeit der Erde durch das Mikroskop wissen wir heute, dass die Vielgestaltigkeit des Lebens im Boden ihresgleichen nicht hat. Tatsächlich ist das Leben in der Erde viel mannigfaltiger als das Leben über der Erde.

Nicht ein einziger dieser Bodenorganismen ist überflüssig, jeder hat seine spezielle Aufgabe zu erfüllen. Niemals wird man dieses Spinnennetz von biologischen Vorgängen entwirren, erklären oder gar nachahmen können. Es ist als gegeben hinzunehmen, wir haben damit zu arbeiten, ohne es zu gefährden, und haben ihm sein Dasein zu sichern. Dieses Riesenheer von Kleinlebewesen von einer Größenordnung von circa einem Tausendstel Millimeter ist der Produzent des Humus, des ewigen Quells des Lebens in der Muttererde und durch nichts anderes ersetzbar.

Es gibt also im fruchtbaren Boden etwas, das in millionen- und milliardenfacher Ausführung imstande ist, anderen Lebewesen als Nahrung zu dienen und ihnen diejenigen Wirksamkeiten zuzuführen, die wir Leben, lebendige Substanz, nennen.

Diese milliardenfache Vielfalt und Auswahl ist notwendig, um die Kulturpflanzen mit allen ihren Nachkommen gesund zu halten und uns damit eine vollkommene Nahrung zu schaffen.

Was wir den Bodenlebewesen an Nahrung geben, wir nennen es Düngung, muss daher so vielfältig sein, wie es die Bodenflora und nachfolgend der Humus verlangen. Alle Handlungen des Landbaus müssen darauf abgestellt werden, den natürlichen Fluss der lebendigen Wirksamkeiten ungestört zu lassen und alles zu tun, was seinen Fluss fördern kann.

Die Kunstdüngung ist das Ergebnis chemisch-analytischer Forschung, und was man hier an Nährstoffen für die Pflanze entdeckt hat, verabreicht man als Kunstdünger in Form von toten Salzen, die wasserlöslich sind, und damit kann die Pflanze sie aufnehmen, so oft sie Wasser braucht. Der Boden hat dabei kein Wort mehr mitzusprechen, seine ordnende Kraft ist ausgeschaltet.

Die Mikrobenflora, die ebenfalls von den Kunstdüngernährstoffen ihren Teil bezieht, muss aber auf die Zufuhr von den lebendigen Wirksamkeiten aus dem Lebenskreislauf verzichten. Der so gewonnene Humus ist halbherzig.

Der Humus, geboren aus der Vielfalt der Bodenflora, entstanden ohne Störung des biologischen Gleichgewichts, vermag allein zu vermitteln, wessen wir im biologischen Landbau bedürfen: biologische Ordnung.

Die lebendige Welt geht ohne biologische Ordnung zugrunde! Die rücksichtslose Technisierung der Produktion von Lebendigem hat Boden, Pflanze, Tier und Mensch der biologischen Ordnung beraubt. Ein waghalsigeres Experiment kann man mit der Menschheit kaum noch machen. Die biologische Vernunft, das heißt der gesunde Menschenverstand, der Gut und Böse zu unterscheiden weiß, ist eine Funktion der biologischen Ordnung. Wer den Menschen also eine Nahrung anbietet, die der biologischen Ordnung ermangelt, der muss wissen, dass dann die biologische Vernunft verloren geht und wir an den Rand der Selbstvernichtung gelangen.

Ohne den Humus, so, wie er von der Schöpfung gemacht war und gedacht ist, wird es keine Menschlichkeit mehr geben.

Der Stickstoff im biologischen Landbau

43. Artikel, Herbst 1965

Mit dem Stickstoff steht und fällt sowohl die Kunstdüngerwirtschaft wie der biologische Landbau, denn tatsächlich: „Ohne Stickstoff gibt es kein Wachstum".

Wir kennen den künstlichen Stickstoff, den die Chemiker in ihren Großanlagen aus der Luft synthetisieren, und den natürlichen Stickstoff, den organischen, der durch Lebensvorgänge erzeugt wird. Zwischen diesen beiden Stickstoffformen gibt es entscheidende Unterschiede. Sie sind chemischer, physikalischer und biologischer Art und sind für uns im biologischen Landbau der allerwichtigste Unterschied im Stoffwechsel zwischen Boden, Pflanze, Tier und Mensch. Das Lebendige auf Erden, das ja überwiegend aus Kohlenstoff, Wasserstoff, Sauerstoff und Stickstoff besteht, macht Gebrauch von den großen Vorratslagern der Natur an Stickstoff in Form der Luft. Eine der wichtigsten Bildungen, die das Lebendige aus den Elementen formt, ist das Eiweiß, das Protein, in Form von über 20 Aminosäuren. Zu seinem Bau ist Stickstoff ein Grundbaustein. Eine weitere Tatsache ist maßgeblich, nämlich der Grundsatz, dass alle Stoffe, die einmal vom Lebendigen aufgenommen und zu den großen Molekülen verbaut wurden, deren sich das Leben bedient, möglichst vollständig wiederverwendet werden sollen zum biologischen Substanzkreislauf. Dieser ist der wichtigste Grundsatz aller Nahrung und aller Ernährung, dass diejenigen Stoffe, die für das Lebendige kennzeichnend sind, nicht immer wieder von Neuem aus Grund- oder Rohstoffen gebildet, sondern aus dem „Kreislauf der Substanzen" genommen werden.

Daher der Unterschied zwischen künstlichem und natürlichem Stickstoff. Der künstliche kommt unmittelbar aus dem Rohstofflager der Natur, aus der Luft, der natürliche hingegen ist seit kürzerer oder längerer Zeit, vielleicht bereits seit Jahrtausenden, im biologischen Substanzkreislauf unterwegs.

Der Unterschied zwischen künstlichem und natürlichem Stickstoff:

1. Der chemische Stickstoff: Der künstliche Stickstoff besteht aus ganz einfachen Elementverbindungen, aus wenigen Atomen. Der natürliche Stickstoff kommt aus dem biologischen Substanzkreislauf und ist in Proteinen (Eiweiß) oder deren Bausteinen, den Aminosäuren, enthalten. Es gibt deren mehr als 20, die Mischungsmöglichkeiten sind enorm.
2. Der physikalische Stickstoff: Stickstoff kommt außer in seiner normal bekannten Form auch in der physikalisch ganz anderen Form von Isotopen vor. Das Angebot an Stickstoff-Sortenwahl, das die Natur der Pflanze bietet, ist ein ganz anderes als das Zwangsangebot, das man der Pflanze mit künstlichem Stickstoff macht.
3. Der biologische Stickstoff: Stickstoff aus der Retorte ist biologisch-funktionell unwirksam; er wird als Salz in den Stoffkreislauf der Pflanze eingeschleust und als elementarer Baustein verwandt. Anders die Stickstoffverbindungen aus dem biologischen Substanzkreislauf: Sie haben „Charakter", sind biologisch-funktionell wirksam und erleichtern den Organismen ihren Aufbau.

Der künstliche Stickstoff kann keinesfalls den natürlichen Stickstoff, der im Fluss des Nahrungskreislaufs aus dem Boden zur Pflanze gelangt, im Entferntesten ersetzen.

Über den Stickstoffkreislauf

44. Artikel, Winter 1965

Der Stickstoffkreislauf ist ein Teil des gesamten biologischen Substanzkreislaufs, denn der Stickstoff ist neben dem Kohlenstoff, Wasserstoff und Sauerstoff eine der wenigen Atomformen, aus denen die Lebensstoffe gebildet sind. Eine der wichtigsten Bildungen, deren sich das Leben bedient, sind die Eiweißstoffe, und sie enthalten fast als einzige Lebensstoffe auch Stickstoffatome.

Die Bausteine der Eiweißstoffe (Proteine) sind die Polypeptide, und diese sind aus Aminosäuren, von denen es mehr als 20 gibt, zusammengesetzt. Die Aminosäuren werden auf der Basis einfacher Stickstoffverbindungen aufgebaut, daher die überragende Rolle des Stickstoffs im biologischen Substanzkreislauf.

Das geschieht im Laufe von Lebensprozessen im lebendigen Boden, vorzüglich im Wurzelbereich der Pflanzen, aber auch im Organismus von Pflanzen, Tieren und Menschen (arteigenes Eiweiß) in geringen Mengen.

Bei dieser Eiweißbildung spielen die Mikroben, vor allem die Bakterien, eine große Rolle. Damit ist der lebendige Boden mit seiner Mikrobenflora eine höchst wichtige Einrichtung. Während die Pflanze ihre Kohlehydrate, auf die Tier und Mensch auch angewiesen sind, sehr wohl selbst herstellen kann (Chlorophyll-Synthese), kann sie ihre Eiweiße ohne Mitwirkung des Bodens nicht in normaler Vollkommenheit bilden. Das große Stickstoff-Vorratslager der Erde ist die Luft, es bestehen rund 80 Prozent der Luftgase aus reinem Stickstoff.

Man hat errechnet, dass auf unserer Erde in etwa stets die gleiche Menge an Stickstoff gebunden ist – wie man auch errechnet hat, dass die Menge der lebenden Substanz auf Erden in etwa immer die gleiche war und ist.

Der Stickstoff bleibt im Allgemeinen stets im biologischen Substanzkreislauf. Er flüchtet dann, wenn Fäulnisprozesse in Gang sind. Wenn organische Masse unter Luftabschluss fault, dann flüchtet er als gasförmiges Ammoniak NH_3.

Im Gegensatz dazu steht die Fähigkeit vieler Bakterien, nicht nur der Wurzelknöllchen, der Leguminosen und der Azotobakter, den Stickstoff aus der Luft zu binden, als Ausgleich für den Verlust.

Der organische natürliche Stickstoffkreislauf ist somit ein besonders wichtiger Teil der Lebenskreisläufe; mit ihm steht und fällt auch der biologische Landbau. Es ist daher Sorge zu tragen, dass alle organische Substanz, Jauche, Gülle, Stallmist, Grünkompost, Gründüngung, möglichst bald der natürlichen Zersetzung bei Luftzutritt (Rotte) zugeführt wird.

Sehr gestört wird jedoch der so entscheidend wichtige organische Substanzkreislauf durch das Hinzufügen von synthetischem Stickstoff. Von da an werden sämtliche Lebensvorgänge des Bodens verfälscht, weil ja den nahrungsaufbauenden Bakterien ein Teil ihrer Arbeit abgenommen wird, ohne den sie nicht normal funktionieren. Es geht um die Harmonie der Lebensvorgänge, um die physiologische Bodenfunktion, ohne die eine geordnete Stoffbildung nicht möglich ist. Es gibt eine Unzahl von Eiweißverbindungen, die notwendig sind, um die Eiweißbausteine zu bilden, die von den höheren Lebewesen gebraucht werden. Eine solche Vielfalt können die Bakterien nur vorbereiten, wenn man sie in ihrem natürlichen Nahrungskreislauf lässt und ihnen nicht die Fremdstoffe der Kunstdünger aufzwingt, besonders keinen synthetischen Stickstoff.

Technik und Boden

45. Artikel, Frühjahr 1966

1. Globale Führungskräfte haben weltweit die Auflösung der bäuerlichen Klein- und sogar Mittelbetriebe angestrebt und weltweit verwirklicht.
2. Die Industrie schafft laufend neue Konsum- und Luxusgüter und übt auf junge Menschen eine eminente Saugkraft aus, diese zu erwerben, und dazu braucht es Geld, das der Landbau nicht bietet, wohl aber die Industrie.
3. Die Jugend – wohl mehr als jemals früher auf die Befriedigung materieller Bedürfnisse eingestellt – folgt diesem Trend; so kam die Landflucht in Gang.
4. Die Industrie hat zwischenzeitlich die maschinelle Entwicklung so weit vorangetrieben, dass die mechanisierte Landwirtschaft tatsächlich mit einem Bruchteil an arbeitenden Menschen auskommt.
5. Man hat auf diese Weise den Nährstand vieler Staaten umgewandelt in ein seelenloses Industrieunternehmen, in eine Fabrik. Die Maschine triumphiert und beherrscht das Denken.
6. Das Bodenleben ist unbekannt, man weiß nicht, dass die Muttererde ein lebendiges Wesen ist, das unter den Raupen der Maschine sterben muss.
7. 7. Unter solchen Bedingungen ändert sich auch der Mensch, er wird zum Materialisten, für den nur der äußere Erfolg zählt in Geld und Autos. Das Tier wird zum Produktionsmittel und die Muttererde zur wesenlosen Maschine.
8. Um diesem dem echten Bauerntum so verderblichen Geist zu begegnen, geht Dr. Müller mit den Jungbauern in die Berge und lehrt sie das einfache Leben und sein Glück. Er stellt sie vor die Allgewalt der Natur und zeigt ihnen, dass der Beruf des Bauern mehr ist als die dicken Lohntüten des Industriearbeiters.
9. Jedes Befahren von Äckern und Wiesen ist ohne Ausnahme ein Leistungsverlust. Das Porensystem des Bodens, das sowohl die Atmung als auch die Bewässerung des Bodens vermittelt, wird durch die schweren Maschinen zusammengepresst bis vernichtet.

Wie ist nun dem Schaden zu begegnen?

a) Man fahre möglichst nicht aufs Land, wenn es nass ist, am wenigsten auf Lehm und Ton.
b) Je lebendiger der Boden, umso besser erholt er sich vom Press- und Mahlschaden, den die Maschine anrichtet.
c) Wer nicht mehr tief pflügt (Pflugsohle), wer überhaupt am Pflügen einspart, spart auch an Bodenschaden.
d) Nackter Boden wird allemal schwerer geschädigt als bewachsener oder bedeckter (Nährdecke) und nackten Boden soll es ja im biologischen Landbau möglichst niemals geben.
e) Im biologischen Landbau überwiegt die Bearbeitung der Oberfläche und diese Arbeitsgeräte sind ohnehin leichter; man wird aber möglichst die Zugmaschine wählen, deren Konstruktion am günstigsten ist.

Am allerwichtigsten aber ist es doch, dass ein jeder den Schaden im Innersten empfindet, den eine jede Maschine auf dem Acker anrichtet.

Gedanken über den Bodentest zu seinem 17. Geburtstag

46. Artikel, Sommer 1966

Mit dem Anschlag seiner 95 Thesen an der Schlosskirche zu Wittenberg und seinem Bekenntnis zur „Freiheit des Christenmenschen" hat Martin LUTHER den Christen den Weg zur Erneuerung ihrer Kirche gewiesen. Es war eine Elite, die den Kampf gegen die Trägheit des Denkens und der Gewohnheiten aufnahm, und die Geschichte hat ihnen recht gegeben. Das war vor 500 Jahren.

Vor 150 Jahren erfand der noch junge Chemiker LIEBIG (1840) [1995] die Elementaranalyse und begründete die moderne Chemie. Der reife, erfahrene und weise alte Mann vertrat in späteren Schriften allerdings sehr nachdrücklich die organische Düngung des Bodens mit den organischen Abfallprodukten der Städte. (Im Jahr 1865 erhielt er den Auftrag, ein Gutachten zu erstellen über die Entsorgung der Abfallstoffe der Kanalisation von London, das heißt Rückführung in den Kreislauf des Lebendigen.)

Er lehnte die künstliche Stickstoffdüngung ab, damals den Chilesalpeter, und vertrat die Ansicht, dass die „Mehrzahl der Kulturpflanzen darauf angewiesen seien, ihre Nahrung von der Ackerkrume durch die eigene Wurzeltätigkeit zu empfangen, und dass sie absterben, wenn ihnen die Nahrung in einer Lösung zugeführt werde."

Die Erkenntnisse des reiferen LIEBIG wurden damals nicht mehr gehört und wurden vom Tisch gewischt. Sie waren jedoch das Tor zu großen, neuen biologischen Erkenntnissen.
Vor 60 Jahren wurde im Rahmen der jungen organisch-biologischen Landbaumethode der Rusch-Test entwickelt – als Instrument zur Messung vorgegebener Düngermenge und biologischer Bodengüte.

Die Entwicklung hoher biologischer Qualität, das letzte Ziel unserer Mühen, wurde mithilfe des Testes weitgehend gefördert. Die biologische Qualität eines Bodens besteht darin, dass er imstande ist, der wachsenden Pflanze ein reichhaltiges Angebot an sogenannten lebenden Substanzen zur Verfügung zu stellen. Diese lebendigen Kräfte, die ein leistungsfähiger Boden zu liefern vermag, verleihen den Kulturpflanzen alle die Fähigkeiten, die sie haben müssen, um ohne künstlichen Schutz zu wachsen und zu gedeihen.

Mit unserem Test können wir feststellen, ob ein Boden ein solch reichhaltiges Angebot an lebendigen Kräften hat oder nicht, und dann die einzusetzenden Maßnahmen an Pflege und Düngung danach zu richten.

Es werden auch angebotene organische Dünger untersucht, bei denen sich erstaunliche Unterschiede ergeben, wonach man sie empfehlen kann oder nicht.

Die Entwicklung und Steigerung hoher biologischer Bodenqualität wird gefördert: Jeder kultivierte Boden muss ständig etwas Urgesteinsmehl zur Verfügung haben, wobei zu berücksichtigen ist, dass die Wirkung des Urgesteins nur ganz allmählich zustande kommt.

Je öfter und je rücksichtsloser man die Bodenschichten durch tief greifende Bodenarbeit durcheinanderbringt, umso geringer ist die biologische Bodenqualität.

Im Übrigen können wir glücklich sein, dass wir einen unbestechlichen Test haben, mit dem wir uns selbst und unsere Arbeit kontrollieren können.

Das höchste Gut ist die Gesundheit

47. Artikel, Herbst 1966

Dr. Hans Müller zum 75. Geburtstag

Wir Menschen von heute erleben eine Zeit der Wandlungen. Alte Begriffe verschwinden, neue gestalten sich, auch die Gesetze der Gesundheit sind einer Wandlung unterworfen. Gesundheit war früher eigentlich nur das Freisein von Krankheit.

Die zunehmende Zivilisation hat nun allmählich Zustände mit sich gebracht, die offensichtlich großen Einfluss auf die sogenannte Grundgesundheit haben. Es lässt sich nicht mehr abstreiten, dass diese sogenannten Zivilisationskrankheiten zugenommen haben und weiter zunehmen.

Die Gesetze der Gesundheit, von denen die frühere Medizin wenig wusste, treten immer mehr in den Vordergrund und ergeben folgendes Bild: Gesundheit ist biologische Ordnung – im Falle des Menschen ist es die Ordnung in der Zusammenarbeit sämtlicher Zellen und Gewebe. Gesundheit ist vorbildliche Funktion einer jeden Zelle im Zellenstaat „Mensch". Ein Mensch ist nur so gesund wie alle seine Zellen.

Beide Ordnungen sind voneinander abhängig: Wenn auch nur ein einziger Zellverband seine Pflicht nicht erfüllen kann, gibt es keine vorbildliche Ordnung im Zellenstaat und der Körper kann nicht gesund sein. Aus diesen Erkenntnissen lässt sich ableiten, worauf es vor allem ankommt, wenn man gesund werden oder bleiben will.

Und wie kann man darauf einwirken die Gesundheit zu haben?

Man muss Ordnung in sich aufnehmen, wenn man in Ordnung bleiben will. Um die vorbildliche Funktion (die Grundlage aller Gesundheit) jeder Zelle zu erhalten, muss den Zellen gesunde, lebende Substanz zugeführt werden, wie sie nur die gesunde Pflanze und das gesunde Tier hergeben können. Beide aber müssen auf gesundem Boden stehen, der unbeeinflusst von künstlichen – chemischen – Mitteln im Ablauf seiner Fruchtbarkeitsbildung nicht gestört wurde.

Und diese Gesundheit, die eigentliche Grundgesundheit, die kann uns kein Arzt und kein Tierarzt schenken, sondern nur die Ordnung der Natur. Wer sie zerstört, der ist verloren, der zerstört sich selbst.

Des Weiteren kann man dafür sorgen, dass unsere Lebensführung und unser Verhältnis zur Umwelt und den Mitmenschen in Ordnung ist. Allerdings gibt es da keine allgemeingültigen Rezepte – das muss ein jeder mit sich selbst ausmachen.

Was ist Humus?

48. Artikel, Winter 1966

Wer den biologischen Landbau in seinem tiefsten Wesen verstanden hat, der hat auch begriffen, dass es dabei um die Befreiung von herkömmlichen Begriffen geht. An die Stelle des materialistischen Denkens der letzten drei Generationen tritt das biologische Denken. Die Naturwissenschaft der Vergangenheit betrieb ihre Forschungen in dem Gedanken, dass man alle Dinge der Natur in der Materie erforschen und durchschauen könne. So sieht der Agrikulturchemiker das Geheimnis der Fruchtbarkeit in der Verfügbarkeit von Stoffen, den Kernnährstoffen, zu denen später die Spurenstoffe kamen. Fruchtbarkeit ist für ihn Materie.

Die materielle Auffassung von der Fruchtbarkeit führte dann auch ganz konsequent zu einer materiellen Auffassung von „Humus". Mit dem Begriff der „Alten Kraft" des Mutterbodens, wie sie den Alten geläufig war, konnte die Agrikulturchemie nichts anfangen. Nun ist aber das Wesentliche am Humus die „Alte Kraft", die Fähigkeit, Samen und Setzlinge zum Wachstum zu bringen, zu einer aktiven Fähigkeit, zu einem Schöpfungsakt. Das Wesentliche an der Fruchtbarkeit sind Samen, Pflanzen und Humus, die Nährstoffe sind zweitrangig. Man kann Fruchtbarkeit nicht allein in Nährstoffen ausdrücken.

Das Entscheidende ist bei den lebendigen Dingen niemals der Stoff, sondern die Fähigkeiten des Lebendigen. Andererseits darf nicht vergessen werden, dass Leben nur mithilfe der Materie hervorgebracht wird, und ohne das, was wir Materie nennen, gibt es kein Leben.

Was ist nun aber Humus? Ist es Materie oder ist es nicht Materie? Humus ist auch Materie, wir können ihn sehen, ihn angreifen, ihn bearbeiten, aber er ist nicht nur Materie, er ist sehr sinnvoll geordnete Materie, für uns in nicht durchschaubarer Weise gebracht zur „biologischen Ordnung", ein Gesetz, nach dem die Atome und Moleküle in Reih und Glied gestellt werden. Diese biologische Ordnung macht das Leben aus und hat die Fähigkeit, seine Ordnung weiterzugeben. Man nennt das die Fähigkeit zur Selbstvermehrung, und das ist die Grundlage der Fruchtbarkeit!

Kann man aber nun noch sagen, Humus sei Materie? Ist es nicht vielmehr diese nicht materielle Kraft, diese biologische Potenz, diese lebendige Fähigkeit, die das Wesen des Humus ausmacht? Humus ist etwas Lebendiges, das Leben vermehrt und seine Ordnung auf andere überträgt. Humus ist die Summe aller jener biologischen Ordnungen, die Gesamtheit aller der Fähigkeiten, die die lebendige Schöpfung vor unsere Augen stellt.

Humus ist nichts anderes als das lebendige Prinzip, das in allen Lebewesen wirksam ist. Das Eigentliche am Humus ist nicht der Stoff, sondern seine lebendigen Fähigkeiten, die „Alte Kraft", wie unsere Vorväter sagten.

In die Hand gegeben ist uns im Humus die ewige Fruchtbarkeit, die wir uns dienstbar machen dürfen, wenn wir den Humus mit Ehrfurcht als das Geheimnis der Gesundheit, der Fruchtbarkeit, des ewigen Lebens, der Schöpfung betrachten.

Wir werden in alle Zukunft niemals imstande sein, das Geheimnis des Humus, seiner vielfältigen Fähigkeiten, seiner Lebensbedingungen und seiner Ordnungen zu entschleiern. Wir können Humus nur demütig für uns arbeiten lassen, weil nur er versteht, biologische Ordnungen zu schaffen und schaffen zu helfen. Gott ist nicht nur in den Menschen, er ist auch im Humus unserer Muttererde.

Biologischer Landbau – Warum?

49. Artikel, Frühjahr 1967

Man kann es in zwei Sätzen sagen: Weil der gegenwärtige agrikulturchemisch ausgerichtete Landbau eine Gefahr für die Gesundheit aller Menschen ist, und weil dieser Landbau keineswegs in der Lage ist, der Menschheit gesund machende Heilnahrung zu liefern.

Zunächst also um des Giftes willen: Man sollte doch heutzutage nicht mehr zu behaupten wagen, dieses tausendtonnenweise alljährlich ausgestreute unzerstörbare Gift sei harmlos für das Lebendige. Man weiß, wie es sich in alles Leben einschleicht, wie man schon das DDT in den antarktischen Fischen wiederfindet, wo ganz gewiss kein solches Gift gebraucht wird. Der Weg, Schädlinge durch Gift abzuwehren, ist einfach falsch, von Anfang an grundfalsch. Wenn sich die Schädlinge, die normalerweise ganz harmlose Genossen sind, plötzlich seuchenhaft vermehren, dann lässt sich dieser Vorgang nicht mit Gift wegdisputieren. Man muss der Sache auf den Grund gehen und fragen, ob wir etwa die Gleichgewichte der Natur gestört haben.

Auf diesbezügliche falsche Handlungen folgt prompt die Gegenreaktion. Man hat in der Kunstdüngerwirtschaft oft die Pflanze falsch ernährt. Die künstliche Pflanzenernährung ist keine natürliche Ernährung. Wir müssen der wachsenden Pflanze die Auswahl ihrer Nahrung selbst überlassen, sie kann das besser. Das heißt: Wir müssen das Leben des Bodens pflegen, damit die Pflanze sich dort aussuchen kann, wessen sie zur vollen Gesundheit bedarf. Wenn uns das gelingt, dann bleibt die Pflanze gesund, und es tritt keine seuchenhafte Schädlingsvermehrung mehr auf, denn dem Schädling schmeckt die gesunde Pflanze nicht.

Nun zum zweiten Satz: Der agrikulturchemische Landbau ist nicht imstande, der Menschheit gesund machende Heilnahrung zu liefern.

Eine Kulturpflanze, die des künstlichen Schutzes bedarf, kann sich offensichtlich nicht selbst beschützen. Heilen aber kann man diese Pflanze nur, wenn man auf die großen künstlichen Eingriffe in den Stoffwechsel der Kulturpflanze ganz verzichtet, vor allem auf den synthetisierten Stickstoff. Eine schädlingsanfällige Pflanze kann niemals als Heilnahrung dienen.

Wenn wir diese Zusammenhänge zwischen Bodengesundheit und dem Zustand von Pflanze, Tier und Mensch durchdenken, dann geht uns etwas auf von der Weisheit, mit der die Natur gelenkt wird, dann ahnen wir etwas von der Macht, die über uns ist und der wir am besten gehorchen, wenn es uns und unseren Nachkommen wohler gehen soll.

Wenn wir aber weiter so wenig gehorsam sind wie in den letzten Jahrzehnten, wenn wir weiter die Industrialisierung vornean setzen und das Lebendige vergessen, dann wachsen von selbst die kranken Gehirne, die Massenvernichtungsmittel auf die Menschheit loslassen werden, und dann gibt es immer mehr Menschen, die das geduldig hinnehmen.

Ein kranker Boden macht kranke Pflanzen und kranke Pflanzen machen kranke Tiere und Menschen. Der künstliche Landbau bringt uns nur die Möglichkeit der Regeneration, der Genesung von der Degeneration, von der Entartung. Er bestiehlt uns um die Heilnahrung, wie sie bereits der bekannte Arzt des Altertums HIPPOKRATES gefordert hatte. Dies ist die Antwort auf die Frage: „Warum biologischer Landbau?“

Die organisch-biologische Kulturpflanze und ihr Gegenstück

50. Artikel, Sommer 1967

Ein sehr eindeutiges Zeichen des Gegensatzes dieser beiden Pflanzenerscheinungen sind die Gesundheitszeichen.

Es gibt sehr eindeutige Gesundheitszeichen bei den Lebewesen, seien es nun Menschen, Tiere oder Pflanzen. Auf diese Weise kann man den biologischen Wert von Lebensmitteln beziehungsweise Kulturpflanzen prüfen, und nur auf diese Weise. Diese Zeichen sprechen eine ganz deutliche Sprache.

So ist es für den vollkommenen biologischen Landbau typisch, dass die Felder gleichmäßig schön stehen, das ist ein erstes Gesundheitszeichen.

Ein zweites, sehr viel wichtigeres Zeichen ist das Verhalten der Pflanze während ihres Daseins. Es ist in der Natur so eingerichtet, dass diejenigen Lebewesen die größten Lebenschancen haben, die gesund sind; das heißt, wenn sie sich zu wehren verstehen gegen die natürlichen Angriffe der Umwelt, sowohl der unbelebten Natur wie Hitze, Trockenheit, Kälte, Nässe, als auch der belebten Natur, und hier vorzüglich gegen den Schädlingsbefall. Der Schädling, sei es Käfer, Wurm, Bakterium oder Pilz, ist ein ganz normales Geschöpf wie alle anderen auch und nimmt sich, was er braucht. Er geht in eine seuchenhafte Vermehrung, wenn man es mit kranken Pflanzen zu tun hat, die befallen und geschädigt beziehungsweise auch aufgefressen oder ausgerottet werden. Um diese kranken Gewächse wenigstens bis zur Ernte am Leben zu erhalten, muss man zum Gift greifen, zum sogenannten Pflanzenschutz. Mit zunehmender Kunstdüngung wurde das Auftreten von Krankheitserscheinungen zur normalen Begleiterscheinung. Die kunstgedüngte Pflanze kann sich gegen solche Angriffe nicht wehren, im Gegensatz zur Pflanze aus dem organisch-biologischen Anbau. Das ist ein zweites Gesundheitszeichen.

Mit dem Anwachsen der Kunstdüngung entstanden im Tierstall allerlei Probleme, unter anderem die Unfruchtbarkeit. Auf den organisch-biologischen Betrieben stirbt die Unfruchtbarkeit von selbst aus. Schon nach wenigen Jahren kann man damit rechnen, dass kaum noch Sterilität vorkommt, und das jetzt, da es sich bereits um viele Hunderte von Ställen und viele Tausende von Rindern handelt. Ein weiteres Gesundheitszeichen für die organisch-biologische Kulturpflanze.

Nun zur Gegenüberstellung der beiden Ernährungsrichtungen. Die zunehmende Kenntnis über die Ernährung hat den Beweis erbracht, dass man auf keine Weise künstliche Ernährung herstellen könne. Die einzelnen Verhältnisse der Stoffe, die sich in einer natürlichen Nahrung befinden, sind kompliziert. Die Ordnungen, nach denen sich Nahrung in der Natur bildet, sind so wenig nachzuahmen, dass man niemals dahinkommen wird, auf künstliche Weise eine Nahrung so vollkommen zuzubereiten, wie die natürlichen beschaffen sind. Die Pflanzennahrung wird im Boden zubereitet, dazu muss der Boden leben, das heißt, er muss möglichst viele und möglichst vielfältige Lebensvorgänge in sich haben. Dr. Fritz CASPARI (1948) sagt: „Düngen heißt nicht die Pflanzen füttern, sondern den Boden lebendig machen." Dies geschieht mit den Abfällen aus dem Bezirk des oberirdischen Lebens und mit Urgesteinsmehl. Diese Nahrung aber ist für die Pflanze echte Heilnahrung. Man darf sich nicht in den Kreislauf der Nahrungssubstanzen einmischen, dann entsteht von selbst Gesundheit. Der liebe Gott kann uns ein gewisses Maß an „Künstlichkeit" hingehen lassen, weil es die Gesamtheit der lebendigen Schöpfung noch nicht gefährdet; wenn wir dieses Maß aber überschreiten, dann setzt er seine „Gesundheitspolizei" (sogenannte Schädlinge) ein, dann straft er uns mit Entartung, mit Krankheit und Siechtum. Er allein bestimmt die Grenzen, die wir einzuhalten haben. Der biologische Landbau ist eigentlich nichts anderes als die bewusste und organisierte Beschneidung auf die natürlichen Grenzen unseres Könnens, auf die Grenzen, die die Agrikulturchemiker nicht geachtet haben.

Warum wir den Boden mikrobiologisch untersuchen

51. Artikel, Herbst 1967

Der Test ist mühsam und sehr arbeitsaufwendig für alle Beteiligten, eine umfangreiche zusätzliche Arbeit. Was hat sie für einen Sinn?

1. Durch den organisch-biologischen Landbau soll den Mitmenschen eine gesunde Nahrung geschaffen werden, es soll besser gemacht werden als bisher. Wer solches unternimmt, braucht eine Kontrolle. Eine Kontrolle um der Aufgabe willen, um der Arbeit willen, eine Selbstkontrolle.
2. Der biologische Landbau will gesunde, wertvolle Nahrung schaffen. Es wäre nun erheblich einfacher, wenn es brauchbare Methoden gäbe, an den Produkten selbst zu prüfen, ob sie den Anforderungen an eine solche „Heilnahrung" entsprechen. Es gibt aber derzeit keine für solche Untersuchungen brauchbaren Methoden. Es ist erheblich einfacher, die biologische Qualität des Bodens fortlaufend zu kontrollieren: Die Bodenqualität entspricht haargenau der Pflanzenqualität, denn ein kranker Boden bringt kranke Pflanzen hervor, nur ein gesunder bringt gesunde Pflanzen hervor. Hauptsächlich deshalb haben wir den Bodentest so eingerichtet, dass er uns ein zuverlässiges Urteil gibt über die biologische Bodenqualität. Wir benutzen dabei Bakterien, deren sich die gesunde Pflanze zur Nahrungsbeschaffung bedient; es handelt sich da sozusagen um die „Darmflora" der Pflanze, die untersuchungsmäßig zum Einsatz kommt.
3. Wie viel Mengenleistung können wir von dem geprüften Boden erwarten? Es wird festgestellt, wie viele Zellen ein solcher Boden hervorbringen kann, indem man ihm das Wachstumsklima verschafft durch Wärme, Wasser und Nährstoffe bei der Untersuchung. Die Zellzahl sagt aus, wie viel Pflanzenmasse erwartet werden kann.
4. Die Lebendigkeit des Bodens und der Gütewert der Kleinlebewesen (Bakterien) tritt zutage.
5. Wichtige Erkenntnisse, die die mikrobiologische Bodenuntersuchung geschenkt hat:
   a) Sind Fremdstoffe im Stall oder Haushalt verwendet worden, die das Bodenleben verderben?
   b) die Gefährlichkeit der Obstspritzungen für alles Land ringsum

c) die Gefährlichkeit nicht nur der Gifte gegen Schädling und Krankheit, sondern auch der Hormonstoffe und Wirkstoffe der Unkrautbekämpfung
Alles das verdirbt das Bodenleben, wie der Test zeigt.

6. Von der mikrobiologischen Untersuchung haben wir auch gelernt, dass der Boden in Schichten (zwei verschiedenartige Gareschichten) arbeitet, die streng getrennt arbeiten müssen, die man nicht durcheinanderbringen darf, wenn man der Pflanze keinen Schaden zufügen will. Erst seitdem wissen wir ganz genau, dass man den Pflug und den Spaten mit großer Vorsicht so anwenden muss, dass man die Ordnung im Boden vernichtet, wenn man zu tief pflügt, dass man keine unzersetzten, frischen organischen Massen, wie die Gründüngung und den Stallmist, unterpflügen darf, weil man damit schweren Schaden an der biologischen Bodenqualität anrichtet und die Pflanzen krank und schädlingsanfällig macht.
7. Wir haben gelernt, dass der Haufenkompost in seiner Endreife wesentlich mehr Zellen verbraucht als das flächig aufgebrachte Material (Herbstgeschehen der Natur), das den Bodenbakterien beste Nahrung bietet (Flächenkompost).
8. Durch den Test wurde es möglich, sämtliche Zukaufdünger auf Leistungsfähigkeit und Güte zu überprüfen.
9. Es wurde mit den Bodenproben auch gleichzeitig eine exakte pH-Messung möglich. Es entwickelte sich allmählich daraus eine ganz andere Landbautechnik, eine ganz andere Art der Bodenbearbeitung. Wir hätten ohne die fortlaufenden mahnenden Resultate der Bodenuntersuchungen niemals den Mut dazu gefunden, die gesamte Bearbeitungstechnik umzustellen und gar manchmal das Gegenteil dessen zu fordern, was vorher gefordert war. Das wäre sicher noch nicht der Fall, wenn uns der Test nicht die Wahrheit gezeigt hätte, nicht ein paar Einzelteile, sondern die vielen Tausende, die wir gemacht haben.

Wie ernährt sich die Pflanze?

52. Artikel, Winter 1967

Die Kunstdüngung beruht auf der Mineralstofflehre, wonach die Pflanze nur die leicht löslichen Salzformen der Mineralien zu ihrer Ernährung braucht.

Die Pflanzen verlieren jedoch mit der Zeit die Widerstandskraft gegen Insekten, Bakterien und Viren, verlieren die Fähigkeit zur Ausbildung von Aromen, Geschmacksstoffen und die dauerhafte Fortpflanzungsfähigkeit, was sich auch auf die diese Pflanzen fressenden Tiere überträgt.

Die Grundlage der Kunstdüngung, die Mineralstofflehre, ist daher nicht richtig, sie ist bestenfalls eine kleine Teilwahrheit über die Pflanzenernährung.

Das Wesentliche an der Dauerfruchtbarkeit von Kulturböden, Pflanzen und Tieren muss etwas anderes sein, ein Vorgang, den man bisher noch nicht kennt oder nicht beachtet hat. LIEBIG selbst hat, als er anfing, sich zu korrigieren, gemerkt, dass die Mineralsubstanzen der Natur nicht etwa Kunstdünger sind, die die Pflanze ohne jede Hilfe direkt aufnehmen kann, sondern unlösliche Substanzen, die der Pflanze durch Lebensvorgänge zugänglich werden. Er hat schon lange vor uns gewusst, dass die Ernährungsvorgänge zwischen Boden und Pflanze durch Lebensvorgänge gesteuert werden, die unendlich viel wichtiger sind als der Mineralstoffwechsel.

Letzteres wurde zwischenzeitlich noch erweitert durch die Entdeckung von Wirkstoffen (Vitamine, Enzyme, Hormone, Fermente) und der Spurenelemente, die ebenfalls von der Pflanze gebraucht werden, allerdings nur in kleinen und kleinsten Mengen. Die entscheidende Wahrheit ist aber auf diesen Wegen der Stoffanalysen nicht zu finden. Sie ist nur auf neuen Wegen zu finden, die zu einer anderen Art von Wissenschaft führen, zur Wissenschaft vom Lebendigen. Diese Lebensforschung wird schwierig und schließlich unmöglich dort, wo man zum wissenschaftlichen Erkennen die ganzen, unversehrten Lebensvorgänge selbst nötig hat. Denn bei der Materie, um die es sich hier handelt, dreht es sich um lebende Substanzen. Ein Boden, auf dem man die Pflanze künstlich ernähren muss, unterscheidet sich von einem natürlichen Boden dadurch, dass sich Leben in Letzterem befindet, dass dort Lebensvorgänge ablaufen und lebende Substanz darin enthalten ist. Der Unterschied zwischen der künstlich ernährten und der organisch wachsenden Pflanze besteht also unter anderem darin, dass der Letzteren „lebende Substanz" zur Verfügung steht.

Alle Lebensvorgänge laufen nach den gleichen Grundsätzen ab und bedienen sich der gleichen toten wie lebenden Materie, ob es sich nun um das Leben von Bodenbakterien, Pflanzen, Tieren oder Menschen handelt. Wir finden die gleichen Substanzen in dem einen wie in dem anderen, wir finden sie immer dort, wo Leben ist.

Wir wissen heute, dass die lebende Substanz die Möglichkeit hat, überall hindurchzugehen, zum Beispiel durch die Wurzelhäutchen der Pflanzen oder die Schleimhautzellen des menschlichen und tierischen Darmes.

Jeder Organismus hat freies Auswahlvermögen, welche Substanzen er aufnimmt und welche nicht, er trifft eine Auswahl, die seiner Gesundheit und seiner Fruchtbarkeit dient. Dieses Auswahlvermögen hat er bei den einfachen Nährstoffen nicht, die muss er nehmen, ob er will oder nicht (Überdüngung mit Kunstdünger).

Jeder Organismus braucht lebende Substanz, und je größer der Zellstaat eines Organismus wird, umso größer wird seine Abhängigkeit von der Umwelt, umso mehr bedarf er der Ergänzung aus der Umwelt. Er kann sehr lange sein Leben ohne Nachschub an lebender Substanz fristen, nimmt jedoch von Generation zu Generation an Lebensfähigkeit und Lebenstüchtigkeit ab; es entsteht ein Mangelzustand an biologischen Fähigkeiten.

Wir haben es mit dem Kreislauf der lebenden Substanz zu tun, der nötig ist, um alle Lebewesen gesund zu erhalten und zur vollen Entfaltung ihres Lebens und ihrer Fruchtbarkeit zu befähigen.

Voraussetzung ist aber, dass das Bodenleben eine solche Auswahl bereithält, das geschieht dann, wenn wir das Bodenleben in Ordnung halten, auf jede Einmischung in die natürlichen Lebenskreisläufe verzichten, ja sogar, wenn man die Bodenarbeit auf das geringstmögliche Maß beschränkt.

Der chemische und der biologische Ernährungsvorgang in der Pflanze

53. Artikel, Frühjahr 1968

Bei der chemischen Ernährung soll verstanden sein, dass die Ernährung der Pflanze ein reines Nährstoffproblem sei, wie es die Agrikulturchemie in Form der sogenannten Kunstdüngung realisiert hat. Die Pflanze nimmt diese Stoffe durch die sogenannte Diffusion und Osmose auf, das heißt, die Pflanzenwurzeln stellen eine Art dünner Membran dar, die die Nährstoffaufnahme in Salzform gewährleistet. Dabei findet keine Kontrolle der Salze durch die Pflanze statt, die Salze dringen nach chemisch-physikalischen Gesetzen in die Pflanze ein und können daran nicht gehindert werden.

Unter biologischer Ernährung ist hingegen ein Stoffwechsel – ein Wechsel der Stoffe zwischen Pflanze und Boden – zu verstehen. Hier werden organische Großmoleküle von Tausenden und mehr Atomen von der Pflanze als Nahrung aus dem Boden aufgenommen. (Die Salzmoleküle der Kunstdüngung bestehen dagegen nur aus wenigen, fünf bis sieben Atomen.) Alle Lebewesen vom Bakterium bis zum Großorganismus sind imstande, Großmoleküle organischer Art (lebendige Substanz) als Nahrung aufzunehmen. Diese Großmoleküle besitzen eine Schutzhülle aus Eiweiß, eine Proteinhülle. Sowohl diese Hülle als auch die Zellen der Organismen (Mensch, Tier und Pflanze) „wissen", wer zu wem passt, wer zu wem gehört.

Jedes organische Großmolekül (lebende Substanz) kann mithilfe seiner Schutzhülle unterscheiden, in welche Zelle es passt, und jede Zelle eines Bakteriums oder eines vielzelligen Lebewesens (Pflanze, Tier, Mensch) weiß, welche organischen Großmoleküle (lebendige Substanz) aus der Umgebung zu ihr selbst passen. Damit haben wir das „Wahlvermögen der Zelle" für lebende Substanzen und das „Wahlvermögen der lebenden Substanz". Dieses Wahlvermögen gibt es nicht bei den kleinen Molekülen des Kunstdüngers, sondern nur bei den Großmolekülen.

Und das macht den Unterschied: Bei Salzen hat keine Zelle und auch kein Organismus ein wesentliches Auswahlvermögen, das haben sie nur bei organischen Großmolekülen bei lebendiger Substanz. Hierher gehört auch der Vorgang der Regeneration, die Art und Weise, in der sich Zellen und Gewebe aus Zellen ständig erneuern.

Es gibt aber eine negative Ausnahme, die bei der Auswahl der richtigen Großmoleküle geschehen kann, das ist das Virus. Das Virus ist eine lebende Substanz, die durch eine schädigende Einwirkung, zum Beispiel Haftgift von Giftspritzungen, verändert wurde, jedoch ohne Änderung der Proteinhülle. Die Organismuszellen nehmen daher im guten Glauben solche geschädigten Substanzen auf und schädigen damit ihren eigenen Empfangsorganismus.

Durch die heutige erhöhte Radioaktivität von Wasser, Luft und Boden und den schrankenlosen Gebrauch von schweren Giften sind krank machende Viren häufiger geworden. Normalerweise sind ja die Großmoleküle in Ordnung.

Es ist also in jeder Beziehung dafür gesorgt, dass die organischen Großmoleküle beim Wachstum dorthin kommen, wo sie gebraucht werden, mit Ausnahme des Virus. Normalerweise werden nur die „richtigen" Moleküle aufgenommen und weitergereicht. Der anorganische und der organische Stoffwechsel unterscheiden sich also in der Hauptsache dadurch, dass die Pflanze durch die Salzdüngung ohne organische Kontrolle in eine Zwangslage kommt.

Diese Pflanzen müssen eine Vorsortierung im Boden entbehren und mit einem Übermaß von Ionen fertigwerden. Die Folge ist ein ungeordnetes, überstürztes Pflanzenwachstum, das die Harmonie, die Grundlage jeder Pflanzengesundheit, stört. Da diese Pflanzen weniger lebende Substanz bekommen, vernachlässigen sie wichtige Aufgaben: Sie werden anfällig für Schädlinge und Krankheiten, werden unfruchtbar und ihr Nahrungswert nimmt von Generation zu Generation ab. Diese ganze Disharmonie geht auf diejenigen Organismen über, die von solchen Pflanzen leben.

Über die Rolle der Gärung im Naturkreislauf

54. Artikel, Sommer 1968

Alle Organismen der Erde beziehen ihre Lebensenergie aus den gleichen Quellen, Menschen und Tiere ebenso wie Pflanzen, Mikroben und auch der Boden.

Die Verdauung von Nahrung verläuft grundsätzlich im menschlichen oder tierischen Darmkanal, in der Wurzelregion der Pflanzen, bei der Bildung der Bodengare, stets nach den gleichen biologischen, physikalischen und chemischen Gesetzen. Bei diesem Nahrungskreislauf handelt es sich auch um eine Umformung von Stoffen, Gärung genannt.

Diese wird in Gang gesetzt durch Fermente oder Enzyme, das sind komplizierte organische Substanzen, die in winzigen Mengen große Stoffumwandlungen vollbringen können. Allerdings kann ein einziges Ferment immer auch nur einen einzigen Stoffwechsel vornehmen.

Es gibt nur zwei Quellen von Lebensenergie auf unserer Erde. Die ursprüngliche Quelle ist die Sonne, deren Strahlungsenergie über die Cytochrome (das wichtigste davon ist das Chlorophyll der Pflanzen, Algen und Bakterien) nutzbar gemacht wird, indem aus den Endprodukten jeglichen Stoffwechsels, das heißt aus Kohlensäure und Wasser, organische Stoffe aufgebaut werden. Das geschieht durch die geordnete Sonnenstrahlung, die die leblosen Stoffe ketten- und ringartig ordnet und aneinanderheftet. In den so entstandenen organischen Stoffen ist die Sonnenenergie enthalten, die das Wachstum und die Vermehrung der Lebewesen möglich macht.

Die zweite Quelle von Lebensenergie sind die Abfälle des Lebendigen, das heißt alles das, was irgendwelche Lebewesen vom Menschen bis zum Bakterium während ihres Daseins an „Ausscheidungen" abgeben oder nach ihrem Tod an leiblicher Substanz hinterlassen. Diese „Abfälle" enthalten große Mengen an Lebensenergie, die durch Gärung oder Verbrennung für die Lebewesen nutzbar gemacht werden kann und nutzbar gemacht werden muss. Die Abfälle enthalten zwar schon weniger Lebensenergie als die mithilfe der Sonnenenergie frisch gebildeten Stoffe (Assimilate), aber immer noch genug, um das Leben der Pflanzen in Gang zu halten (organische Dünger).

Diese Abfälle sind gewissermaßen halb verbrauchte Stoffe, die noch ungeheure Energiemengen enthalten, die vom Lebendigen abgebaut werden, bis zu den Grundstoffen: Kohlensäure und Wasser. Durch diesen Vorgang werden der Kohlensäurehaushalt der Luft sowie die bodenbürtige Kohlensäure in Gang gehalten. Der Energiegehalt aller derjenigen Stoffe, die letztlich zur Gare und Humusbildung kommen, ist also sehr verschieden, wird aber von der Pflanze bis zum allerletzten „Endprodukt des Stoffwechsels" noch verwertet. Sie braucht dringend die Energie der organischen Abfallstoffe zur eigenen Existenz, da sie ja ständig aus Wasser und Kohlensäure neue organische Stoffe herstellen muss, damit alles Leben auf der Erde existieren kann.

Die Verwertung der Lebensenergie der Abfälle im Boden (Dünger) erfolgt durch die Natur in höchst sparsamer Weise. Es wird nicht alles sofort abgebaut zu Kohlensäure und Wasser, es bleiben die hoch- und niedermolekularen Stoffe, die lebende Substanz, übrig, und das bewirken die Lebewesen des Bodens durch die Gärung. Es gibt grundsätzlich zwei verschiedene Arten des Abbaus organischer Stoffe: die Gärung (durch Fermente) und die Atmung (Oxidation). Beide Arten kommen in allen Organismen nebeneinander vor, bei niederen Organismen herrscht

Gärung vor, bei allen höheren Organismen bis zum Menschen die Atmung. Die Atmung erfolgt unter Zutritt von Sauerstoff, dessen Zustrom aber gehemmt und unter strenger Kontrolle gehalten wird. Da manche Lebewesen jedoch kaum Sauerstoff zur Verfügung haben, gibt es die zweite Art des Abbaus organischer Stoffe, die Gärung (Abbau durch Enzyme).

Fermente oder Enzyme sind ganz raffinierte Produkte der lebenden Substanz. Ein Abbauvorgang kommt in Gang, wenn eine lebende Substanz das für die vorgesehene Handlung einzig vorgesehene Enzym produziert. Die Gärung funktioniert grundsätzlich ohne Sauerstoff. Dafür werden bei der Gärung die organischen Stoffe nur teilweise und nur schrittweise aufgespalten und es werden jeweils nur kleine Energiemengen frei gemacht.

Hemmstoffe im Boden

55. Artikel, Herbst 1968

Es handelt sich dabei um wurzelschädliche organische Stoffe im Boden, die den biologischen Anbau gefährden können bis zur vollen Vernichtung. Im organisch-biologischen Landbau kommt es ja sehr darauf an, dass die Widerstandskraft der Kulturpflanzen groß genug ist, um Krankheiten und Schädlingen zu widerstehen, ohne die sonst übliche Hilfe durch Fremd- und Giftstoffe.

Beim Auftreten solcher Hemmstoffe zeigen die Pflanzenkulturen Krankheitserscheinungen, die bis zum Tod gehen können. Die Ursache dieser Hemmstoffe liegt im Boden. Solche fehlerhaften Böden lassen, wie mikrobiologische Untersuchungen zeigen, keine Entwicklung von „guten Bakterien–Hochleistungsbakterien“ zu.

Allen diesen Böden ist eines gemeinsam: Die organische Substanz war zur luftlosen (anaeroben) Vergärung, das heißt zur Fäulnis gezwungen worden. Solches kann geschehen im Kulturboden, indem man organische Substanz unterpflügt, im Kompost, im Festmist, in Gülle und Jauche durch falsche, luftlose Behandlung.

Jede Art von Fäulnis bildet Hemmstoffe, teils sehr starke und für die Pflanzenwurzel sehr giftige. Es besteht ein enger Zusammenhang zwischen der Entwicklung des Wurzelorganismus der Pflanze (Darm der Pflanze) und der Entwicklung der sauerstoffliebenden Bakterienflora der Wurzel-Rhizosphären-Flora. Wenn diese Bakterienflora durch Hemmstoffe behindert wird, dann entwickelt sich auch die Wurzel schlecht und umgekehrt.

Das Gedeihen der Pflanze hängt absolut vom Gedeihen ihres Feinwurzelsystems (ist mit freiem Auge nur teilweise sichtbar), ihres Verdauungsorgans, das den Stoffwechsel der Pflanze bewältigt, ab. Dieses Feinwurzelsystem hält den Kontakt zwischen dem Organismus Mutterboden, den Bodenbakterien, den lebenden Bodensubstanzen und Nährstoffen.

Es ist hochempfindlich gegen jede Art von Hemmstoffen, die durch luftlose Vergärung – Fäulnis – entstehen. Fäulnis ist eben ein Feind alles Lebendigen, das für uns Menschen wichtig ist, daher muss jegliche Fäulnis verhindert werden. Die Fäulnis hinterlässt die verhängnisvollen Hemmstoffe, die nur sehr langsam vom Boden vernichtet werden können. Daher niemals ungare organische Substanz eingraben, sondern als Nährdecke obendrauf legen, wo die Luft herankann und eine aerobe Vergärung gewährleistet ist und damit eine höchstmögliche Gare, eine gute Bodenerwärmung und die bestmögliche Pflanzennahrung.

Organisch-biologischer Landbau – Name und Begriff

56. Artikel, Winter 1968

Wer den Namen hört oder gebraucht, soll wissen, was damit gemeint ist. Der Name muss sagen: Dies ist gemeint und nichts anderes.

Der organisch-biologische Landbau war in seiner Art ganz neu und in der Geschichte natürlichen Landbaus ein geschlossenes Ganzes. Die beiden Worte organisch und biologisch sind nicht nur Worte, es sind Begriffe, die uns verbinden und unser Denken im wahren Sinne des Wortes „namhaft" machen. Denn die Grundbegriffe sind einfach, so einfach wie die Worte „organisch" und „biologisch".

Das Wort „organisch" drückt aus, dass es sich um das Gegenteil von „anorganisch" handelt. In einem organischen Landbau gebraucht man nicht das Künstliche, sondern das Gewachsene: nicht das Anorganisch-Chemische, den manipulierten, synthetischen „Nährstoff", sondern die von selbst gewordene natürliche Nahrung für Boden, Pflanze und Tier. Man gebraucht nicht künstlich verfügbar gemachte Mineralien, sondern unverfälschte Naturgesteine, und man bekämpft den sogenannten Schädling und die Krankheiten nicht mit synthetischen und konzentrierten Giften, die allem Lebendigen Tod und Verderben bringen, sondern stärkt die organische Widerstandskraft von Boden, Pflanzen und Tieren durch die richtige, nämlich die organische Ernährung. Das Wort „organisch" drückt absichtlich den Gegensatz zu allem Künstlichen aus und es dürfte über diesen Begriff und diesen Namen wohl keinen Zweifel mehr geben.

Nun zu dem Wort „biologisch": Es ist abgeleitet von „Biologie", der Lehre und Wissenschaft von Lebendigem (bios ist Leben, logos ist Wort und Lehre, griech.), also ein wissenschaftliches Wort. Es wurde allerdings in weitestem Sinn missbraucht und ist besonders dann in Verwendung, wenn etwas verkauft werden soll!

Im täglichen Gebrauch ist dieses Wort zu einer ganz verschwommenen, missverständlichen, vieldeutigen und ganz unexakten Bedeutung gekommen, die es gewiss nicht verdient hat. Nun bemühen wir uns, im Rahmen unserer Methode diesem Wort seine eigentliche Bedeutung wiederzuschenken. Bei der Erarbeitung der Grundregeln haben wir der Biologie und Mikrobiologie das entscheidende Wort gegeben und jede einzelne der Grundregeln wissenschaftlich bewiesen und erklärt.

Bei uns soll das Wort „biologisch" aussagen, dass es sich um angewandte biologische und mikrobiologische Wissenschaft handelt, nur das und nichts anderes. In der Verbindung mit dem Begriff „organisch" wird dann eigentlich alles ausgedrückt, was wir über die Grundregeln und ihre praktische Anwendung zu sagen haben.

Wo bleibt das Gift?

57. Artikel, Frühjahr 1969

Vorreiter in der Entwicklung von anorganischen Giften war das DDT, das im Ersten Weltkrieg als Kampfgift gegen Menschen in Basel erfunden wurde, mit den Folgen von Nervenschädigungen, die über Krämpfe und Lähmungen zum Tode führen.

Auf Basis des DDT wurden Dutzende ähnliche Gifte entwickelt, weiter arsenhaltige, thalliumhaltige, bleihaltige, quecksilberhaltige Mittel; letztendlich gibt es heute viele Hunderte der verschiedenen Pestizide, so nennt man alle diese todbringenden Stoffe, die im Landbau verwendet werden und die seit circa 80 Jahren bekannt sind.

Nach dem Auftreten von Vergiftungsfällen haben die Staaten gewisse Vorschriften erlassen, und es werden von den Lebensmitteleinfuhren Stichproben genommen, die in Speziallaboratorien geprüft werden. Sind diese Maßnahmen wirklich genug, die Menschen vor den Folgen der Vergiftungen von Landbaukulturen wirksam zu schützen? Es können ja nur Stichproben genommen und niemals jedes einzelne Stück geprüft werden. Weiters bleibt die Frage offen, ob denn diese Pestizide nur dadurch schädlich wirksam werden, weil man nachweisbare Rückstände auf den Produkten findet?

Es ist nun so, dass jeder chemische Stoff, der in irgendeiner Weise das Leben und die Gesundheit irgendeines Lebewesens bedroht, an Ort und Stelle seiner Anwendung voll wirksam wird. Es werden dabei alle vorhandenen Lebewesen, nicht nur die „Schädlinge", sondern alle Pflanzen, alle Kleintiere, alle Bakterien, Algen, Myceten, Mykorrhizen und unzählige andere Lebewesen durch die Giftbehandlung getroffen, verändert und gesundheitlich geschädigt. Die Veränderung und Schädigung der organischen Substanz erfolgt durch den Kontakt der einzelnen Zellen dieser Gewebe mit dem Gift. Diese Veränderungen und Schädigungen auslösenden Pestizide werden auch Mutagene genannt.

Die so giftbehandelte organische Substanz wandert auf den Wegen des Kreislaufs der Nahrung hin zum Menschen, und dieser Mensch muss nun von organischer Substanz leben, die durch die frühere Giftbehandlung verändert und gesundheitlich geschädigt wurde. Normalerweise erneuert sich das Zellgewebe eines jeden Organs dadurch, dass abgebrauchte oder vergiftete lebendige Zellsubstanz ausgesondert und über den Darm oder die Haut abgeschoben wird. Dafür wird dann „neue" Substanz aus der Nahrung aufgenommen; und so erneuert sich der Körper ständig aus dem großen Reservoir der lebenden Substanz, die ihm Boden, Kulturpflanze und Nutztier liefern.

Wenn aber diese Substanzen bereits verändert, abgebraucht und vergiftet sind, weil man Boden und Pflanzen mit Gift in Kontakt bringt, dann gibt es die Möglichkeit der Erneuerung nicht mehr, denn taugliche Substanz steht nicht mehr in ausreichender Menge zur Verfügung. Die einzelnen Atome des Giftstoffs aber, die jeweils eine lebende Substanz verdorben haben, kann man nicht mehr chemisch-analytisch nachweisen, sie sind in der organischen Substanz „verschwunden". Zurück bleibt nur die Schädigung der lebenden Substanz selbst. Dieser Vorgang ist viel heimlich-unheimlicher, viel wirksamer als die direkte Giftwirkung durch übrig gebliebene Reste von Pestiziden, wie man sie nachweisen kann.

Durch das Einbringen riesiger Mengen solcher Gifte in den organischen Kreislauf wird dieser Kreislauf selber betroffen, seine lebende Substanz verdorben und den Organismen, die davon leben müssen, jede Möglichkeit der Selbsterneuerung aus den Vorräten der Natur genommen. Die Folge: die schleichende Zunahme von Entartungs- und Zivilisationskrankheiten, des Niedergangs der Grundgesundheit, der Abwehrfähigkeit, der Widerstandskraft gegen die Krankheiten bis hin zu tödlichen Entartungen bestimmter Gewebe.

Es ist eine heute durchschaute Lüge, von „harmlosen" Giften zu reden, irgendeine Substanz töte nur einen Käfer oder vernichte nur bestimmte Unkräuter, sei aber sonst für Kulturen und gar Mensch und Tier vollkommen unschädlich.

Mit wenigen Giften hat es angefangen, mit Hektarbomben von hunderterlei schwersten Giftstoffen ging es weiter. Eine Menschheit, die man durch das ständige Massenverderben der organischen Substanz auf der Erde ihrer Grundgesundheit beraubt und damit langsam, aber sicher demselben Siechtum und Tod ausliefert wie die bekämpften „Schädlinge", eine solche Menschheit braucht keine Pestizide mehr, denn sie braucht keine Nahrung mehr.

Über den Kreislauf der lebenden Substanz

58. Artikel, Sommer 1969

Alle Lebewesen (Organismen), auch Boden und Pflanze, leben davon, dass sie gewisse Stoffe aus der sie umgebenden Umwelt in sich aufnehmen und dafür andere Stoffe abgeben, das nennt man Stoffwechsel. Dieser Stoffwechsel ist seit rund 200 Jahren in ersten Anfängen bekannt geworden und die ersten genaueren Kenntnisse wurden im vorvergangenen Jahrhundert von den damaligen Wissenschaftspionieren Schritt für Schritt erworben.

Zu diesen Stoffen gehören vor allem Wasser, Sauerstoff und Kohlensäure. Bald lernte man auch andere „Nährstoffe" kennen, zuerst die salzartigen wassergelösten: LIEBIGS Mineralstoffe, ebenso jene Stoffe, die von den Lebewesen nach Gebrauch wieder abgegeben werden, wie Harnstoffe und Kohlensäure. Um die vorletzte Jahrhundertwende entdeckte man Eiweißstoffe, Kohlehydrate und Fette. Nährstofftabellen und Kalorienlehren wurden aufgestellt. Man unterschied Nährstoffe, die die Aufgabe des Wachstums und die Erhaltung des ganzen Organismus erfüllen und Betriebsstoffe, die zum Betrieb des Organismus verbraucht werden. In und nach dem Ersten Weltkrieg wurden die Vitamine entdeckt, die weder Nährstoffe noch Betriebsstoffe sind, wohl aber Wirkstoffe, bei deren Fehlen Mangelkrankheiten auftreten. In dieselbe Klasse gehören die etwas später entdeckten Enzyme (Fermente) und Hormone.

Alle diese bisher aufgezählten Nähr-, Betriebs- und Wirkstoffe bilden bis heute die Grundlage aller Ernährungs- und Düngelehren, die es gibt; auch die von der UNO angestellten Berechnungen beruhen ausschließlich darauf. Man kann alle Entwicklungen, die die Stoffwechsellehren bis jetzt genommen haben, vereinfacht etwa so zusammenfassen:

1. Stufe: Nähr- und Betriebsstoffe (Mineralstoffe, Eiweißstoffe, Kohlehydrate, Fette, Spurenstoffe in größeren Anteilen)
2. Stufe: Wirkstoffe (Vitamine, Fermente oder Enzyme, Hormone und die seltenen Spurenelemente)

Zu diesen Nähr-, Betriebs- und Wirkstoffen hat nun aber die Wissenschaft eine dritte große Stoffmenge entdeckt, nämlich die

3. Stufe: Lebendige Stoffe oder Bausteine lebenden Gewebes. Alle Organismen bestehen aus lebenden Zellen und Geweben.

Man wusste bereits etwa aus der Zeit der Erfindung des Mikroskops, dass es diese lebendigen Bausteine gibt und sie nicht identisch sind mit den bereits genannten Stoffen der 1. Stufe und auch nicht mit denen der 2. Stufe. Man weiß auch, dass diese lebendigen Bausteine praktisch den ganzen „Betrieb" der Zellen und Gewebe regeln und sie für die Verdoppelung von Zellen verantwortlich sind. (Jedes Lebewesen entsteht ja durch solche Verdoppelung aus einer einzigen Zelle.) Man nennt diese speziellen lebenden Substanzen dann „Erbsubstanzen".

Die lebenden Substanzen sind zwar schon bekannt, man wusste aber nicht, dass sie am Stoffwechsel teilnehmen. Man nahm an, dass sie sich innerhalb eines Organismus durch Verdoppelung selbst bilden und keiner Zufuhr von fremden lebenden Substanzen bedürftig sind.

Nun sind die Stoffe der 1. und 2. Stufe unlebendige Stoffe, die sich nicht bewegen, sondern die bewegt werden, und zwar von den Stoffen der 3. Stufe, den lebendigen Substanzen. Diese sorgen also praktisch für den ganzen Betrieb, den wir „Leben" nennen. Sie bestimmen, was mit den unlebendigen Stoffen geschieht, sie sind die maßgeblichen Stoffe, ohne die es kein Leben gibt, auch keinen Stoffwechsel.

Entgegen allen Ansichten hat ein jeder Organismus die Fähigkeit, sich die lebenden Substanzen aus der Nahrung anzueignen, sie in sich aufzunehmen und sie dorthin zu dirigieren, wo sie entweder zum Wachstum gebraucht oder zum Ersatz für eine abgebrauchte lebendige Substanz benötigt werden.

Das wichtigste Glied jedoch in der ganzen Kette des Kreislaufs der lebendigen Substanz, das durch alle Lebewesen hindurchgeht, ist der Boden! Der lebendige Boden natürlich!

Wir müssen bedenken, dass alles das, was über dem Boden lebt, Tier und Mensch mit eingeschlossen, nicht nur „brauchbare", sondern vor allem auch unbrauchbare lebende Substanz abgibt. Der Boden ist die Station, auf der diese unbrauchbare lebende Substanz wieder in Ordnung gebracht werden kann. Der Boden verzehrt alle Nähr- und Betriebsstoffe, alle Schutz- und Eiweißstoffe, bis nurmehr die Urform der lebenden Substanz übrig bleibt, die dann in Kristallform in innige Beziehung zum mineralischen Tonkristall des Bodens und der ähnlich wirkenden Huminstoffe tritt und die Dauerfruchtbarkeit sowie den organischen Vorrat des Bodens an regenerierten lebenden Substanzen bildet.

Abschließend zum Kreislauf der lebendigen Substanz: Es gibt nicht nur die 1. und die 2. Stufe der Ernährung und des Stoffwechsels, es gibt eine 3. Stufe, und sie ist die wichtigste von allen, der Stoffwechsel oder der Kreislauf der lebendigen Substanz und Erbsubstanz. Und diese Stufe ist für uns die Basis allen Handelns im Landbau.

Kompost in Land- und Gartenbau

59. Artikel, Herbst 1969

Es wurde und wird erlebt: Die Natur kennt keine Anhäufungen von organischem Material, daher wird der Haufenkompost kritisch betrachtet. Betriebe mit bester Kompostbereitung im Haufen erreichten nur ungenügende Erträge, besonders bei den stark zehrenden Hackfrüchten. Nur wenigen gelang es, mit der Kunstdüngerwirtschaft erntemäßig Schritt zu halten.

Welche Beobachtungen wurden beim Kompostieren gemacht:

1. Bei der Haufensetzung von frischem, organischem Material, gleich ob tierischer oder pflanzlicher Herkunft, entsteht Wärme bis Hitze (Werte bis plus 80 Grad Celsius), die nach einigen Wochen abnimmt.
2. Bei hohen Hitzewerten und dichter Lage des Haufens besteht die Gefahr des Verbrennens des organischen Materials, und zwar vorrangig der Zellulosen und Halbzellulosen, also der Gerüstsubstanzen aller Pflanzen. Das kann nur durch wirksame Belüftungsmaßnahmen verhindert werden.
3. Bis zur vollen Vererdung der Massen vergehen je nach Material Monate.
4. Der reife Kompost eines gut geführten Haufens riecht gut, bringt gute Keimungen und gute biologische Pflanzenqualität, aber keine Triebigkeit des Bodens.

Es entsteht kein Hochleistungsdünger, weil die Energien der Gerüstsubstanzen des Materials in der Hitzeperiode verheizen. Die Prüfungen des Kompostmaterials mittels Rusch-Test haben ergeben, dass eine fortlaufende Abnahme der Zellzahlleistungen während der Kompostierung festgestellt werden konnte. Organisches Material kann in frischem Zustand bis zu 30.000 Zellen pro Zähleinheit entwickeln und bringt nach sechs Monaten nur noch 2.000 Zellen hervor.

Dieser Zellzahlenschwund des Düngers wirkt sich in der obersten Bodenschicht negativ aus, es leidet die Bodenatmung darunter, die Wasserführung im Boden und der Stoffwechsel der Pflanze, es kommen keine ausreichenden Erträge zustande. Es ist daher angebracht, die volle Zellzahlenleistung des Düngers dem Boden direkt zukommen zu lassen, und dies geschieht durch den Weg, den die Natur geht, durch die Flächenkompostierung (Herbstgeschehen in der Natur).

Auch hier werden die im Dünger steckenden Energien verheizt, jedoch wesentlich langsamer, und dabei entsteht eine alljährlich erneuerte kräftige Zellgare direkt am Boden, auf dem Acker. Nicht übersehen darf man die Nebenwirkungen, die dadurch entstehen, dass man dem Boden nicht „reifes“, pflanzenunschädliches Material anbietet, einackert, sodass es in die Wurzelregion der Pflanze gelangt, was zu Qualitätsminderung und Schädlingsbefall führen kann. Es muss daher eine entsprechende Zeit zwischen Düngung und Saat/Pflanzung liegen.

Sicher ist, dass der biologische Landbau nur dann ertragsmäßig bestehen kann und nur dann die volle Bodenleistung zustande bringt, wenn er die Flächenkompostierung anwendet. Man darf aber auch nicht vergessen, dass die Kompostbereitung im Haufen eines mit Sicherheit fertigbringen kann, wenn sie vorbildlich ist: Sie bringt eine Erde hervor, die eine hohe biologische Qualität besitzt, durch die alle Nebenwirkungen vermieden werden. Bei schweren Tonböden, die zu dicht und physikalisch wie mikrobiologisch ungünstig sind, ist zu empfehlen, in den ersten zwei bis drei Jahren Reifkompost (ausgereifter Haufenkompost) anzubringen und einzuackern, nur so sind diese Böden zu beleben.

Das Gift im Landbau

60. Artikel, Winter 1969

Jeder von uns weiß, wie prekär die Frage der Anwendung riesiger Mengen von Giften zum Pflanzenschutz geworden ist. Die Öffentlichkeit ist kritischer geworden. Die Regierungen beginnen, aufmerksam zu werden, teilweise sogar zu handeln. Die Landwirte, die Gemüsebauer, die Obstplantagenbesitzer sind allmählich selbst überzeugt worden, dass es so nicht weitergeht. Die Gewissen beginnen sich zu regen.

Aus drei Gründen ist es zu dieser ausweglosen Lage gekommen:

1. Es hat sich die chemische Prüfungs- und Produktionstechnik dermaßen entwickelt, dass sie jeden beliebigen Wirkstoff zur Bekämpfung von Schädlingen herstellen kann.
2. Es hat die fortlaufend falsche Ernährung der Pflanzen durch Kunstdüngung dazu geführt, dass die biologischen Gleichgewichte zerstört werden und sich „Schädlinge“ seuchenhaft und ungehemmt vermehren, trotz der Giftanwendung. Das Resultat ist sowohl die Verminderung der natürlichen Abwehrkraft der Kulturpflanzen als auch die Verminderung ihres biologischen Wertes als Nahrung für Tier und Mensch.
3. Die Betriebe wurden vergrößert, um immer größere Anbauflächen zu schaffen; aus Marktgründen wurden Kulturen dort angebaut, wo ihre bestmöglichen natürlichen Wachstumsbedingungen nicht gegeben sind. Das Land wurde von Busch und Baum ausgeräumt unter Verlust des Kleinklimas, das Wasser wurde ausgebeutet.

Die Landwirtschaft ist eine Industrie geworden, eine weltweit gelenkte Großorganisation, die alles, was mit der Nahrungsproduktion in Zusammenhang steht, von der Bodenbearbeitung bis zum Absatz der Produkte dirigiert. Saatgut und Düngung sind vorgeschrieben, ebenso das Gift zum Pflanzenschutz. Die Umerziehung des Bauern samt ihrer Akademiker hat längst bewirkt, dass das selbstständige Denken aufgehört hat und aus der Masse der Bauern ein williges Werkzeug der Großorganisation geworden ist. Einen Landbau ohne Kunstdünger, Schädlingsgift und chemische Unkrautbekämpfung gibt es nicht, auch nicht, wenn man einen solchen herzeigt.

Es gibt einen solchen Landbau sehr wohl, wenn man die Riesenkräfte des Lebendigen für sich arbeiten lässt, wenn man die biologischen Gleichgewichte nicht beseitigt, die Landschaft und den Wasserhaushalt nicht stört und sich nicht durch Kunstdünger und Gift in den Stoffwechsel einmischt. Um welche Art von Giften handelt es sich, wie sie im Landbau zum Einsatz kommen? Man unterscheidet da zwei Hauptgruppen, die direkt und die indirekt wirkenden Gifte.

Die direkt wirkenden Gifte sind direkt und schwer schädigende Stoffe, also Gifte, die jeder auch als giftig kennt und die ihre Wirkung unmittelbar ausüben. Es handelt sich dabei um Stoffe, deren Giftigkeit bekannt ist und die bisher als Einzige die allmählich ansteigende Furcht vor den Giften in der Landwirtschaft erzeugt haben, wie zum Beispiel DDT oder E 605.

Die indirekt wirksamen Gifte sind noch viel zahlreicher, aber am wenigsten erforscht. Es sind erst in den letzten Jahrzehnten Methoden entwickelt worden, um sie zu prüfen und ihre Schadenswirkung nachzuweisen. Solche Stoffe, als Pflanzenschutzmittel, als Unkrautvernichtungsmittel zahlreich und verbreitet, werden Mutagene genannt. Um die Wirkung von Mutagenen zu verstehen, müssen die Zellen verstanden werden, aus denen jeder Organismus mit all seinen Geweben besteht, bei Pflanze, Tier und Mensch gleichermaßen. Jede Zelle ist jedoch eine haargenau geordnete Organisation für lebendige Substanzen, einschließlich der Erbsubstanzen, von denen jede eine ganz bestimmte Aufgabe erfüllt. Beim Tod der Zelle finden die lebendigen Substanzen Verwendung in anderen Zellen, dort, wo sie gebraucht werden. Sie wirken im Kreislauf der lebenden Substanzen, dem allerwichtigsten Stoffkreislauf.

Im Gegensatz jedoch zur gesunden Zelle, die die ihr zugedachten Zellfunktionen voll erfüllt, kann das die kranke Zelle nicht mehr; sie versagt in irgendeiner Weise und es entstehen dann Krankheiten. Kranke Zellen jedoch können bei der Teilung immer nur wieder kranke Zellen hervorbringen und es entstehen kranke Zellgewebe. Eine Zelle ist so gesund oder krank, wie es ihre lebenden Substanzen sind. Werden diese lebenden Substanzen aber durch einen Fremdstoff verändert, so werden sie letzten Endes krank und mit ihnen die Zelle und die Zellgewebe. Diesen Vorgang nennt man Mutation und die erwähnten Mutagene sind grundsätzlich Zellgifte. Eine solche Art der Vergiftung bleibt immer zunächst unbemerkt, man kann sie nicht direkt nachweisen; man bemerkt sie meist erst, wenn schon ganze Gewebe vergiftet sind und eine echte Krankheit daraus entsteht. Deshalb sind die Mutagene so unheimliche Gifte. Der Schaden, der durch die breite Anwendung von Mutagenen angerichtet wird, ist viel größer als der, den die direkt wirksamen Gifte verursachen.

Mutagene sind Stoffe, die die lebenden Substanzen allüberall zu erblichen Änderungen ihrer Eigenschaften zwingen und auf diese Weise den Kreislauf der lebenden Substanzen mit vergiften. Die Mutagene sind das große Problem der ganzen Giftsache. Man kann nicht behaupten, sie seien lediglich für den einen Schädling oder den einen Krankheitserreger oder für eine bestimmte Pflanzenart schädlich; man muss im Gegenteil annehmen, dass sie für alles Lebende schädlich sind. Man wird daher gut daran tun, wenn man grundsätzlich jede künstlich hergestellte oder künstlich gereinigte konzentrierte chemische Substanz, auch wenn betont wird, sie sei für den Menschen unschädlich, als Gift ansieht. Jede noch so geringste Giftmenge landet letzten Endes in den Kreisläufen. Diese Kleinstmengen addieren sich und können von den Entgiftungseinrichtungen der Natur, zum Beispiel vom Humus, nicht mehr bewältigt werden. Das Ende vom Lied ist eine durchwegs vergiftete Natur und zwangsläufig keine gesunden Tiere und Menschen mehr.

Des Humus Tod ist auch unser Tod!

61. Artikel, Frühjahr 1970

Wo der Humus stirbt, da stirbt alles Leben, es bleibt die Wüste. Als die Astronauten erstmalig ihren Fuß auf den Mond setzten, einsam in der toten Leere des Erdtrabanten, ergriff sie eine zutiefst übermächtige Sehnsucht nach der „guten alten Mutter Erde". Sie waren sicher die ersten Menschen, die begriffen haben, was ihnen das Leben, das Wachsen und Blühen unserer Erde bedeutet, und wahrscheinlich ist dies Bewusstsein das Wertvollste, was sie von draußen mitbrachten. Der Mond ist Wüste in höchster Vollendung, die Erde hingegen eine Oase inmitten eines tödlichen Nichts.

Wir Menschen sind Teil des Lebens auf der Erde. Erlischt das andere Leben, so sterben auch wir. Es gibt ein Gleichgewicht zwischen Trägern des Lebens, ein Gleichgewicht zwischen Humus, Pflanzenwelt, Mikroben, Tieren und Menschen. Dieses Gleichgewicht wird schon allein dadurch gestört, dass sich der Mensch in den letzten Zeiten ungeheuerlich vermehrt. Die Städte verschlingen das Land und mit dem Boden verschwindet die Pflanzenwelt mehr und mehr. Es schwindet mit ihm aber (und das ist viel gefährlicher) auch der Humus, das große Reservoir allen Lebens auf Erden. Durch eine einseitig anwachsende Menschheit wird nicht nur mehr Humus verbraucht, es wird auch immer weniger neu produziert. Mit der Entlebung der Böden entstehen Gefahren, von denen sich heute noch niemand den rechten Begriff machen kann.

Derzeit sieht man beim Humusschwund die Gefahr einer fortlaufenden Ertragsminderung, eines immer höheren Aufwandes für rentable Ernten, größere Nachteile bei der Bodenbearbeitung, aber mehr nicht. Zumindest wurde von den Kunstdünger-Leuten erkannt, dass der Humus nicht irgendwelcher chemischer Abfallstoff ist, sondern der notwendige organische Gehalt des Bodens, der messbar ist. Das Gleichgewicht zwischen den Lebensträgern vom Humus über die Mikroben, die Pflanzen, die Tiere bis zum Menschen ist ein Kreislauf, in dem jedes Glied vom anderen abhängt. In dieser Kette des Lebens ist der Humus, der lebende Humusorganismus, vielfältiger und komplizierter als nur je eine Pflanze oder ein Tier, denn in ihm stecken ja alle Lebewesen der Erde, und doch ist diese Vielfalt von einer unerforschlichen biologischen Ordnung. Humus ist kein Stoffgehalt des Bodens, kein Gehalt an organischer Substanz, sondern die Fähigkeit zur lebendigen, Leben schaffenden Leistung.

Humus lebt nur aus sich selbst und aus dem, was die anderen Lebewesen an ihn zurückgeben, sei es der normale „Abfall" im Laufe des Lebens, sei es der ganze Organismus nach seinem Tod. Der Organismus „Humus" ist ebenso empfindlich wie alle anderen Organismen, zum Beispiel wie ein Mensch. Er gerät durch falsche Nahrung, durch sogenannte Gifte, ebenso in Gefahr wie ein Mensch; er erleidet die gleichen Schäden, die gleichen Gesundheitsstörungen, die gleichen Leistungseinbußen wie ein krank gewordener Mensch.

Wie ist nun dieser so kostbare Organismus „Humus" vom Menschen behandelt worden? Er wurde gefüttert mit Treibdünger mit toten Salzen – ein lebendiger Organismus –, jeder andere Lebensorganismus würde auf solche Kost mit Krankheit antworten. Dass die Generationen von Kulturpflanzen, die auf solchen Böden leben müssen, ebenfalls krank werden, wird täglich erlebt, der Mensch greift zum Gift, das aber nicht nur den sogenannten Schädling trifft, sondern alle Pflanzen in ihrer vollen Gestalt und den gesamten Boden. Zusätzlich kommen noch hormonelle Fremdstoffe, Unkrautvernichtungsmittel, zum Einsatz, die den ganzen Boden treffen.

Man kann also nur sagen: Die Landbau-Fachleute von gestern haben alles getan, was möglich war, um den Organismus „Humus“ krank zu machen und auf den Weg des Todes zu bringen. Die Menschheit wird nicht sterben an Seuchen oder Naturkatastrophen, an Kriegen und so weiter, sie wird sterben an der eigenen Degeneration, hervorgerufen durch die vom Menschen verursachte Degeneration des rätselvollen Organismus „Humus“. Hier beginnt der zentrale Vorgang der Degeneration, denn hier allein hat die Natur die Fähigkeit, Gift „ungiftig“ zu machen ohne Schaden, solange dieser Organismus „Humus“ noch gesund und leistungsfähig ist. Hier liegt die Quelle der Gesundheit und Fruchtbarkeit ebenso wie die der Krankheit, der Entartung und des Todes.

Zwischen Möglichkeit und Wirklichkeit – Großproduktion und hungernde Völker

62. Artikel, Sommer 1970

Die neueste Geschichte der Menschheit ist dadurch gekennzeichnet, dass zwischen wissenschaftlichen und technischen Möglichkeiten einerseits und der nackten Wirklichkeit andererseits eine riesige Lücke klafft. Technisch ist die Möglichkeit gegeben, Wohlstand für jedermann zu bringen, und doch gibt es weltweit Slums, Elend und Massenarmut. Es ist dem Menschen offenbar nicht möglich, die durch ihn gelösten schwierigsten technischen und wirtschaftlichen Probleme zum Wohle der Menschheit in die Tat umzusetzen und damit die primitivsten Forderungen der Humanität zu erfüllen. Welche offensichtliche Fehlentwicklung der neuesten Menschheitsgeschichte hat sich hier eingeschlichen?

Die schier unglaubliche Hochentwicklung von Wissenschaft und Technik nahm ihren Beginn im vorvorigen Jahrhundert, ist rücksichtslos weitergelaufen und hat sich selbstständig gemacht. Ein Beispiel aus vielen: die Erfindung und der Siegeszug des Autos, mit der ganzen Folge von Problemen: Straßenbau, Naturvernichtung, Umstellung der ganzen Wirtschaft und des Privatlebens; die Beispiele lassen sich vermehren. Wie aber wirkte diese Entwicklung auf den Menschen selbst, auf sein Wesen, seine Seele, seinen Geist, seinen Charakter?

Mit dem Auto, dem Fernseher, den sogenannten Massenkommunikationsmitteln, mit dem Einspannen der Menschen in diesen ganzen Zivilisationsbereich, dem Zwang zum Geldverdienen, dem unbewältigten Bildungsangebot wird der Mensch von sich selbst weggeführt. Er hat Zeit für alles Mögliche, nur nicht für sich selbst, für seine Familie, für die Entspannung, für das Nachdenken und die Besinnung auf sich selbst. „Und wenn der Mensch die ganze Welt gewönne, was hülfe es ihm, wenn er seine Seele dabei verliert“ (MARKUS 8:36; LUTHER-Bibel 1912).

Im Massenbetrieb der modernen Überzivilisation entsteht ein neuer Menschentyp, der wenig sympathisch ist: Sein Denken ist egoistisch und materialistisch, sein Beruf ein „Job“, sein Ideal ist von dieser Welt und entspricht nicht mehr dem Ideal der Humanität, der Nächstenliebe, der Demut und Güte, der Ehrfurcht vor Alter und Tradition – nicht das Gute, sondern das Böse im Menschen macht ihn fähig, sein Leben in der Zwangsjacke der Überzivilisation zu fristen. Die Zivilisation wächst und gedeiht, die Kultur des Menschen aber geht dabei zugrunde.

Es stellt sich die Frage: Was ist uns gegeben, diesen Zuständen entgegenzuwirken? Und dabei kommt man auf die Fehlentwicklung des Landbaus. Der Weg, der richtige Weg hätte führen müssen von der Chemie zur Biologie, von Einzelerkenntnissen zur Erkenntnis des Ganzen, zur Erkenntnis des großen Zusammenhangs alles Lebendigen. LIEBIG ist diesen Weg gegangen, wurde aber in seiner reifen Entwicklung total missverstanden und missdeutet. Seine frühen Teilerkenntnisse, die Lehre von der mineralischen Pflanzenernährung, wurden die Grundlage der Kunstdüngerwirtschaft, die in der Chemie stecken blieb und sich zäh eingenistet hat. LIEBIG musste ohnmächtig mit ansehen, wie seine frühen Erkenntnisse dazu benutzt wurden, um die Natur zu vergewaltigen, eine Industrie ins Leben zu rufen, eine Lehre zu schaffen, die nichts anderes sein konnte als eine Irrlehre. Er hat diese ganze Fehlentwicklung vorausgesehen, sich entsetzliche Vorwürfe gemacht und ist in tiefer Verbitterung aus dem Leben gegangen.

Die Kunstdüngerwirtschaft und die mit ihr zwangsläufig verbundene Giftspritzerei sind längst zur Gewohnheit geworden, hier regiert das Denken in Quantitäten. Wir haben der Lehre vom chemischen Stoffkreislauf und der sogenannten Minerallehre die Lehre vom Kreislauf der lebendigen Substanz und vom organischen Stoffwechsel gegenübergestellt und wir haben der Forderung nach Höchsterträgen die Forderung nach höchster biologischer Qualität entgegengesetzt. Das war und ist die Leitlinie.

Wir müssen nun mit dem alten und weise gewordenen LIEBIG die ganze riesige Fehlentwicklung zu überholen versuchen, mit dem lebendigen, tatsächlich greifbaren Beispiel dafür, dass es auch anders geht.

Die Zeichen der Zeit weisen dahin, dass die Menschheit einem Abgrund zustrebt, ihre Entartung des geistigen, seelischen und körperlichen Verfalls ist unübersehbar. Der Mensch muss umdenken, und zwar jeder Einzelne für sich, und sich besinnen auf die einzig und ewig gültigen Gesetze der natürlichen Ordnungen, der menschlichen Kultur und des menschlichen Zusammenlebens. Die alten menschlichen Tugenden werden am Leben bleiben oder wir werden mit ihnen untergehen: die Treue, die Ehrfurcht vor dem Geist, der über uns waltet, die Beharrlichkeit im Streben nach dem Besseren und Edleren, das wache Gewissen der Verantwortlichkeit eines jeden von uns gegenüber der Menschheit. Der gegenwärtige Zustand ist einfach des Menschen nicht mehr würdig.

Der entscheidende Unterschied

63. Artikel, Herbst 1970

Es geht nicht nur darum, dass der biologische Landbau keinen Kunstdünger und kein Gift verwendet, sondern es geht um den Kampf gegen die zunehmenden Entartungs- und Krankheitserscheinungen der Kulturpflanze, um den Kampf um eine natürliche Widerstandskraft der Nahrungspflanzen und damit letzten Endes um den Kampf gegen Entartung und Krankheit bei Pflanze, Tier und Mensch.

Der biologisch-organische Landbau löst Probleme, die mit Riesenschritten auf die ganze Menschheit zukommen, die der Mensch mit seiner hemmungslosen Technisierung angerichtet hat an dem, was wir zum Leben und zur Gesundheit brauchen an Luft, Wasser, Landschaft, Mutterboden und vielem anderen.

Der biologisch-organische Landbau hat diese brennenden Probleme gelöst, und es ist heute noch nicht einmal auszudenken, was sich alles zum Guten wenden würde, wenn alle Menschen von seinen Erzeugnissen leben würden.

Der wesentliche Unterschied zwischen biologisch-organischem Landbau und Kunstdüngerwirtschaft liegt darin, dass der biologisch-organische Landbau konsequent auf den künstlichen Stickstoff verzichtet.

Lebewesen treten in der Hauptsache miteinander in Beziehung durch den Stoffwechsel, der überall vor sich geht, wo etwas lebt: zwischen Muttererde und Pflanze, zwischen Pflanze, Tier und Mensch. Im Prinzip wird alles ausgetauscht, was den Bestand von Lebewesen ausmacht, wobei normalerweise für den Empfangenden beiderseits ein Vorteil herausspringt. So sind alle Lebewesen auf dem Weg des Stoffwechsels miteinander verbunden und aufeinander angewiesen.

Biologisch gesehen ist aber das Entscheidende bei den ausgetauschten Stoffen das Eiweiß und seine Bausteine, die Aminosäuren. Gebildet wird es von den Lebendsubstanzen des Bodens. Das Eiweiß ist das wichtigste Geheimnis des Lebendigen, es ist der Stoff, ohne den kein Leben denkbar ist. Deshalb ist die Eiweißbildung bei allen Lebewesen aufs Genaueste nach Plan gesteuert und überwacht. Mit dem Eiweißstoffwechsel, so kann man sagen, wird die ganze lebendige Natur gesteuert und reguliert, wie es für das Wohl des ganzen Lebens auf der Erde erforderlich ist.

Zu einem wesentlichen Teil wird diese Steuerung in der Natur mithilfe des Stickstoffatoms vorgenommen. Dieses ist das zentrale Atom im Aufbau von Eiweiß (Proteinen) und Aminosäuren. Die Pflanze ihrerseits bekommt den ihr zugemessenen Stickstoff vom Boden nur in dem ihr zugeteilten Umfang. Dieses Regulativ des Eiweißstickstoffwechsels funktioniert sehr präzise – wenn man sich nicht einmischt.

Bei Tier und Mensch, die ihren Stickstoff in Form von Eiweiß in Empfang nehmen, wird der Stickstoff mengenmäßig dadurch eingeschränkt, dass die Verdauungsfähigkeit für Eiweiße begrenzt ist. Zu viel Eiweiß in der Nahrung oder in der Düngung verursacht Störungen. Es gibt nicht nur eine einzige Eiweißsorte, sondern einige Milliarden, solche, die die Natur in großen Mengen zulässt, und solche, die oft nur in Spuren vorkommen. Nachdem alles Lebendige auf Erden nach einem einheitlichen Prinzip gebaut ist, sind auch die Ansprüche aller Lebewesen etwa die gleichen, von der Mikrobe bis zum Menschen. So kann es kaum vorkommen, dass Eiweiße gebildet werden, die nicht im großen Plan stehen. Der Eiweißstoffwechsel ist aufs Feinste geregelt. So ist die Ausbildung aller Fähigkeiten von Lebewesen, die dazu dienen, ihr Leben zu erneuern, zu erhalten und zu beschützen, also die Fähigkeit der Fruchtbarkeit, der Gesundheit und der, Abwehrkräfte zu entwickeln, abhängig von der Fähigkeit, bestimmte seltene, komplizierte Eiweiße zu bilden.

Durch die Kunstdüngung wird synthetischer, auf chemisch-physikalischem Weg gewonnener Stickstoff gewaltsam in den natürlichen Eiweißkreislauf eingeschleust. Die Ordnung im Stoffwechsel des lebenden Mutterbodens gerät heillos durcheinander. Eiweiße und Aminosäuren werden nicht mehr in der erforderlichen Auswahl gebildet, sondern der Boden wird dazu gezwungen, in großen Mengen Masseneiweiße zu bilden und die Ausbildung aller Fein- und Spureneiweiße zu vernachlässigen. Der Vorgang ist kontrollierbar und mehrfach nachgewiesen (William A. ALBRECHT u.a. 1975). Dementsprechend ändert sich auch der Eiweißstoffwechsel der Pflanze, die ja direkt von dem des Bodens abhängig ist.

An lebenden Geweben werden Massen gebildet, die Abwehrkräfte, die Gesundheit, die Widerstandsfähigkeit, die Haltbarkeit gehen jedoch verloren. Es ändert sich aber auch das Vegetationsbild. Pflanzen, die mit der geänderten Eiweißlage einigermaßen fertigwerden, drängen sich vor, und andere verschwinden.

Da nun aber die Kunstdüngerkulturen anfällig sind für Krankheit und Schädling, wird zum Gift gegriffen, zu gefährlichen, heimtückischen Giften, die durch die Entwicklung des Flugwesens in großen Mengen auf die unschuldige Natur losgelassen werden. Wer den Eiweißstoffwechsel stört, bewirkt Entartung und Abnahme der Grundgesundheit der Lebewesen.

Vom Zusammenhang zwischen Pflanzenernährung und biologischer Güte

64. Artikel, Winter 1970

Der biologisch-organische Landbau hat es sich von vornherein zu seiner Aufgabe gemacht, Nahrungs- und Futterpflanzen zu produzieren, die ein Höchstmaß an biologischer Güte besitzen, wobei in den Anfangszeiten kaum ein klarer Blick bestand von dem, was biologische Qualität eigentlich ist. Immerhin hat das instinktsichere Bewusstsein vom Schaden der Kunstdüngung die ersten Wege gewiesen. Mit dem Verzicht auf Kunstdünger und Gift, die ersetzt werden durch eine besonders pflegliche Behandlung des Mutterbodens und der organischen Dünger, gelang es, den Nahrungs- und Futterpflanzen eine bedeutend höhere biologische Güte zu verschaffen. Es verbesserte sich auch der Garezustand des Bodens, es erhöhte sich die Widerstandskraft der Kulturen und das Nutzvieh wurde gesund und leistungsfähiger. Man war also ohne jeden Zweifel auf dem richtigen Weg.

Die biologische Grundlagenforschung hat nun in den folgenden Jahrzehnten Einblicke erarbeitet, die Zusammenhänge zwischen Mutterboden und Pflanzenernährung, zwischen Ernährung, Wachstum und biologischer Qualität aufzeigen. Es erhebt sich die Frage: Warum ist bei den organisch-biologischen Erzeugnissen die biologische Güte besser als bei den Kunstprodukten der Agrikulturchemie?

Die biologische Güte eines Lebewesens ist abhängig von der Vererbung und von der Umwelt. Gesund ist ein jedes Lebewesen, ob Mensch, Tier, Pflanze, Mikrobe oder Muttererde, durch Vererbung und das, was die Umwelt vermittelt.

Um die biologische Güte der Nahrungs- und Futterpflanzen zu erhöhen, müssen wir dafür sorgen, dass den wachsenden Kulturen diejenige Auswahl an lebenden Substanzen zur Verfügung steht, mit deren Hilfe dies möglich ist. Das kann nur geschehen, wenn wir dafür sorgen, dass die Muttererde imstande ist, eine solche reiche Auswahl an lebenden Substanzen zu liefern. Die Muttererde ist kann dies nur, wenn ihre Lebensvorgänge geregelt ablaufen, trotz aller ihrer Vielfalt.

Das sichtbare Leben, das, was wir als „lebendig" erkennen und beobachten können, wird nicht durch die lebenden Substanzen, also durch die „Ursubstanz" des Lebens dargestellt, sondern durch ihre Stoffbildungen. Der für uns sichtbare Lebensstoff ist das Eiweiß, genauer die unendlich vielen Arten von Eiweißen, die die Natur hervorbringt.

Das zentrale Atom im Eiweiß ist der Stickstoff, das heißt das Atom Stickstoff: Um das Atom Stickstoff herum bauen die lebenden Substanzen das Eiweiß auf; und erst durch die Eiweißbildung wird es möglich, Gewebe und ganze Organismen aufzubauen. Das Atom Stickstoff ist also der Stoff, um den sich hier alles dreht.

Der meiste Stickstoff befindet sich als Gas in der Luft, nämlich zu zwei Drittel. Ein Teil davon ist aber in allem Lebendigen vorhanden, gebunden als Eiweiß im Kreislauf des Lebens, in Lebewesen, in Nahrung, in Abfällen, in der Muttererde. Ein kleinerer Teil dieses Teils wird aber auch ausgetauscht gegen Stickstoff aus der Atmosphäre. In der Luft in großen Höhen unter der Wirkung der kosmischen Bestrahlung entstehen besondere Sorten von Stickstoff, die für die Lebensvorgänge wichtig sind, weil sie eine höhere „Energie" enthalten als der „gewöhnliche" Stickstoff.

Dieser Abtausch ist ebenso streng geregelt wie der ganze Kreislauf des Stickstoffs im Lebendigen. So wird immer nur so viel Stickstoff bereitgehalten, wie für den geregelten Ablauf aller Lebensvorgänge nötig ist, kein Gramm mehr und kein Gramm weniger.

Es wird auf diese Weise erreicht, dass die Eiweißbildung nicht nur mengenmäßig in den gesteckten Grenzen bleibt, sondern auch gütemäßig. Es wird dafür gesorgt, dass nicht schrankenlos große Mengen einzelner Eiweiße gebildet werden, sondern dass auch die selteneren Eiweißbildner zu Wort kommen – und das sind gerade die wichtigeren. Wo „Masse" produziert wird, geht das immer auf Kosten der Güte und der Vielfalt. Mit Massen von Eiweiß können wohl „Massen" von lebendigen Zellen und Geweben aufgebaut werden, nicht aber „biologische Qualität".

Biologische Qualität als Ausdruck idealer Vollkommenheit und Gesundheit, idealer Leistungs- und Abwehrfähigkeit eines Organismus kann nur dann entstehen, wenn der Stickstoffkreislauf „in Ordnung" ist, wenn die vorgeschriebene Zuteilung von Stickstoff und damit von Eiweißbildung in naturgegebenen Bahnen läuft.

Der Kardinalfehler der Kunstdüngung tritt damit ans Licht. Das Kernstück der Kunstdüngung ist unbestreitbar die Düngung mit Stickstoffsalzen, die man aus dem unerschöpflichen Vorrat der Luft künstlich herstellt.

Wer künstlich Stickstoff einschmuggelt in den natürlichen Stickstoffkreislauf, vermindert Schritt für Schritt die Fähigkeit des Mutterbodens, biologische Qualität zu bilden und an das oberirdische Leben, zunächst an die wachsende Pflanze, weiterzureichen. Boden und Pflanze werden gezwungen, diesen zusätzlichen eingeschmuggelten Stickstoff alsbald zu verbauen und die Eiweißgrundstoffbildung zu vereinfachen, indem vorwiegend die offenbar leichter herzustellenden Eiweißbildungen bevorzugt werden. Es bildet sich „Masse" auf Kosten der „Güte", Vereinfachung tritt an die Stelle von Vielfalt. Was das für die biologische Qualität bedeutet, kann man sich vorstellen.

Mit der Harmonie der Lebensstoffbildungen im Boden aber steht und fällt alle Gesundheit des Lebendigen auf der Erde, von der Pflanze bis zum Menschen. Es gibt da also nichts zu diskutieren. Wer als Bauer biologische Güte schaffen will, wer seinen Mitmenschen hochwertige, gesunde Nahrung liefern will, der muss nicht nur auf die Gifte im Landbau verzichten und seine Muttererde pfleglich behandeln, der muss zuallererst auf die Treibdüngung mit künstlichem Stickstoff verzichten. Es gibt da keinen Kompromiss und nichts zu diskutieren. Es gibt nur ein Entweder-oder.

Über den Unterschied zwischen organischem und chemischem Stoffwechsel

65. Artikel, Frühjahr 1971

Der chemische Stoffwechsel ist der Abtausch von relativ einfachen chemischen Verbindungen mit Salzcharakter (Ionenabtausch) von Bausteinen der Eiweißstoffe (Aminosäuren), Kohlehydratmolekülen (Energiestoffwechsel) von verseiften Fetten (Fettstoffwechsel) und schließlich von größeren Verbindungen wie Hormonen, Enzymen und Vitaminen. Alle diese Stoffe sind tote Substanzen.

Der organische Stoffwechsel ist der Abtausch von lebendigen Großmolekülen zwischen Organismus und Umwelt, Aufnahme passender neuer lebender Substanz gegen Abgabe abgebrauchter und unerwünscht gewordener lebender Substanz.

Der chemische Stoffwechsel geht nach chemisch-physikalischen Gesetzen vor sich und wird auch nach solchen Gesetzen vom lebendigen Organismus gesteuert. Der organische Stoffwechsel geht nach organisch-biologischen Gesetzmäßigkeiten vor sich und ist als organischer Wachstumsvorgang aufzufassen, gesteuert durch den Gesamtplan eines lebenden Organismus nach biologischen Gesichtspunkten, wobei chemische Gesetze nur eine untergeordnete Rolle spielen.

Der chemische Stoffwechsel der toten Stoffe geht auf einem grundsätzlich anderen Weg vor sich als der organische. Die toten Stoffe gelangen in einer sozusagen löslichen Form mithilfe von Wasser unmittelbar in den Organismus, nämlich in seine Saftströme. Die Kontrolle und Dosierung geschieht dadurch, dass im Darm selbst nur eine bestimmte Menge verdauungsreif gemacht wird – gesteuert durch Verdauungsfermente, Basen und Säuren –, und dadurch, dass nach dem Übertritt in den Organismus bestimmte Organe, vor allem die Leber, den Strom der toten Stoffe (Nährstoffe) kontrollieren und steuern, wobei die Stoffe teilweise chemisch verändert werden.

Der Stoffwechsel lebender Substanz wird ganz anders gehandhabt. Zunächst werden lebende Substanzen durch die Verdauung nicht oder nur unwesentlich angegriffen. Sie werden dann, ganz im Gegensatz zu den toten Substanzen, von lebenden Zellen der Darmwände geprüft und entweder in die Zelle selbst aufgenommen oder abgelehnt. Bei diesen Zellen handelt es sich um Zellen des sogenannten lymphatischen Systems. Das sind die Zellen, die auch in den Rachenmandeln, den Lymphknoten und vor allem als frei bewegliche Zellen in Form der sogenannten Lymphozyten, einer Blutkörperchensorte, vorkommen und die es in Teilen der Darmwand in Massen gibt. Von diesen Zellen aus gelangen die lebenden Substanzen dann in die Lymphozyten, die sie frei schwimmend weitertransportieren und dorthin bringen, wo sie hingehören. Woher die Lymphozyten allerdings „wissen", wohin sie die lebende Substanz bringen müssen – ganz bestimmte lebende Substanzen passen nur zu ganz bestimmten Körperzellen –, das wird wohl für immer das Geheimnis der Natur bleiben – sie „wissen" es jedenfalls.

Dadurch wird ein weiterer Unterschied zwischen chemischem und organischem Stoffwechsel sichtbar: Während die toten Substanzen praktisch mehr oder weniger von jeder beliebigen Körperzelle gebraucht werden, kann eine lebende Substanz, von denen es unzählige Milliarden Arten gibt, nur an einer ganz bestimmten Stelle des Organismus und von ganz bestimmten

Zellgeweben gebraucht werden. Deshalb wird der chemische Stoffwechsel durch Säfte nach chemisch-physikalischen Gesetzen im ganzen Organismus einheitlich bewirkt. Der organische Stoffwechsel wird dagegen ausschließlich von lebenden Körperzellen bewirkt, die „wissen", um welche Substanz es sich handelt und wohin sie gehört. So gibt es viele hilfreiche Beobachtungen, die darauf hindeuten, dass sich in jeder einzelnen Zelle des Organismus das Bild des gesamten Organismus befinden muss – ein Bewusstsein von der Gesamtorganisation, ein kompletter Plan, eine umfassende Information. Anders wird man wohl auch die Fähigkeit von Zellen nicht erklären können, die „wissen", um welche lebende Substanz es sich handelt und in welche besonderen Körperzellen sie gehört.

Und schließlich besteht der Unterschied zwischen chemischem und organischem Stoffwechsel praktisch einfach darin, dass sich chemische Vorgänge relativ leicht erforschen lassen, während sich organische Vorgänge nirgends leicht, oft nur auf Umwegen und indirekt oder überhaupt nicht erforschen lassen. Man weiß deshalb über den chemischen Stoffwechsel schon recht gut Bescheid; alle unsere Ernährungslehren sind auf ihm aufgebaut. Wenn man von „Ernährung" spricht, so sind damit immer nur die toten Nährstoffe gemeint, mitsamt den Vitaminen, den Mineralstoffen, den Spurenstoffen.

Die biologische Grundlagenforschung hat den organischen Stoffwechsel existent gemacht, der offenbar für den Bestand der Menschheit, für ihre Degeneration und Regeneration allein entscheidend und um ein Vielfaches wichtiger ist als der chemische Stoffwechsel.

Zur Erklärung: Bei den lebenden Substanzen handelt es sich um lebende organische Riesenkomplexe in billionenfacher Verschiedenheit, die sowohl Bestandteile von lebenden Zellen sein können, sogenannte Mikrosomen, wie Bestandteile einer unorganisierten oder scheinbar unorganisierten organischen Masse, zum Beispiel Bestandteile eines Kompostes, einer Muttererde, eines Pflanzensaftes, eines Nahrungsbreis. Man muss also unterscheiden zwischen einem zellgebundenen Zustand der lebenden Substanzen und einer frei in einem organischen Milieu umherschwimmenden Substanz.

„Das Gesetz von der Erhaltung der lebenden Substanz" und die Wege des „Kreislaufs der lebenden Substanz" wird man schrittweise und mit viel Mühe und Kosten forschend aufklären können.

Den organischen Stoffwechsel hat man früher nicht gekannt und nicht kennen können. Allerdings wäre es für die Entwicklung der ganzen Menschheit besser gewesen, wenn man ihn wenigstens geahnt hätte, wie ihn LIEBIG geahnt hat, den man ja oft aus rein merkantilen Interessen heraus gewaltsam und gründlich missverstanden hat. Es wäre dann nicht zu so umfangreichen Verwirklichungen des rein chemischen Denkens gekommen, mit allen Folgeerscheinungen insbesondere die der Degeneration. Die notwendige Regeneration kann nur mithilfe des organischen Stoffwechsels vollzogen werden und wird zur wichtigsten und schwersten Aufgabe der Zukunft werden.

Frische, unversehrte lebende Substanzen liefert nur eine Nahrungspflanze, die selbst ganz gesund ist. Die Pflanze ist abhängig von den Lebensvorgängen des Bodens und der Boden selbst ist wiederum von seiner organischen Nahrung und ihrem biologischen Wert abhängig, der Wert der Bodennahrung schließlich wieder vom Wert der Organismen, die durch Tod und Ausscheidungen zur organischen Bodennahrung beitragen. So schließt sich der Kreis. Die auf der Erde vorkommenden lebenden Substanzen sind gemeinsames Eigentum alles Lebendigen und das Lebendige ist absolut abhängig vom Wert der kreisenden lebenden Substanzen. Die Regeneration hat also am Mutterboden zu beginnen, hier wird Gesundheit oder Krankheit geboren, erst dann wird es möglich, die Nahrung der Menschen allmählich zu regenerieren und damit ihn selbst. Der organische Kreislauf ist schicksalsbestimmend.

Krankheiten und Schädlinge: Fürsorge oder Vorsorge?

66. Artikel, Sommer 1971

Es ist zu spät zum Heilen, wenn die Krankheit schon da ist! Die Versuche, Krankheiten und Schädlinge zu bekämpfen, wenn sie bereits in Erscheinung getreten sind, sind auf die Dauer von vornherein zum Scheitern verurteilt, denn man bekämpft hier nicht die Ursache, sondern eine Folgeerscheinung, das Symptom einer Krankheit, die schon da war. Das Auftreten von Krankheiten und die Massenentwicklung von Schädlingen muss verhindert werden. Man wird sonst gezwungen, zu höchst bedenklichen Gewaltmaßnahmen Zuflucht zu nehmen. Dass diese Gewaltmaßnahmen zum Beispiel in Form der Pestizide nicht mehr zu verantworten sind, ist inzwischen sogar schon unseren Regierungen klar geworden, nachdem sich erwiesen hat, dass man damit praktisch die ganze lebende Natur vergiftet.

Von einer wirklichen Erkenntnis des Giftproblems im Landbau ist man jedoch noch sehr weit entfernt. Zurzeit wird versucht, Gifte zu konstruieren, die angeblich kurzlebig sind und binnen kurzer Zeit zerstört werden.

Grundsätzlich hat jedoch zu gelten: Ein künstlich hergestelltes Gift, gleich welcher Art, gefährdet, im Gegensatz zu den Giften, die die Natur benutzt, grundsätzlich die Gesundheit und Erbgesundheit alles Lebendigen auf Erden, gleichgültig, ob es kurz- oder langlebig ist. Und eine Substanz, die künstlich hergestellt wird zu dem Zweck, irgendein spezielles Lebewesen – einen Schädling, einen Pilz, ein Bakterium oder ein Virus und so weiter – zu gefährden und zu vernichten, gefährdet zwangsläufig die anderen Lebewesen, auch den Menschen.

Für den biologischen Landbau darf es bezüglich der Frage der Krankheiten und Schädlinge keinen Zweifel mehr geben: Die Symptomen-Kurpfuscherei, die man betreibt, indem man Krankheiten und Schädlinge erst bekämpft, wenn sie bereits in Erscheinung treten, muss unter allen Umständen überflüssig gemacht werden. Eine Pflanze, die ganz gesund und erbgesund ist, bekommt weder Krankheiten noch wird sie von Schädlingen vernichtet! Außer es werden ihr durch Naturereignisse oder durch menschliche Fehlhandlungen eine oder mehrere ihrer Lebensbedingungen genommen.

Als wesentliche Bedingungen haben zu gelten:

1. Die Pflanze, ganz gleich ob einjährig oder ausdauernd, muss auf dem ihr genehmen Boden wachsen. Durch die Anwendung von Urgesteinsmehl und Zwischenfruchtanbau ist es möglich, gewisse Unterschiede etwas auszugleichen, aber niemals vollständig zu beseitigen.

2. Eine wesentliche Gegebenheit ist die Stabilität von Grund- und Bodenwasser.
3. Die biologische Güte von Saat- und Pflanzgut, was manchmal nicht möglich ist. Fest steht jedoch: Jede durch Kunstmaßnahmen bewirkte Entartung einer Kulturpflanze lässt sich durch biologische Behandlung regenerieren.
4. Entscheidend ist aber in jedem Fall der Boden selbst: Ein voll funktionierender Bodenorganismus bietet der Kulturpflanze alles das an, was sie zur vollen Entfaltung ihrer natürlichen Leistungsfähigkeit und ihrer Widerstandskraft gegenüber Krankheiten und Schädlingen nötig hat. Mit der Funktion des lebendigen Bodenorganismus steht und fällt der biologische Landbau.
5. Eine Grundregel des biologischen Landbaus, die äußerst wichtig ist: das Einbringen von unverrotteter organischer Materie in das Wurzelgebiet der Kulturpflanze. Das Feinwurzelsystem wird geschädigt, der Sauerstoffwechsel der Pflanzen gehemmt, die Ausbildung der Widerstandskraft gegen Krankheit und Schädling ist nicht mehr möglich. Krankheit und Schädling sind Warnungen der Natur, Fingerzeige für unsere Fehler, denn wo die Pflanze krank und auffällig wird, da ist fast immer der Boden krank und leistungsschwach.

Warum beeinflusst künstlicher Treibdünger den Kreislauf der lebenden Substanz?

67. Artikel, Herbst 1971

Das Geheimnis des gesunden Pflanzenwachstums ist der Stoffwechsel zwischen lebendem Boden und Pflanze. Die Agrikulturchemie gab sich alle Mühe, alle die Stoffe zu finden, die zum Pflanzenwachstum nötig sind. Man fand zunächst die sogenannten Kernnährstoffe, später die Spurenstoffe und schließlich die Wirkstoffe wie Hormone, Enzyme und Vitamine. Man war der Meinung, dass der Stoffwechsel lediglich auf diesen Stoffen beruhe und sie in angepasster Menge zur Verfügung stehen müssen. Die Praxis des chemischen Landbaus gründet sich noch heute auf diese einseitige Auffassung vom Stoffwechsel.

Inzwischen hat sich herausgestellt, dass alle Lebewesen sogenannte offene Systeme sind. Das will Folgendes besagen: Jedes Lebewesen ist nicht nur imstande, Stoffe in Salzform oder jedenfalls in kleinster Größenordnung und in einfacheren chemischen Bindungen in sich aufzunehmen, es ist vielmehr imstande, alles in sich aufzunehmen, wonach ihm gelüstet, auch sogenannte Großmoleküle (lebende Substanz). Die Größe der über den Stoffwechsel aufgenommenen Teilchen spielt kaum eine Rolle.

Es ist nun aber nicht so, dass der Körper damit zum Tummelplatz aller vorhandenen lebenden Substanzen wurde. Nein: Er selbst entscheidet, ob er eine lebende Substanz aufnehmen will oder nicht. Auf diese Weise wird der Kreislauf der lebenden Substanzen zwischen Boden und Pflanze kontrolliert und auf gleiche Weise natürlich auch der Stoffwechsel zwischen Pflanze, Tier und Mensch.

Es gibt einen Stoffwechsel, der Nährstoffe vermittelt, und kein Lebewesen könnte ohne die ständige Zufuhr von Nährstoffen existieren. Es gibt aber außerdem einen Stoffwechsel lebender Substanzen, und das ist etwas grundsätzlich anderes. Lebendige Substanzen unterscheiden sich von leblosen dadurch, dass sie so „Informationen“ in sich tragen. Das sind Baupläne für die Bildung organischer Stoffe und Abläufe von Lebensvorgängen. Alle lebenden Substanzen auf der Erde stellen also eine Sammlung von vielerlei „Informationen“ dar. Ein Teil dieser Sammlung befindet sich immer innerhalb von Lebewesen, denn jedes Lebewesen bekommt mit der Vererbung seinen Vorrat an denjenigen lebenden Substanzen mit, den es braucht. Die übrigen lebenden Substanzen befinden sich auf der Wanderschaft zwischen den Lebewesen, also zum Beispiel im Boden oder in der Nahrung.

Man muss sich nun vorstellen, dass ein voll funktionierender, also gesunder Organismus ungeheuer viele verschiedene „Sorten“ von lebender Substanz, also von „Informationen“ braucht. So braucht beispielsweise eine Pflanze ein gerütteltes Maß an Information für ihren Selbstschutz, ihre Blütenbildung, ihre Fruchtung, ihre Samenbildung und so weiter.

Lebende Substanzen sind nicht absolut widerstandsfähig, sie können auf vielerlei Weise geschädigt werden, zum Beispiel durch Ermüdungsstoffe, durch Gifte, Pestizide und viele andere. Geschädigte lebende Substanzen verlieren dabei ihre „Informationen“ und werden für den Organismus unbrauchbar. Sie müssen dann gegen unversehrte lebende Substanzen ausgetauscht werden. Der einzelne Organismus ist imstande, sich aus dem Riesenangebot an lebenden Substanzen genau diejenige auszusuchen, die er braucht.

Das setzt voraus, dass in der ungeheuren Masse von lebenden Substanzen, die die Natur anbietet, mit Sicherheit das gewünschte Ersatzteil zu finden ist, wenn die dazu nötige Vielfalt im natürlichen Kreislauf oder im zugeführten organischen Dünger vorhanden ist.

Nun unsere Frage: Warum beeinflusst künstlicher Treibdünger den Kreislauf der lebenden Substanz?

Wer Treibdünger braucht, hat keinen ausreichend fruchtbaren Boden; ein solcher vermag der Pflanze nicht zu bieten, was sie an lebender Substanz nötig hat.

Ferner: Wenn künstlicher Stickstoff in die Pflanze einströmt, kommt die Pflanze in Gefahr, bei Übermaß desselben – was vielfach der Fall ist – in ein Wachstumsfieber gezwungen zu werden. Dabei vernachlässigt sie manches, zum Beispiel ausreichende Wurzelbildung, Bildung von Abwehrstoffen, normale Gewebsausbildung.

Als Drittes: Wenn man dem Boden Stickstoff zufügt, so bildet sich ein einseitiges Bodenleben aus, zum Beispiel eine einseitige Bakterienflora. Das Bodenleben ist nicht mehr imstande, lebende Substanzen auszubilden, wie die Pflanze sie braucht. Es ist außerdem wahrscheinlich, dass bei der Anhäufung von Nitraten in der Pflanze als Folge der Treibdüngung, sich durch Reduktion Nitrite bilden, und diese sind schwere Gifte.

Zur Frage der natürlichen, biologischen Filter im Kreislauf der lebenden Substanz

68. Artikel, Winter 1971

Es bewegt sich im Kreislauf der lebenden Substanzen ein ständiger Strom vom lebenden Boden her über die Pflanzen zu Tier und Mensch, von wo aus er schließlich wieder zum Boden zurückkehrt. Auf diesem Wege werden die lebenden Substanzen vielfältig beeinflusst, und zwar vorwiegend in dem Sinne, dass sie an Gesundheitswert, biologischer Qualität und an Lebensenergie verlieren. Das ist ganz besonders im Bereich der Hochzivilisation der Fall, wo unzählige negative Wirkungen – durch Fremdstoffe und Gifte, Sauerstoffmangel und Stoffwechselstörungen – die Güte der lebenden Substanzen gefährden. Gerade in unserer Zeit ist also das Problem einer Aufwertung und Reinigung der umlaufenden lebenden Substanzen wichtiger als jemals zuvor in der Menschheitsgeschichte. Von ihm hängt ja letzten Endes die Gesundheit, die biologische Leistungsfähigkeit aller Organismen, also aller Pflanzen, Tiere und Menschen ab.

Wir haben uns eingehend mit dem Problem der biologischen Filtermengen in der Natur beschäftigt, um Richtlinien für das landbauliche Verhalten zu gewinnen. Dabei stellte sich heraus, dass von allen Auswahlmöglichkeiten und Filterwirkungen im Kreislauf der lebenden Substanzen allein der lebendige Boden imstande ist, in großem Umfang eine Reinigung und Aufwertung lebender Substanzen vorzunehmen.

Dies geschieht im Boden in den beiden obersten Schichten: in der Schicht der mikrobiellen oder Zellgare (Rotteschicht) und in der darunter liegenden Schicht der plasmastischen oder Plasmagare (Humusschicht). In der Rotteschicht wirken Bodentiere und primitive lebenskräftige Mikroorganismen. In der Humusschicht werden die lebenden Substanzen vollständig gereinigt und geläutert. Diese Filter- und Säuberungsarbeit kann nur von einem voll lebendigen Boden geleistet werden, der dann auch imstande ist, Gifte und Krankheitskeime wirkungslos zu machen. Der lebende Boden ist der mit Abstand größte, umfassendste biologische Gesundheitsfilter der lebenden Natur. Von seiner Pflege hängt die Gesundheit alles Lebendigen, von der Pflanze bis zum Menschen, bedingungslos ab.

Der Boden ist die Quelle der Gesundheit!

69. Artikel, Frühjahr 1972

Das was bisher die Naturwissenschaft als Wahrheit bezüglich der Ernährung von Pflanze, Tier und Mensch anerkannt hat, ist auch durchaus wahr; nur handelt es sich um einen zweitrangigen Ernährungsvorgang, wenn man von den sogenannten Nährstoffen spricht. Es handelt sich um einen Vorgang, der von anderen Vorgängen gesteuert wird, nämlich von den sogenannten lebendigen Vorgängen und Wirksamkeiten. Erst dadurch kommt Ordnung in das Chaos der Nährstoffe und in den Ernährungskreislauf. Wer also die Wahrheit bezüglich der Ernährung sucht, der darf nicht bei der Erforschung der Nährstoffe stehen bleiben, sondern muss das Prinzip finden, das den Kreislauf der Materie regelt und steuert. Erst dann kann man behaupten zu wissen, was Ernährung sei.

Wir haben seinerzeit vor bald 25 Jahren die Behauptung aufgestellt, dass es sich bei dem Geheimnis der biologischen Ordnung in den Ernährungskreisläufen um diejenigen Wirksamkeiten und Kräfte handelt, die von den großen Molekülen der lebenden Substanz ausgehen.

Dies ist das eigentliche Prinzip der Ernährung aller Organismen. Für diese Erkenntnis war die Zeit dazu noch nicht reif. Für uns jedoch waren dies die Grundlagen unserer Arbeit, auch unserer Arbeit an der Gesundheit des Bodens.

Was ist überhaupt unter Gesundheit zu verstehen und wie erweist sie sich in der Natur? Wir nennen Gesundheit die Fähigkeit eines Organismus, nicht nur sich selbst in Gesundheit zu erhalten, sondern auch seine Nachkommen. Wer von Gesundheit spricht, darf die Erbgesundheit nicht außer Betracht lassen, denn sie ist viel wichtiger als die individuelle Gesundheit eines einzelnen Organismus. Die Natur hat eine Einheit von lebenden Organismen hervorgebracht, die die Pflicht haben, sich gegenseitig gesund zu erhalten und diese Gesundheit auch auf die Nachkommen zu vererben.

Störungen im Organismus treten dann auf, wenn einzelne oder viele seiner Gewebe nicht richtig funktionieren. Dieses Funktionieren oder Nichtfunktionieren geht von den Zellen aus, aus denen die Gewebe bestehen. An einem Fehlverhalten der Zellen sind diejenigen lebenden Substanzen einschließlich der Erbsubstanzen schuld, die in einer Zelle leben. Derartige Nachweise sind in den verschiedensten Forschungsrichtungen erbracht worden, vor allem durch die Erb- und Krebsforscher. Man kann also sagen: Gesundheit ist eine Eigenschaft der Zellsubstanzen, der lebenden Substanzen überhaupt.

Mit den lebenden Nahrungssubstanzen wird dem Organismus Ersatzmaterial für seine eigenen abgebrauchten Substanzen angeboten. Jeder Organismus hat die Fähigkeit, immer die besten unter den angebotenen Substanzen auszuwählen.

Die Güte der lebenden Substanzen wird von allen Vorgängen bestimmt, die diese Substanzen zu ihrem Leben benutzt haben. Eine Pflanze, die nur mittels Treibdünger und Giften den nächsten Herbst erlebt, ist nicht gesund und kann dem nachfolgenden Organismus, dem sie als Nahrung dient, keinen ausreichenden Vorrat an Gesundheit vermitteln. So stellt sich der „Kreislauf der Nahrungen" dar in der Reihe Boden–Pflanze–Tier–Mensch. Tier und Mensch sind ganz auf Boden und Pflanze angewiesen, eine höhere Bedeutung hat die Pflanze, in der die lebende Substanz ja ans Licht steigt. Die allerhöchste Bedeutung aber hat der lebende Boden, den wir ja auch einen Organismus nennen.

Man muss dem Bodenorganismus nur alles das verschaffen durch entsprechende Behandlung – Düngung und Vermeiden von Gift –, was er dazu braucht, um sein volles Leben entwickeln zu können. Der Boden ist als einziger Organismus imstande, aus wertlosen Stoffen gute Pflanzennahrung zu machen. Er bewältigt diese Aufgabe, indem er unzählige Kleinlebewesen und Mikroben als Helfer einstellt, die in mehreren Stufen-Boden-Schichtungen die Säuberungsarbeit verrichten. Er ist imstande, die Pflanzennahrung so weit zuzubereiten, dass die Pflanze einen ausreichenden Vorrat an guten Lebendsubstanzen bekommt, um alle ihre Aufgaben der Selbsterhaltung, der Fortpflanzung und der Ernährung von höheren Organismen bewältigen zu können. Im Kreislauf der Nahrungen ist der Boden die allerwichtigste Station.

Die eigentliche Quelle der Gesundheit ist der Boden, ohne dessen „Gesundheit" es keine gesunden Pflanzen, Tiere und erst recht keine gesunden Menschen gibt. Wer in den Selbstablauf des Kreislaufs der lebenden Substanzen eingreift, sei es durch Treibdünger, sei es durch Gifte, der zerstört die Grundlagen der Gesundheit.

Selbst wenn es gelingen würde, Luft und Wasser wieder rein zu bekommen, so würde damit nur ein kleiner Teil des Nötigsten getan. Unser Wohl und Wehe und das unserer Kinder und Kindeskinder hängt absolut von der Gesundheit des Bodens ab.

Spätere Geschlechter werden, sofern sie dazu noch Gelegenheit bekommen, das 20. Jahrhundert verfluchen, weil es Erkenntnisse und Beispiele genug hatte und sie nicht genutzt hat. Die nachfolgenden Generationen werden dann nämlich unwiderruflich vor den Konsequenzen der Verbrechen stehen, die an der Gesundheit des Lebendigen von unserer Generation begangen worden sind. Wenn diese wahren Sünden wider das Leben überhaupt noch gutzumachen sind, dann auf den Wegen, die die biologische Heilkunde und vor allem der biologische Landbau seit geraumer Zeit gehen: Andere Wege gibt es nicht – möge man das an berufener Stelle endlich einsehen!

Das Gift im Boden – ein aktuelles Problem

70. Artikel, Sommer 1972

Es wird ein für einen vernünftigen Menschen mit einigem biologischen Weitblick immer unverständlich bleiben, wie hemmungslos die Agrikulturchemie schwere und schwerste Gifte in die Landwirtschaft eingeführt hat. Was hat man sich davon versprochen? Was konnte man davon, außer dem Augenblickserfolg der Abtötung einiger „Schädlinge" und Krankheitserreger, sonst noch erwarten?

Etwa die Ausrottung der Schädlinge? Wer auch nur ein wenig über die Zusammenhänge zwischen den Ordnungen in der Natur und ihrer „Gesundheitspolizei" in Form der „Schädlinge" nachgedacht hat, konnte von vornherein sagen, dass der Vernichtungskampf mit Giften eine aussichtslose Sache ist. Schon der Versuch ist primitiv und dumm.

Inzwischen hat sich in der breiten Öffentlichkeit herumgesprochen, dass das Gift nicht nur den „Schädling" trifft, sondern alles, was auf Erden lebt, und nicht zuletzt den Menschen. Man ist aufmerksam geworden, man verlangt „saubere" Lebensmittel. Man beginnt einzusehen, was da gemacht worden ist. Die Einsicht kommt reichlich spät. Inzwischen ist nämlich die Landwirtschaft an den Giftgebrauch gewöhnt worden, als sei der Giftkampf unentbehrlich und ein Landbau ohne ihn nicht möglich. Und inzwischen ist die Industrie mit Milliardenumsätzen und Milliardeninvestitionen beteiligt, sie ist eine Realität. Niemand wagt es, einer besseren Einsicht von heute auf morgen zum Durchbruch zu verhelfen; denn man befürchtet eine Katastrophe – und das mit Recht.

Was tut man also? Man schafft über den Verordnungsweg Giftgesetze. Besonders gefährliche Substanzen werden verboten, die Giftanwendungsvorschriften werden kleinweise verschärft und über die in den Lebensmitteln erlaubten Giftmengen werden Toleranzgrenzen festgesetzt. Nachdem man aber beim gegenwärtigen Stand des Wissens viel zu wenig über die biologische Wirkung kleinster Giftmengen weiß, sind die Toleranzgrenzen fragwürdig.

Vor allem schon deshalb, weil man es ja nicht jeweils nur mit einem einzelnen Gift zu tun hat, sondern gleichzeitig mit einer sehr großen Anzahl von giftigen Substanzen, die auf verschiedensten Wegen an den Menschen gelangen. Es gibt nicht nur eine ganze Reihe von Pestiziden, sondern es gibt auch das Blei und das Kohlenmonoxid der Autoabgase, das Schwefeldioxid aus den Schornsteinen, die Ölverbrennungsreste der Dieselmotoren und Ölheizungsanlagen, die Salzsäure der Müllverbrennungsanlagen durch den Kunststoff, die Schadstoffe im Wasser der Flüsse und Seen, man könnte diese Liste noch eine Weile fortsetzen. Die meisten dieser Gifte gelangen zwar nur in Toleranzmengen an den Menschen, die Addition aber dieser sämtlichen Toleranzdosen ergibt eine Gesamtdosis, die die Verträglichkeit (Toleranz) des Menschen für Gifte um ein Vielfaches überschreitet.

Der Mensch der Hochzivilisation ist dieser Summe aller giftigen Substanzen zunehmend und ständig ausgeliefert und ist ihr nicht gewachsen.

Denn: Gibt es überhaupt eine Verträglichkeit für kleine Giftmengen, gibt es Gifttoleranz? Nein, es gibt sie nicht. Jedes einzelne Molekül irgendeines Giftes vollbringt, wenn es in den „inneren Kreislauf" des Körpers gelangt, seine zerstörerische Wirkung, die nicht rückgängig gemacht werden kann, es gibt daher überhaupt keine Giftverträglichkeit.

Frühere Generationen haben tatsächlich größere Giftmengen vertragen, ihre Körper konnten mehr Gift tolerieren, ehe es zu Krankheitserscheinungen und Degenerationszuständen kam. Ihre Körper waren mit weit mehr gesunden lebenden Substanzen versehen als die heutige Generation, die bereits einen viel geringeren Bestand an gesunder lebender Substanz mitbringt. Außerdem ist heute die Möglichkeit, verdorbene Substanz abzustoßen und durch frische gesunde zu ersetzen, wesentlich geringer als früher, nachdem der Organismus „Mutterboden" mehr und mehr entartet, und mit ihm Pflanzen und Tiere, von denen wir leben.

Halten wir fest: Irgendeine Verträglichkeit für Gifte (Toleranz) gibt es nicht! Es gibt sie auch dann nicht, wenn man gesetzlich verlangen würde, dass in den Lebensmitteln auch nicht mehr die geringste Giftmenge sein darf, solange im Landbau überhaupt Gifte angewandt werden dürfen. Ehe nicht die lebende Substanz von Nahrungspflanzen und Nutztieren rein und ausschließlich über den Humusorganismus gelaufen ist, trägt sie die Merkmale der Entartung in sich. Selbst diese Reinigung über den Boden wird uns mehr und mehr genommen, weil die Agrikulturchemie es ja verstanden hat, selbst diesen robusten biologischen Filterapparat durch falsche Behandlung funktionsunfähig zu machen.

Selbst wenn die Pestizide das einzige Gift wären, das man auf die Menschen loslässt, dann würde man durch Toleranzprüfungen den Tod der Gesundheit nur hinausschieben, aber nicht verhindern. Aber wir haben es ja mit Dutzenden von Giften zu tun, nicht nur mit Pestiziden. Der Weg über die Toleranzprüfungen erweist sich also als falsch; es handelt sich bei solchen behördlichen Maßnahmen doch nur um ein Hinausschieben des eigentlichen Problems, um den Versuch der Beschwichtigung, ohne dem Ziel einer wirklich giftfreien Nahrung wesentlich näherzukommen. Die Verantwortlichen für den Giftkampf um die Nahrung werden lediglich aufgefordert, etwas vorsichtiger zu sein und die schwersten tödlichen Gifte allmählich zu vermeiden.

Es muss einmal gelingen, und das in nicht zu ferner Zeit, die gesamte Landwirtschaft von der Zwangsjacke des Giftkampfes zu befreien, einen wirklich giftfreien Landbau zu betreiben, in dem man nicht mehr nötig hat, Toleranzdosen festzusetzen. Den richtigen Weg dazu zeigen die biologischen Landbaumethoden. Jegliches Giftgesetz wäre überflüssig, wenn man dem biologischen Landbau den Weg ebnen würde, wenn man ihn mit allen Kräften fördern würde, wenn man den Landwirten zeigen würde, dass es auch ohne Gift geht.

Das Beispiel ist gegeben, die Methoden sind keine Geheimnisse mehr. Sie wurden erstmals in wissenschaftlicher Exaktheit durchforscht und die Grundlagen für ein weites Feld wissenschaftlicher Zukunftsforschung gelegt. Die Methoden sind im Großen realisiert und haben sich bereits über zwei Jahrzehnte als realisierbar erwiesen. Sie sind jedermann zugänglich und können ohne Risiko übernommen werden. Warum geschieht das nicht? Sind wir Menschen wirklich schon viel zu sehr in den tödlichen Kreislauf der Fehlentwicklung verstrickt, einer Entwicklung, die mit Sicherheit zur eigenen Vernichtung führt?

Der Angelpunkt ist die Kultur des lebendigen, fruchtbaren Mutterbodens, die Pflege seiner Lebendigkeit, seine behutsame Bearbeitung, seine natürliche Ernährung, der Schutz seiner werktätigen Schichten, um eine optimale Bodenleistung zustande zu bringen.

Die Schädlings- und Krankheitsfrage ist nicht eine Frage der Bekämpfungsmittel, sondern eine Frage der Bodenkultur ganz allein. Eine Pflanze auf einem lebendigen, fruchtbaren Mutterboden hat von selbst die Kraft, sich der Schädlinge und Krankheiten zu erwehren. Der

„Schädling" aber bekommt im biologischen Landbau seine eigentliche Bedeutung wieder: „Wo Schädlinge auftreten, ist etwas nicht in Ordnung! Meistens ist der Fehler im Boden, in der Bodenbehandlung zu suchen."

Nahrungspflanzen, die nur geerntet werden können, wenn man sie laufend mit Gift bespritzt, sind als Nahrung minderwertig. Eine Landwirtschaft, die Gift braucht und deshalb Giftgesetze nötig hat, ist auf jeden Fall ein Irrweg, den man sobald als möglich verlassen muss. Die Menschheit braucht nicht Giftgesetze, sondern Gesetze zur Förderung des biologischen Landbaus.

Ackerbau ohne Bodenbearbeitung

71. Artikel, Herbst 1972

Der Pflug gilt seit jeher als das Wahrzeichen des Bauern in einer vieltausendjährigen Geschichte. In allen Bodenbearbeitungstechniken war das Pflügen der wichtigste und unentbehrlichste Faktor. Was im Landbau der Pflug war, das war im Gartenbau der Spaten, mit beiden Geräten wurde der Boden gewendet, die oberen Bodenschichten wurden in die Tiefe und die tieferen Schichten wurden an die Oberfläche gebracht.

Durch die von uns durchgeführten Untersuchungen haben wir die Aufteilung des Bodens in Arbeitsschichten erkannt. Die Humusbildung geht stufenweise vor sich: In der obersten Bodenschicht, der Rotteschicht, geht der Abbau der organischen Abfallmaterie – tierische und pflanzliche Abfälle aller Art – vor sich mithilfe zahlreicher Kleinlebewesen, Pilze und Bakterien. Hier wird die Masse der organischen Dünger abgebaut bis zur Zelle, bis zur Zellgare. Diese Schicht ist für die Pflanzenwurzeln unverträglich und wird von der Pflanze gemieden.

Darunter folgt die Humusschicht, hier erfolgt der Abbau aller zelligen Strukturen, die Freilegung aller Lebendsubstanzen bis zur Plasmagare und der Aufbau der Humussubstanzen und die Anreicherung des Dauerhumus. Diese Schicht ist pflanzenwurzelverträglich, hier breitet sich das Feinwurzelsystem der Pflanze aus, welches ihr wichtigstes Stoffwechselorgan ist und äußerst empfindlich gegen unverrottete Substanzen.

Notwendigerweise werden beim Pflügen und Graben die einander feindlichen Bodenschichten der Zellgare und der Plasmagare rücksichtslos durcheinandergebracht. Besonders die Rotteschicht mit der Zellgare wird in luftarme Tiefe gebracht und dort begraben. Ohne Sauerstoff fault die organische Masse unter Bildung von Stoffen, die für das Feinwurzelsystem der Pflanze tödlich sind. Außerdem wird der Boden gezwungen, öfters die Arbeitsschichten neu auszubilden, womit die Humusbildung ganz erheblich behindert wird. Pflügen und Graben bedeutet also eine alljährliche Zerstörung der Arbeitsschichten und damit auch der Bodenfruchtbarkeit. Noch mehr: Durch die Arbeit in übereinanderliegenden Schichten bildet sich ein Bodenkrümelsystem aus, das weitaus die bestmöglichen Voraussetzungen für das Pflanzenwachstum bietet. Zu diesem Krümelsystem gehören die gröberen Krümel der oberen Schicht mit ihrer reichlichen Versorgung mit Luft (große Poren) ebenso wie das feinkrümelige System (kleine Poren) der tieferen Schichten, in dem sich die Bodenfeuchtigkeit (Wasser) am besten hält.

Zudem bildet der übliche Ackerpflug eine Pflugsohle aus, die mehr oder weniger wasserdicht ist. Da fließt viel Wasser ab und die Krume läuft Gefahr, abgeschwemmt zu werden. Im pfluglosen Ackerbau hingegen, ohne Pflugsohle, bleibt die natürliche Verbindung zwischen Krume und Unterboden erhalten und die Wasseraufnahme und -haltung ist wesentlich größer, weil ungestört.

Der Verzicht auf Pflug und Spaten hat also auf den ersten Blick unschätzbare Vorteile. Es ergeben sich aber beim pfluglosen Ackerbau andere Probleme, von denen das der Unkrautbekämpfung erhebliche praktische Bedeutung hat. Die Erhöhung der natürlichen Bodenfruchtbarkeit kommt natürlich nicht nur den Kulturpflanzen zugute, sondern auch den dauerhaften Gräsern und Unkräutern. Wir müssen diesem Unkraut mechanisch zu Leibe gehen und durch ausgeklügelte Fruchtwechsel- und Zwischenfruchtmethoden die Unkrautverbreitung verhindern. An sich jedoch ist es angebracht, sich mit dem pfluglosen Ackerbau näher zu beschäftigen.

Wir und unsere neuen Freunde!

72. Artikel, Winter 1972

Es ist Mode geworden, die Methoden der technischen Zivilisation in Zweifel zu ziehen und nach neuen Methoden zu suchen. Aber das, was man vor 30 oder 40 Jahren hätte überlegen sollen, ist inzwischen zur schier unlösbaren Aufgabe geworden. Die Menschen haben sich an alles das gewöhnt, was ihnen schadet, ans Auto, an die Ölheizungen, an die Fronarbeit der Industrie, an die Schlaf- und Weckmittel, an die Beruhigungspillen und die trügerische Wirkung der Antibiotika, an die industrialisierte Nahrung, an Kunstdünger, Spritzmittel und Unkrauthormone – an die ganze, hoch organisierte und technisierte Welt, die das Leben zu erleichtern verspricht und die Menschheit doch offensichtlich ins Verderben führt.

Jeder weiß es, und keiner handelt danach. Da werden die Gehälter und Löhne erhöht, man gibt den Menschen mehr Geld als je zuvor, und was tun sie? Sie kaufen Autos und rasen damit herum. Sie kaufen Fernseher und stehlen sich die Zeit, die sie nicht mehr haben. Sie sind ohne Rast und Ruh und nehmen Beruhigungspillen und Schlafmittel, und wenn sie eine Grippe bekommen, dann gehen sie um schnelle Kunsthilfe, denn sie haben alles, nur eins nicht: Zeit. Für sie gibt es sonntags keinen besinnlichen Waldspaziergang mehr, keinen ruhigen Feierabend, kein stilles Glück, kein dankbares Händefalten, nichts, was das Leben erst lebenswert macht. Sie laufen vor sich selbst davon, statt großer und guter Liebe haben sie Erotik, Zügellosigkeit, Rauschgift, und statt echter Menschheitsideale haben sie revolutionäre Hetzparolen und steigende Kriminalität. Sie haben alles – aber sie haben sich selbst verloren. Wer die Welt verbessern will, der muss aber bei sich selbst anfangen.

„Was hülfe es dem Menschen, wenn er die ganze Welt gewönne und nähme doch Schaden an seiner Seele?“ So steht es im „Buch der Bücher“. Und es steht darin: „Wen der Herr vernichten will, den schlägt er mit Blindheit.“ Als die Menschen von weither zusammenkamen, um den Turm zu Babel zu bauen, da verwirrte der Herr ihre Sprache, sodass sie einander nicht mehr verstanden. „Am Golde hängt, nach Golde drängt doch alles – ach, wir Armen!“, sagte GOETHE.

Der Mensch hat die Welt gewonnen, mit einer seelenlosen Technik. Das Leben der Menschen ist manipuliert, organisiert und materialisiert. Wenn wir leben wollen, so sagen die Manipulatoren, dann muss das Bruttosozialprodukt alljährlich ansteigen. Also werden immer neue Fabriken gebaut, immer mehr Apparaturen erdachte; ihre größte Sorge ist die Vermehrung materieller Güter. Zur Krankheitsbehandlung macht man die Diagnose in Mayo-Kliniken mit seelenlosen Apparaturen, die Therapie mit leblosen, synthetischen, chemischen Produkten einer Großindustrie. Die Landwirtschaft wird zur Fabrik, zum Großbetrieb, in dem am laufenden Band „Nahrungsproduktion" gemacht wird, künstlich getrieben, mit Giften zur Ernte gebracht und mit Unkrautchemikalien gesäubert.

Es ist alles wohlgeordnet, alles bestens organisiert; es ist alles manipuliert, was sich manipulieren lässt, auch die Menschen. Sie fügen sich, denn es bleibt ihnen ja nichts anderes übrig. Menschenbildung ist heutzutage kaum noch etwas anderes als die Bemühung, ihnen beizubringen, wie man diese riesenhafte Apparatur der Zivilisation bedient, und dazu eignet sich ein geist- und seelenloses Wesen am besten. Wer nachdenkt, ist unbequem und störend, das Denken überlässt man am besten dem Computer. In dieser technischen Welt gibt es nur noch das „reale, rationale Denken", etwas anderes kann man nicht brauchen. Der Mensch in seiner Ganzheit als geistiges und seelisches Wesen eignet sich nicht zur Bedienung einer seelenlosen Maschinerie. Folgerichtig sollen nun schon die Kleinkinder in ihrem Sinne zum rationalen „Denken" erzogen werden – im Kindergarten.

Von solchen „Ideen" sind die Manager des modernen Lebens besessen, alle anderen sind ihre Sklaven; sie merken es nur nicht mehr, sie haben sich daran gewöhnt, sie müssen es, wenn sie das nackte Leben behalten wollen. Das Volk braucht „Brot und Zirkusspiele", sagte JUVENAL, ein römischer Satiredichter des ersten und zweiten Jahrhunderts, also gibt man sie ihm: Fußball, Toto, Lotto, Fernsehen, Autofahren, Sport en gros: Dann merkt der Mensch nicht mehr, dass er um das wahre Glück, um die ewige Seligkeit, um die edelsten Güter der menschlichen Kultur betrogen wird, dass er um sich selbst betrogen wird und zum seelen- und geistlosen Wesen herabsinkt. Die wirklichen Herren dieser Scheinwelt triumphieren, das System funktioniert.

Die menschliche Kultur aber, das Beste, was wir Menschen haben, siecht dahin. Die Werte verfallen, die die Welt zusammenhalten: Familie, Treue, Glauben, Ehrfurcht, Tradition. Wer „Freiheit" sagt, meint heute „Zügellosigkeit". Mit der unechten Autorität schwindet auch die echte. „Antiautoritär" muss man sein, sonst ist man rückständig. Die geistigen und seelischen Bindungen des Menschen an sich selbst, an seine Mitmenschen und seine Ahnen, an seine kulturelle Tradition – sie werden nicht mehr gebraucht und sie beginnen, sich aufzulösen. Wo die Jugend danach sucht, findet sie nichts mehr als Leere, Hohlheit und Lüge; wie sollte sie nicht zweifeln an allem, was heutzutage besteht?

Diese einseitige, materielle, technische Zivilisation trägt den Keim des Untergangs in sich. Sie ist von dieser Welt: „Gott ist tot!" In Wahrheit sind die Manager am Ende, der Betrug am Menschen, an seinem Geist und seiner Seele wird allmählich offenbar. Es gab immer auch noch Menschen, die der einzig gültigen Wahrheit gedient haben – nicht mit großen Worten und papiernen Programmen, sondern mit der rettenden Tat. Es gab immer viele, lebendige Beispiele dafür, wie die Zukunft der Menschen gestaltet werden muss. Ihnen allen ist gemeinsam der Glaube an eine höhere Macht, an eine höhere Weisheit, an die Einheit des Lebendigen auf Erden, an das Gute im Menschen, der Glaube an die menschliche Kultur und ihre Verpflichtung.

Diesen Menschen wird die Zukunft gehören, oder es wird keine Menschen mehr geben. Sie sind unsere einzige Hoffnung auf Zukunft. Ihre Werke müssen bewahrt werden, bis die Menschen wieder zu sich selbst gefunden haben und sich abwenden von der Scheinwelt der technischen Zivilisation. Bis dahin bleibt noch viel zu tun.

[Anm. d. Bearb.: *Rusch beschreibt hier in treffender Weise den Zustand der Welt, wie er ihn in seiner Zeit erlebte, wie er aber nach wie vor sich bis heute in den gleichen Zuständen abspielt: Darum hat sich nichts geändert. Was sich aber geändert hat, sind die Dimensionen des biologischen Landbaus, der immer stärker werdende Ruf der Menschen nach naturbelassener Nahrung, erzeugt ohne Gift und Kunstdünger. Es wird akzeptiert, dass der biologische Landbau heute kein Lückenfüller mehr ist, sondern ein gewichtiges Wort in der Nahrungsmittelversorgung mitzureden hat. Es wird akzeptiert, dass die Biobauern wieder echte Bauern geworden sind, mit der Sorge um einen lebendigen Boden als ihr höchstes Gut. Die neuen Freunde, vor denen Rusch warnte, waren Vertreter des konventionellen Landbaus in Versuchsanstalten und Hochschulen sowie der Kunstdüngerindustrie, die dem biologischen Landbau die Zusammenarbeit angeboten hatten.*

Nachdem aber gewusst wurde, dass jede Verschmelzung der Methoden, jede noch so kleine Kunstdüngergabe im biologischen Landbau ein Unding ist, wurde dieses Angebot abgelehnt. Was aber in der heutigen Zeit (ab 2000) Platz greift, ist ein zunehmendes ernsthaftes Interesse von konventionellen Bauern am Biolandbau, was in einem steigenden Besuch der Bodenpraktikerseminare des Biolandbaus zum Ausdruck kommt. Auf die Frage, warum sie diese Kurse besuchen, lautet die Antwort fast immer: „Wir wollen vom Boden etwas erfahren, da wir davon sonst nichts erfahren." Solche Freunde sind willkommen und wären es auch von Rusch gewesen.]

Neue Forschungsergebnisse über die Ursachen des Fruchtbarkeitsschwundes bei Nutztieren

73. Artikel, Frühjahr 1973

Im organisch-biologischen Landbau ist uns aus der praktischen Erfahrung heraus seit Langem bekannt, dass neben allen anderen Gesundheitszeichen im Betrieb auch der Fruchtbarkeitsschwund im Tierstall allmählich behoben wird. Dieser äußert sich unter anderem darin, dass die Kühe seltener „rindig" werden, dass die Zwischenkalbzeit verlängert wird oder die Kuh „verkalbt". Diese Krankheitserscheinungen sind aus den Intensiv-Kunstdüngerbetrieben bekannt und stellen dort eine große, kostspielige Sorge dar. Die biologischen Betriebe haben diese Sorge nach wenigen Jahren der Umstellung nicht mehr. Diese Beobachtung genügt praktisch, um den biologischen Weg als richtig und notwendig auch in Bezug auf die tierische Fruchtbarkeit zu erweisen.

Was ist die Ursache dieser Gesundung? Die organisch-biologisch geführten Futterflächen erzeugen nicht nur größere Mengen an Grünfutter und Heu, sondern auch eine enorme Vermehrung von nützlichen und erwünschten Kräuterarten. Es tritt ein deutlicher Wandel der Pflanzenflora ein, verursacht durch den Verzicht auf die Einmischung von Kunstdünger in die lebendigen Kreisläufe und die Pflege des lebendigen Bodenorganismus. Die tieferen Ursachen der Tiergesundheit sind in den lebendigen Vorgängen im Ablauf des Kreislaufs der lebenden und unlebendigen Substanzen zu suchen und zu erforschen. Der Weg ist von uns gewiesen, auf dem man zu echten wissenschaftlichen Erkenntnissen und Fortschritten gelangen kann. Die allgemein anerkannte Wissenschaft entwickelt sich sehr langsam, sie kommt trotzdem aus sich selbst heraus allmählich zu den Wegen, die wir seit Langem gehen, und je eher diese Wege gegangen werden, umso größer wird die Chance, die weltweite Krise der Zivilisation als tödliche Bedrohung der menschlichen Existenz zu überwinden.

Welche diesbezüglichen Forschungen, die Fruchtbarkeit der Nutztiere betreffend, sind bisher von der wissenschaftlichen Seite getätigt worden?

Die wesentlichen Verlautbarungen in der wissenschaftlichen Literatur stammen aus der Tierärztlichen Hochschule Hannover (E. AEHNELT und J. HAHN 1963 und 1969). Es ging dabei um die Fruchtbarkeit von Bullen auf niedersächsischen Besamungsstationen mit Bezug auf deren Futter. Futter von Betrieben mit hohen Mineraldüngerangaben erzeugte Störungen und Krankheiten der Hoden und Verschlechterung der Samenqualität. Nach grundlegender Futterumstellung (kräuterreiches Bergheu) verschwanden diese Übel.

Das gleiche Forscherteam veröffentlichte später Ergebnisse eines Kaninchen-Versuchs (E. AEHNELT und J. HAHN 1973), bei dem es ebenfalls um die Fütterung mit Wiesenheu aus unterschiedlicher Düngung ging. Eibildung und Eierstöcke bei der Fütterung mit ungedüngtem Wiesenheu waren doppelt so stark wie bei den Tieren von der Kunstdüngerheu-Fütterung.

Eine weitere Annäherung: Die Überwindung der „Mineralstoffhypothese", die auch heute noch keineswegs als Hypothese, sondern als absolut gültige grundsätzliche Lehre betrachtet wird (die Pflanze ist nur imstande, die Mineralien in einfacher Ionenform aufzunehmen, was eine Mineralisation im Boden voraussetzt). Bei den Forschungsversuchen kam aber unmissverständlich zum Ausdruck, dass die Fruchtbarkeit der Tiere nicht ganz allein davon abhängt, welche Mineralstoffe im Boden zur Verfügung stehen, sondern vorwiegend, welche Pflanzen die Mineralstoffe verarbeiten, die dann dem Tier als Nahrung zur Verfügung stehen (Änderung der Wiesenflora).

Mit anderen Worten: Die Gesundheit eines Lebewesens lässt sich nicht am Mineralgehalt seiner Nahrung ablesen, zum Beispiel die Gesundheit einer Pflanze nicht am Elementegehalt des Bodens. Der lebende Organismus selbst entscheidet, er passt sich fortlaufend an. Im Übrigen soll bedacht werden, dass die lebendigen Vorgänge des Bodens und ihre biologische Qualität sich sehr genau in der Beschaffenheit der Mikroflora des Bodens widerspiegeln und das Leben dieser Mikroflora einen genauen Test bietet für die Beschaffenheit dessen, was der Boden der Pflanze als Nahrung bietet.

Was die Überwindung der „Mineralstoffhypothese" betrifft, haben in den letzten Jahrzehnten vielerlei Forschungen ganz eindeutig bewiesen, dass eine jede Pflanze, ein jedes Lebewesen überhaupt durchaus imstande ist, die Großmoleküle der lebenden Substanzen, ja sogar ganze Zellen und Bakterien, in sich aufzunehmen. Die Mineralstoff-Hypothese dient nicht dem Bauern, sondern ausschließlich den Interessen der Kunstdüngerindustrie.

Neuerdings mehren sich in der Forschung die Anzeichen dafür, dass die Pflanzen ein eigenes Abwehrsystem besitzen, ähnlich dem des Tieres. Um diese Abwehrsysteme in ständiger Bereitschaft zu erhalten, ist die ständige Aufnahme lebender Substanz aus dem Nahrungsstrom notwendig. Eine Pflanze, die man zwingt, nur von mineralisierter Substanz (Kunstdünger) zu leben, verliert ihr Abwehrsystem und wird anfällig gegen Krankheiten und Schädlingsangriffe.

Wenn also eine kräuterreiche Wiesenflora imstande ist, das Rind fruchtbar zu erhalten oder ihm sogar die verlorene Fruchtbarkeit wiederzugeben, so spielen dabei die Stoffe, das heißt die Mineralsubstanzen, eine untergeordnete Rolle, sie sind Hilfssubstanzen. Entscheidend sind die lebenden Substanzen, die von einer reichhaltigen Wiesenflora vermittelt werden.

Die Fruchtbarkeit der Nutztiere ist abhängig von der Fruchtbarkeit der Pflanze und diese von der Fruchtbarkeit des Bodens, das ist eine große Wahrheit und solche sind immer einfach und klar auszudrücken.

Nur Leben erzeugt Leben

74. Artikel, Sommer 1973

„Von Erde bist du genommen und zu Erde sollst du wieder werden“ (sinngemäß nach MOSES 3; *Anm. Red.*) – was dazwischenliegt, ist unser Leben. Was ist es, dieses rätselvolle „Leben“, das uns erfüllt und umgibt? Das ist die Frage, die sich die Menschen aller Zeiten gestellt haben und die vor allem derzeit uns angeht, die wir als Hüter des Lebens angetreten sind. Jedes Zeitalter hat auf seine Weise und mit seinen Mitteln versucht, das Naturwunder „Leben“ zu begreifen. In unserem Zeitalter hat erstmalig die ebenfalls erstmalige Naturwissenschaft die Geheimnisse der Materie, des Stofflichen, des Trägers des Lebens bis beinahe ins Letzte entschleiert und damit auch den stofflichen Bestand der Lebewesen, ihren „Stoffwechsel“, ihre Stoffbildungen zum Zwecke von Vererbung und Fortpflanzung fast bis in alle Einzelheiten hinein klargelegt. Materiell gesehen ist die Erscheinung „Leben“ für die Naturwissenschaft kaum noch ein Geheimnis.

Die Naturwissenschaft war mit der Erforschung jedweder Materie so beschäftigt, dass die Erscheinung des wirklichen Lebens in Vergessenheit geriet. Die Grundgesetze des wirklichen Lebens lassen sich jedoch an der Materie allein nicht deuten. Das Leben war vorher, vor allem Stofflichen, und es ist nachher, sobald es die irdisch-stoffliche Gestalt verlassen hat, das Leben ist ewig. Das Geheimnis „Leben“ ist hinter der Erscheinung „Lebewesen“ (materieller Träger) zu suchen als sein augenblicklicher Ausdruck. Es kann nur gedacht und niemals stofflich bewiesen werden, Leben kann nur vom Leben selbst geschaffen werden, wir Menschen können das nicht. Wir können es allenfalls manipulieren in irgendeine Richtung, wie zum Beispiel unsere Kulturpflanzen, unsere Tierzüchtungen.

Alle Lebewesen bestehen aus Zellen, diese Zellen sind winzige Gehäuse für lebende Substanzen, die ihrerseits Art, Gestalt und Funktion einer jeden Zelle bestimmen. Das Lebendigsein eines Organismus baut sich auf aus dem Leben aller seiner lebenden Substanzen. Letzten Endes ist es also die lebende Substanz, die Leben vermittelt und Leben weiterträgt. Es wurde durch unzählige Experimente bewiesen, dass die lebenden Substanzen den Tod der Zelle unter natürlichen Umständen ohne Ausnahme überleben. Seitdem galt die lebende Substanz als kleinste Lebenseinheit. Man nennt es heute DNS, ausgeschrieben Desoxyribonukleinsäure, der Bezeichnung der Biochemiker folgend.

Diese kleinste Einheit des Lebendigen ist so klein, dass die lebende Substanz der ganzen Menschheit beinahe in einem Fingerhut Platz hätte, und sämtliche lebende Substanz auf der Erde, das heißt die Substanz von Menschen, Tieren, Pflanzen und Mikroben, würde, wie Biochemiker ausgerechnet haben, einen guten Liter ausmachen. Man darf annehmen, dass die Menge aller lebenden Substanzen auf der Erde begrenzt ist und nicht wesentlich vermehrt werden kann. Es haben eben nicht mehr Lebewesen Platz auf der Erde, als es tatsächlich gibt, und wenn sich beispielsweise die Menschen unverhältnismäßig stark vermehren, was ja geschieht, so geht das auf Kosten anderer Lebewesen, der Tiere und Pflanzen. Man darf aber auch annehmen, dass die Natur diese kostbare Substanz, die das Leben trägt, nicht verschwendet, sondern weiterreicht von Lebewesen zu Lebewesen: „Kreislauf der lebenden Substanz“. Unser Leitgedanke, unser Bild, das dem biologischen Landbau zugrunde liegt, hat inzwischen zahlreiche exakt wissenschaftliche Beweise gefunden.

Das Wichtigste in unseren Nahrungen ist die lebende Substanz, nur sie ist imstande, Leben zu spenden, Leben zu vermitteln und zu erhalten. Im lebendigen Boden, in der Muttererde, findet sie sich in ihrer nacktesten Form, biologisch gereinigt, von allen Begleitstoffen entkleidet, wird sie von den Bodenbakterien aufgenommen und an die Pflanzen über die Wurzelflora weitergereicht.

Man darf sich nicht irremachen lassen durch die Tatsache, dass Lebewesen imstande sind, ohne lebende Substanz, allein mit Nährstoffen, weiterzuleben. Dazu hilft vorerst die eigene ererbte Lebenssubstanz, zeigt sich aber später im Verlust von voller Gesundheit und Fortpflanzungsfähigkeit, möglicherweise erst in den folgenden Generationen. Leben kommt eben nur aus Leben.

Und dieses ist äußerst kostbar, denn wo die Menschen auch wirken, wird täglich Leben vernichtet, erstickt und vergiftet. Tagtäglich begräbt man lebendige Erde unter Beton und Asphalt. Unseren Lebensraum auf Kosten der Umwelt ständig weiter auszudehnen ist das Grausamste, das auf Erden geschieht, nicht nur alle sinnlosen Kriege.

Die Wahrheit aber ist die: Wer das andere Leben vernichtet, der vernichtet sich selbst.

Die innere Welt unserer Lebensmittelerzeugnisse

75. Artikel, Herbst 1973

„Sage mir, was du isst, und ich sage dir, wer du bist!“ In diesen schlichten Worten liegt tiefe Weisheit und echte Naturkenntnis verborgen. Unsere Nahrung ist unser Schicksal. Wir haben allen Grund, uns Klarheit über diese Wahrheit zu verschaffen. Der offene Kampf um die Wahrheit über die Lebensmittelerzeugung hat begonnen und wird von allen Seiten mit steigender Erbitterung ausgetragen.

Der Agrikulturchemie stehen mehr als 100 Jahre intensivster Forschung und Erprobung zur Verfügung, auf die sie sich berufen kann, und sie weiß auf alle Fragen eine Antwort in ihrem Sinn. Eine spezielle landwirtschaftliche Forschung auf Basis der neuesten biologischen Erkenntnisse aber gibt es überhaupt nicht. Das Wichtigste, um das es bei der Suche nach der Wahrheit über den inneren Wert unserer Lebensmittel geht, wird systematisch verschwiegen, als ob es diesen Wert nicht gäbe. Es ist die Rede von Betriebsrentabilität, von der Notwendigkeit der Massenerzeugung, von der Unentbehrlichkeit der giftigen Spritzmittel. Mit keinem Wort ist da die Rede vom lebendigen Inhalt der Kulturpflanzen, von ihrer lebenden Substanz und Erbsubstanz, obwohl davon doch das Schicksal der Pflanzen, Tiere und Menschen abhängt.

Mit echter Wissenschaft, die die Wahrheit sucht, hat das nichts mehr zu tun. Sie werden gedruckt, weil die Macht des Geldes dahintersteht. Die Entwicklung der Wissenschaft vom Lebendigen begann ursprünglich durch das bloße Anschauen der Objekte und deren Einordnung in Arten, Gattungen und Familien. Die Entdeckung der chemischen Analyse, die Erfindung des Mikroskops, die Elementaranalyse brachte tiefen Einblick in den Stoffwechsel der Organismen und weiter zur Entdeckung und Erforschung der Grundbildungen des Lebendigen, nämlich zur Entdeckung der lebenden Substanzen und Erbsubstanzen.

Die Menschheit ist ungeheuer stark gewachsen, es sind Großorganisationen und Einrichtungen zu ihrer Versorgung nötig, wie man sie in dieser Ausdehnung vorher nicht kannte. Wirtschaft, Industrie, Handel und die von ihr abhängige Zweckwissenschaft wehren sich gegen umwälzende Änderungen und Fortschritt.

Es wird daher verschwiegen:
1. dass der organisch-biologische Landbau zeigt, wie man ohne Gebrauch gesundheitsschädigender synthetischer Gifte eine saubere Nahrung erzeugen kann,
2. dass im organisch-biologischen Landbau die Unkrautvertilgung durch hormonartige oder gifte Chemikalien verboten ist,
3. dass die organisch-biologischen Lebensmittelerzeugnisse bezüglich des Geschmacks, des Geruchs und der Haltbarkeit der üblichen Marktware weit überlegen sind,
4. dass nur die auf natürlich lebendigem Boden ohne Treibdünger gewachsenen Pflanzen den Nahrungsempfängern Tier und Mensch diejenige Auswahl an lebendiger Substanz und Erbsubstanz liefern, die sie zur Erhaltung ihrer vollen Gesundheit und Erbgesundheit brauchen.

Im Kampf gegen den biologischen Landbau wird systematisch verschwiegen, dass es sich dabei um den einzigen Weg handelt, Lebensmittel von hohen inneren Werten zu erzeugen.
a) Der Giftkampf gegen Insekten und Mikroben ist ein Schrecken ohne Ende. Sie haben sich teilweise über die zum Menschen führenden Nahrungsketten überaus angereichert (siehe ehemals DDT, andere folgten). Wer wird alle diese Gifte überleben? Wir oder die Insekten und Mikroben, die auf Erden hundertmal älter sind als wir und bereits bewiesen haben, dass sie resistent sein können? Daher lautet das Gebot der ersten Stunde: Hinweg mit jedem Gift aus dem Landbau, sofort und ohne Kompromiss. Der organisch-biologische Landbau beweist, dass es geht!
b) Hormonartige und ähnliche chemisch-synthetische Wirkstoffe in den üblichen Unkrautvertilgungsmitteln bringen absichtlich den Stoffwechsel der sogenannten Unkräuter so verhängnisvoll aus dem Gleichgewicht, dass sich diese Pflanzen selbst umbringen. Da aber der Stoffwechsel der Unkräuter den gleichen Gesetzen unterliegt wie der der anderen Pflanzen, kann nicht behauptet werden, dass die Unkrautmittel nur für das Unkraut vernichtend seien, es handelt sich grundsätzlich um lebensfeindliche Wirkstoffe, auf die der organisch-biologische Landbau kompromisslos verzichtet.
c) Wem der enorme Unterschied zwischen üblicher Marktware und biologischer Lebensmittel bezüglich Geschmack und Geruch nicht auffällt, der hat stark abgestumpfte Sinnesorgane, die nicht mehr fähig sind, zu schmecken und zu riechen. Der Unterschied in Geschmack und Geruch ist eindeutig eine Tatsache und kann nicht geleugnet werden. Objektive Beweise liefern die Prüfungen von Haltbarkeit und Lagerfähigkeit.
d) Das eigentliche Geheimnis des inneren Wertes von Feldfrüchten und ihrer biologischen Qualität liegt in ihrem Gehalt an optimal funktionstüchtigen lebenden Substanzen und in ihrem Erbsubstanzmaterial beschlossen.

Feldfrüchte, die bei zu geringer lebendiger Bodenleistung durch Kunstdünger zum Wachstum gezwungen werden, werden mehr oder weniger aus dem Kreislauf der lebenden Substanzen ausgeschlossen und verlieren die entscheidenden Gesundheitsmerkmale: Abwehrfähigkeit und Fruchtbarkeit. Den gleichen Verlust erleiden alle diejenigen Tiere und Menschen, die von entarteten Pflanzen leben, sie sind ihrerseits hilflos der zunehmenden Entartung preisgegeben. Wer noch Augen hat zu sehen und Ohren zu hören, kann diese Entartungserscheinungen in der hochzivilisierten Menschheit überall beobachten. Sie beziehen sich immer auf den ganzen Menschen auf Geist, Seele und Körper gleichermaßen. Hier liegt die eigentliche Ursache des Niedergangs der menschlichen Kultur.

Die höchste Aufgabe der Naturwissenschaft wäre es, diese tiefer liegenden Zusammenhänge Schritt für Schritt zu beweisen und damit die schicksalhafte Abhängigkeit des Menschen vom Kreislauf Boden–Pflanze–Tier–Mensch zur Richtschnur für die zukünftige Lebensordnung der Menschen zu erheben.

Das wäre der einzig richtige Weg, um zu erkennen, dass der innere Wert eines Lebensmittels nicht in ihrem materiellen Stoffgehalt zu sehen ist, sondern in den Gestaltungskräften, die die Materien bewegen, nämlich in den Kräften der unversehrten lebenden Substanzen und Erbsubstanzen.

Nur so ist der Wert unserer Feldfrüchte und des biologischen Landbaus überhaupt zu kennzeichnen, und nur so kann die Biologie als Wissenschaft vom Lebendigen den Fortschritt erkämpfen, den die Menschheit bitter nötig hat, will sie der weiteren Entartung entgehen.

Gift- oder Spurenwirkung in der Schädlings- und Krankheitsbekämpfung

76. Artikel, Winter 1973

Seit Jahrzehnten haben einsichtige Menschen davor gewarnt, im Landbau zur Bekämpfung von Schädlingen und Krankheiten hochgiftige Chemikalien zu verwenden. Man hat vorausgesagt, man werde gezwungen sein, immer größere Mengen und immer stärkere Gifte zu benutzen, weil es die sogenannten Schädlinge verstehen, sich an die Gifte zu gewöhnen und ihnen zu widerstehen, also resistent zu werden. Außerdem sagte man voraus, dass nicht nur die Gleichgewichte zwischen „Schädlingen" und „Nützlingen" zugunsten der Schädlinge verschoben würden, sondern dass letzten Endes das Gift nicht nur den Schädling treffen werde, sondern auch den Menschen und seine Nutztiere.

Genauso ist es nun gekommen. Die Voraussagen haben sich in jeder Beziehung als richtig erwiesen. Allmählich scheint es auch allen denen, die von den Produkten der chemisierten Landwirtschaft leben müssen, unheimlich zu werden. Man braucht kein Prophet zu sein, um vorauszusehen, dass der Ruf nach giftfreier Nahrung in absehbarer Zukunft mit jedem Jahr lauter werden wird und nicht mehr mit den üblichen Ausreden zu beschwichtigen ist. Die Menschen sind mündig geworden und beginnen ihr Recht auf saubere und gesunde Nahrung zu fordern.

Die offiziell anerkannte Landwirtschaftswissenschaft ergeht sich in einigen Resistenzzüchtungen und in der Entwicklung einiger biologischer Bekämpfungsmittel, bisher ohne praktischen Erfolg. Giftigkeit und Giftmengen steigen weiterhin ständig an.

Daraus jedoch entsteht die Verpflichtung des biologischen Landbaus, über seine eigene Weiterentwicklung nachzudenken und neue Wege zur Bekämpfung von Verlusten durch Krankheiten und Schädlinge zu erschließen. Davon soll hier die Rede sein.

Schädlinge und Pflanzenkrankheiten richten nennenswerte Schäden nur bei Pflanzen an, die abwehrschwach sind, die als krank anzusehen sind. Ursache sind meist zwei Fehler: Fehler in Erbgut und Samen oder Fehler im Boden, auf dem die Pflanzen stehen (Pflanzenkrankheit ist Bodenunordnung). Fehler im Erbgut von Samen und Pflanzen sind zu vermeiden, wenn Saat- und Pflanzgut auf Böden gezogen werden, die biologisch in Ordnung sind.

Sind ganze Kulturen anfällig für Krankheit und Schädling, dann liegt der Fehler im Boden, fallweise jedoch auch an einer ungünstigen Witterung oder einem ungeeigneten Boden. Jedenfalls ist die biologische Schädlings- und Krankheitsbekämpfung eine Nothilfe in Ausnahmefällen. Sie sollte auch vorbeugend, prophylaktisch, in Anwendung kommen.

Wir müssen uns Gedanken machen, welche Art von Heilmethode oder „Notfallmedizin" sich mit den Grundsätzen und Zielen des biologischen Landbaus vereinbaren und verantworten lässt. In der Humanmedizin werden bisher zwei grundsätzlich verschiedene Wege in der Bekämpfung von Krankheiten beschritten. Den einen Weg geht hauptsächlich die Schulmedizin, den anderen die biologische Medizin, die vielfach als Außenseiter betrachtet wird. Es lohnt sich, die Grundsätze beider medizinischen Richtungen genauer anzusehen, wenn es um die Gestaltung der Schädlings- und Krankheitsbekämpfung im biologischen Landbau geht.

1. Die Schulmedizin handelt nach dem Grundsatz von Bekämpfen einer Krankheit oder von Krankheitserregern durch Antibiotika (bakterientötende Gifte), Hormone und so weiter. Diese Mittel sind grundsätzlich lebensfeindlich.
2. Im Gegensatz dazu ist die biologische Medizin bestrebt, Heilung und Verhütung von Krankheiten den Selbstheilungskräften des Organismus zu überlassen. Sie wendet sich an den „inneren Arzt", den jeder Organismus in sich trägt und der dafür sorgt, dass die Gesundheit trotz aller Angriffe aus der lebendigen Umwelt erhalten bleibt oder dort, wo sie gefährdet ist, wiederhergestellt wird. Sie bedient sich dabei sanfter Mittel, natürlicher Arzneistoffe und Wirkstoffe. Folgerichtig lehnt die biologische Medizin den Gebrauch stark wirkender Medikamente und Gifte für die normale Krankheitsbehandlung ab, umso mehr jede Art von Vorsorge.

Wie nun leicht erkennbar, gibt es auch im Landbau eine Schulmethode, die mit starken Medikamenten und Giften arbeitet im Gegensatz zum biologischen Landbau, der die Widerstandskraft der Kulturen gegen Schädling und Krankheit stärkt und ihre Selbstheilkräfte durch eine natürliche Ernährung von Boden und Pflanze aufruft. Folgerichtig lehnt der biologische Landbau den Gebrauch von starken Medikamenten und Giften strikt ab. Es muss entsprechend dem Vorbild der biologischen Medizin eine biologische Heilkunst der Pflanze entwickelt werden für alle jene Situationen, wenn die Umstände trotz bester Bodenbehandlung ungünstig sind. Hier ist nun das Gebiet der potenzierten, homöopathischen Wirkstoffe, wie sie aus Arzneipflanzen gewonnen werden.

Alle Gesundheit kommt aus fruchtbarem Boden

77. Artikel, Frühjahr 1974

Früher lebten von drei Menschen zwei auf dem Lande. Weit mehr als die Hälfte aller Einwohner eines Landes in den heutigen Industrienationen war von Jugend auf mit „Mutter Erde“ verbunden, der Bauer war das Rückgrat der Völker, der Garant für die stete Erneuerung.

Heute leben bis zu 90 Prozent der Menschen in der Stadt, die meisten davon in Großstädten. Man mag das beklagen, aber man kann es nicht ändern. Die Verstädterung, erzwungen durch das starke Wachstum der Menschheit und manches andere, ist Schicksal geworden, das wir hinnehmen müssen.

Der Stadtmensch fristet sein Leben in einer künstlichen Welt, die von Menschenhand geschaffen ist, losgelöst von allem, was wir Natur nennen. Ihm sind die Wurzeln genommen, aus denen uns die Kraft der Erneuerung zuströmt. Er ist der schleichenden Entartung preisgegeben; denn er kennt die schicksalhaften Zusammenhänge zwischen allem Lebendigen nicht mehr. Er kann nicht mehr biologisch denken.

Wir sollten uns ganz klar machen, was das bedeutet: Die überwiegende Mehrzahl der Menschen in den hochzivilisierten Völkern sind Stadtmenschen, und die Mehrheit bestimmt unser Schicksal. Diese Mehrheit aber kennt die fundamentalen Naturgesetze bestenfalls vom Hörensagen, nicht aus dem allein fruchtbaren, persönlichen Erleben heraus. Und so kommen alle die Irrwege zustande, die in der menschlichen Kultur und Zivilisation gegangen werden. Die kleine Minderheit, die sich das wahre, biologische Denken hat bewahren dürfen, hat dabei nichts zu bestimmen.

Es gibt dafür kein besseres Beispiel als den sogenannten Umweltschutz, von dem plötzlich alle Welt redet. „Umwelt“ ist da doch nur das, was den Stadtmenschen unmittelbar berührt: die Luft, das Wasser, der Lärm. Das sind gewiss wichtige Dinge, wenn es um die Gesundheit geht, aber das Allerwichtigste ist doch dabei vergessen: die Nahrung. Kaum jemand hat begriffen, dass die Nahrung der breiteste Strom ist, mit dem wir Menschen tagtäglich mit der lebenden Umwelt in Beziehung stehen, und fast niemals ist von der Gesundheit der Nutztiere, von der Gesundheit der Nahrungspflanzen und schon gar nicht von der Gesundheit des Bodens die Rede.

Umso mehr haben wir selbst allen Grund, uns mit diesen biologischen Zusammenhängen zu beschäftigen, immer und immer wieder; denn der Kampf um die Gesundheit der Nahrungspflanzen und Nutztiere ist das Kernstück unserer Arbeit, das Entscheidende im Kampf gegen die Entartung und das wichtigste Glied im Umweltschutz.

Gesundheit ist ganz allgemein eine Frage der lebenden Substanz, das heißt jener organischen Bildungen, die man nur beim Lebendigen findet, von der Amöbe bis zum Menschen. Von den lebenden Substanzen wird in den Organismen und Mikroben die Bewegung der leblosen Materie gelenkt und geleitet. Sie bauen damit die Zellen, die Gewebe und den ganzen Organismus auf, ganz gleich, ob es sich um einzellige Lebewesen, wie zum Bakterien, handelt oder um Großorganismen. Das geschieht in grundsätzlich gleicher Weise. Die lebende Substanz der Erde ist also gemeinsamer Besitz alles Lebendigen. Sie entscheidet aber gleichzeitig über Gesundheit und Krankheit: Nur dann, wenn ein Organismus im Besitz der „richtigen“ Lebenssubstanz ist, kann er gesund sein.

Im Ablauf des Stoffwechsels ist es durchaus möglich, dass lebende Substanzen verbraucht werden, ein Ersatz dafür wird aus der Nahrung bezogen, also aus anderen Organismen. Es hängt von der Güte der lebenden Ersatzsubstanz, also von der Gesundheit der die Substanz liefernden Tiere oder Pflanzen, ab, ob damit Gesundheit oder nicht eingebracht wurde. Die unbedingte Abhängigkeit aller Lebewesen voneinander kommt hier zum Ausdruck.

Wir Menschen beziehen unsere Nahrung von Tieren und Pflanzen, die Tiere leben von anderen Tieren oder von Pflanzen, die Pflanzen aber leben vom Boden, von der Muttererde. Daher kann jede Pflanze nur so gesund sein wie der Boden, aus dem sie lebt, wie seine Bodengesundheit ist; denn auch der lebende Boden ist ein Organismus. Er kann gesund sein oder auch krank. Zudem bekommt der Bodenorganismus von Natur aus die schlechteste Nahrung, er muss von den Abfällen des Lebendigen leben, er muss nehmen, was er bekommt, und trotzdem ist er imstande, daraus eine voll taugliche Pflanzennahrung herzustellen: Auch das ist ein Zeichen für die Gesundheit oder Krankheit des Bodens.

Der Vorgang der Nahrungsbildung im Mutterboden ist in der Natur ohne Beispiel, er ist eines der größten Wunder, die man erleben kann. Kein anderer Organismus ist imstande, aus untauglichen Abfällen gesunde Pflanzennahrung herzustellen. Wer gesunde Nahrungspflanzen erzeugen will, muss zuerst dafür sorgen, dass der Boden gesund ist. Weder die Pflanzen noch die Tiere und Menschen können auf die Dauer gesund bleiben, wenn der Boden, in dem die weitaus schwierigste Aufgabe der Nahrungsbereitung vor sich geht, krank ist.

Umweltschutz ist also in erster Linie nicht die Luft und Wasserverschmutzung, sondern die Sorge um die Gesundheit unserer Böden. Allerdings muss man dann Abschied nehmen von der künstlichen Ernährung der Böden (Kunstdünger), mit der sich kein gesunder Bodenorganismus aufbauen lässt, und Abschied nehmen von der ständigen Zerstörung der Schichtenbildung im Boden, ohne die der Boden seine Aufgaben nicht erfüllen kann. Das Manipulieren am Lebendigen hat seine engen Grenzen.

Nach den Gesetzen des Kreislaufs der lebenden Nahrungssubstanzen wird die Pflanzengesundheit durch die Bodengesundheit bestimmt. Wird eine Kulturpflanze von Krankheit oder durch den Schädling befallen, ist sie deshalb krank, weil der Boden nicht gesund ist und der Bodenorganismus nicht voll leistungsfähig. Wird dieser Übelstand nicht behoben, wird zur Spritze gegriffen, um die Symptome zum Verschwinden zu bringen. Die Symptome einer Krankheit beseitigen oder die Krankheit selber heilen ist zweierlei.

Das Ringen um die Bodengesundheit ist eine harte Arbeit, dort, wo sie verloren ging, da kann man studieren, was biologischer Landbau wirklich ist. Da geht es darum, das rechte Maß zu finden, um den Organismus Mutterboden behutsam zum Leben zu erwecken: richtiger Fruchtwechsel, richtige Kultur, kluge Gründüngung, Gebrauch von Basaltmehl, die betriebseigenen Dünger pfleglich behandeln, das Verhalten der Regenwürmer beachten, die Gare kontrollieren und den Wechsel der Unkrautflora beobachten.

Es gibt keine zwei gleichen Äcker, sie sind alle verschieden, man muss seine Böden studieren, sie beobachten und sein Handeln danach ausrichten. Es ist etwas Besonderes, ein biologischer Bauer zu sein, es braucht nicht nur die Umsicht und Behutsamkeit eines Arztes und Krankenpflegers, sondern auch die feste Überzeugung, dass es für die Zukunft der Menschheit keinen anderen Weg gibt, um gesunde, giftfreie Nahrung zu erzeugen.

[Anm. d. Bearb.: *Dr. Rusch hatte für die Forschungsarbeit am Boden eine Gärtnerei, Gewächshäuser und Ackerland zur Verfügung, unmittelbar ans Laboratoriumsgebäude angrenzend. Hier wurde Forschungsarbeit geleistet und wurden Erkenntnisse erarbeitet. Seitdem hat der organisch-biologische Landbau sein Gesicht ganz entscheidend gewandelt. Er wurde zur echten fortschrittlichen Alternative des chemischen Landbaus und ihm in jeder Beziehung gleichzusetzen.*]

Die mikrobiologische Bodenuntersuchung nach Dr. med. H.P. Rusch – Was bedeuten die ermittelten Werte über „Menge" und „Güte" für die Praxis des organisch-biologischen Landbaus?

78. Artikel, Sommer 1974

Der biologische Landbau ganz allgemein steht und fällt mit der natürlichen, spontanen Fruchtbarkeit der Kulturböden. Diese natürliche Fruchtbarkeit ist nicht identisch mit der Menge des Bodenvorrats an sogenannten Kernnährstoffen, das heißt den direkt oder indirekt verfügbaren Ionenschwärmen und Stickstoffverbindungen, wie sie die chemische Bodenanalyse ermittelt. Sie ist funktionaler Art und nicht mit einer stofflichen Analyse zu erfassen.

Die chemische Analyse lässt bestenfalls eine Aussage über die vermutliche Ernte zu, also bestenfalls eine quantitative Voraussage – und auch das keineswegs immer: Ein direkter Zusammenhang von chemisch-analytisch ermittelten Bodenwerten mit dem Ertrag wird seit geraumer Zeit mit Recht bestritten. Sie ist also nicht einmal immer ein quantitatives Maß für die Fruchtbarkeit des Bodens, geschweige denn ein Maß für die biologische Bodenqualität. Natürliche Bodenfruchtbarkeit ist sehr viel mehr als der mess- und wägbare Ertrag.

Fruchtbarkeit ist die höchste Leistung, derer ein Lebewesen fähig ist; sie ist zugleich der sichtbare Ausdruck der Gesundheit: Wo die Gesundheit schwindet, aus welchen Gründen auch immer es sein mag, da schwindet auch die Fähigkeit, vollkommenes Leben zu gebären. In der Natur ist kein Ding um seiner selbst willen, es ist nur um des Ganzen willen. Ein Organismus ist nicht schon deshalb fruchtbar, weil er Nachkommen hat; er ist es erst dann, wenn auch seine Nachkommen fruchtbar sind bis ins letzte Glied, von dem wir wissen können. Fruchtbarkeit ist nicht um des Individuums willen, sondern für die Erhaltung der Art notwendig.

Aber das nicht allein: Die Fruchtbarkeit der Muttererde setzt sich fort in den Organismen, die von ihr leben, den Pflanzenwesen, deren Dasein nicht mehr an die Verhaftung mit dem Boden gebunden ist, den Tieren und Menschen. Von allen diesen ans Licht gestiegenen Gestaltungen des Lebens kehrt schließlich die Fruchtbarkeit zurück dorthin, von wo sie kam, zur „Mutter Erde". So ist die Bodenfruchtbarkeit kein Ding an sich, sondern Teil eines Ganzen, dem sie dient wie alles, was lebt. Dieses Ganze, die Gemeinschaft alles Lebendigen, muss nicht nur philosophisch, sondern erst recht naturwissenschaftlich als biologische Funktionseinheit gesehen werden, wenn man den Versuch unternimmt, die Bodenfruchtbarkeit zu messen, um dem Menschen zu dienen.

Im Licht dieser umfassenden Betrachtung des Begriffs „Fruchtbarkeit" mutet der Versuch, sie mithilfe einer Mineralstoffanalyse zu messen und sie an rein quantitativen Erträgen zu bestätigen, von vornherein als untauglicher Versuch am untauglichen Objekt, also als höchst unwissenschaftlich an. Auf jeden Fall bedarf es, um die Bodenfruchtbarkeit zu messen, biologisch-funktionaler Tests, nicht chemischer Analysen.

Der einzige exakt wissenschaftliche Test wäre freilich die Prüfung einer vollständigen Lebensgemeinschaft Boden–Pflanzen–Tier–Mensch über viele Jahrzehnte hinweg. Aber die Menschheit hat wohl kaum noch die Zeit, die Resultate solcher Versuche abzuwarten. Sie steht vor Gegenwartsproblemen, die auf den Nägeln brennen und gemeistert werden müssen, wenn die rapid zunehmende Entartung der hochzivilisierten Menschheit überwunden werden soll – das ist unser Problem heute, nicht in ferner Zukunft. Es bedarf also funktionaler Tests einfacher Art, unmittelbar brauchbar für die landbauliche Praxis. Solche Tests müssen eine kurzzeitig verfügbare Aussage über die funktionelle Leistungsfähigkeit eines Bodens sowohl bezüglich der Quantität wie der biologischen Qualität gestatten. Sie müssen damit eine Aussage gestatten sowohl über die erwartbare Ernte und den rentabilitätsbegründenden Ertrag wie über die vermutliche physiologische Wirksamkeit der Erzeugnisse an Nahrungs- und Futterpflanzen bei Tier und Mensch – und damit wäre zugleich eine Aussage möglich über die sogenannte Pflanzengesundheit, ihre Abwehrleistungen und ihr spontanes Gedeihen. Zugleich aber muss eine Methode erarbeitet werden, deren Unkosten so gering sind wie irgend möglich, denn ein aufwendiger, teurer Test wäre für den Landbau indiskutabel.

Unter diesen Voraussetzungen gibt es überhaupt nur eine einzige Möglichkeit: ein mikrobiologischer Test, ein Test anhand der einzelligen Lebewesen, die auf mannigfache Weise mit dem Dasein der Vielzeller Pflanze, Tier und Mensch verknüpft sind. Diese Mikroorganismen vermögen als Einzige innerhalb weniger Tage das widerzuspiegeln, was im Leben der vielzelligen Organismen vor sich geht, und zwar sowohl quantitativ wie qualitativ. Die Fortschritte der Mikrobiologie geben uns schon seit geraumer Zeit die Möglichkeit dazu.

Der Test hat zwei voneinander unabhängige Teile, einen quantitativen und einen qualitativen. Ersterer gibt eine Aussage über die Intensität des Bodenlebens, also über die erwartbare Bodenleistung („Menge"), Letzterer eine Aussage über die biologische Güte des Bodenlebens in Bezug auf Pflanze, Tier und Mensch, denen der geprüfte Boden – direkt oder indirekt – die Nahrung liefert („Güte").

Bestimmung der „Menge-Zahlen"

Die funktionale Bodenleistungsfähigkeit drückt sich darin aus, wie viele Zellen eine bestimmte Bodenprobenmenge unter günstigen Wachstumsbedingungen hervorzubringen imstande ist. Die Bodenprobe wird einem bestimmten Verfahren unterzogen, durch das es möglich ist, die Zahl der Zellen dieser Probe zu liefern. Diese Bestimmung der Menge des Bodenlebens ist ein direktes Maß für die Fruchtbarkeit, jedoch kein Urteil über den zu erwartenden Ertrag. Der „Mengen-Test" soll und kann nur angeben, ob vonseiten des Bodens die Voraussetzungen für einen unbeeinflussten, spontanen Wuchs der Kulturpflanzen ohne jeden Treibdünger gegeben sind.

Bestimmung der biologischen „Güte"

Es gibt eine Unmenge von bakteriellen und eine noch viel größere Menge von pilzlichen Mikroorganismen, die am Bodenleben teilnehmen und in riesiger Zahl in jeder Bodenprobe vorkommen.

Es kommt darauf an, die Natur der Bodenlebewesen zu erkennen, um ein echtes Urteil über die biologische Qualität abgeben zu können. Die Bakterienfloren von Mensch, Tier und Pflanze sind direkt abhängig von der Bakterienflora des Bodens. So ist Milchzucker besonders charakteristisch für die Bakterien, die bei Pflanzen, Tieren und Menschen leben. Wenn nun in einem Boden Milchsäurebildner zu leben vermögen, so hat dieser Boden für Mensch und Tier eine hohe biologische Qualität. Durch die Darstellung der Milchsäureflora einer Bodenprobe in einem bestimmten Verfahren wird das vermittelt. Das Urteil über die Qualität der Milchsäureflora ergibt ein indirektes Maß für die biologische Güte von Böden, auf denen Nahrungs- und Futterpflanzen wachsen sollen.

[Anm. d. Bearb.: *Mithilfe dieses Testes hat Rusch Maßnahmen in der Methode entscheidend beeinflusst. Er hat die Probleme der Haufenkompostierung dargestellt und damit der so segensreichen Flächenkompostierung die Tore geöffnet. Es wurde weiters erkannt, dass die Humusbildung im Boden in Schichten vor sich geht, die funktionell streng voneinander getrennt sind. Bringt man sie durch tief gehende Bodenarbeit durcheinander, so wird nicht nur die Humusbildung, sondern auch die Ausbildung des Feinwurzelsystems der Kulturpflanzen sehr stark gestört. Das tief gehende Pflügen wurde für den organisch-biologischen Landbau untragbar.*

Der Test war in den ersten Jahrzehnten der jungen Methode von großer Wichtigkeit, er vermittelte Sicherheit und Kontrolle, er half mit, dass der organisch-biologische Landbau ein klares Maßnahmenkleid erhalten konnte.

Dieser hier besprochene Bodentest wird nicht mehr durchgeführt infolge technischer und menschlicher Schwierigkeiten, mit einer ganz kleinen Ausnahme. Der Biolandbau ist, wo überhaupt nach Bodentests gefragt wird, in die stofflichen Analysen zurückgefallen. Ruschs Forderung in der ersten Hälfte dieser Darstellung ist klar und unumstößlich. Ob sie gehört wird?]

Unser Gesundheitsfilter ist der Boden

79. Artikel, Herbst 1974

Um die Vorgänge bei der Kompostierung zu studieren, wurden in den Jahren 1951 bis 1953 Komposte aufgesetzt nach allen bekannten Vorschriften. Es waren Stallmist-Erde-Komposte, reine Pflanzenkomposte und gemischte Komposte. Die Zellzahlen des Anfangsmaterials waren sehr hoch, bis zu 8.000. Das Kompostmaterial wandelte sich im Lauf der Monate in eine wunderbare dunkle Erde um, die herrlich nach fruchtbarer Walderde duftete. Die Zellzahlen dieses Produkts jedoch waren auf weniger als den zehnten Teil abgesunken (400 bis 700), der Düngewert hatte sich auf einen kleinen Bruchteil verringert. Im gleichen Maße, in dem die Zellzahlen absanken, verminderte sich der Zellulosegehalt des Materials, das von den Kompostmikroben als Nährstoff benutzt wird; dabei wird Wärme freigesetzt (Erhitzung der Komposte). Der größte Teil der Energie des organischen Abfallmaterials wird im Komposthaufen verbraucht. Es steigt die Qualität der Komposterde bis auf hervorragende Wertigkeiten, aber die mengenmäßige Leistung, die Düngeleistung, geht zur gleichen Zeit bis auf einen kleinen Bruchteil verloren. Damit erklärt sich, dass man im bisher üblichen biologischen Landbau zwar gesunde Kulturen von hoher biologischer Güte bekam, aber keine ausreichenden Erträge und damit keine genügende Rentabilität. Damit schied der biologische Landbau als ernsthafte Konkurrenz für die Kunstdünger-Methode aus.

Es stellte sich jetzt die Frage: Was tun mit den Wirtschaftsdüngern und dem sonstigen organischen Material, nachdem man wusste, dass die Kulturpflanzen wohl die ausgereiften, nicht aber die frischen Dünger vertragen?

Die Natur wies den Weg: Das organische Material wird dort einfach auf den Boden aufgelegt (herbstlicher Laubfall), durchläuft die Arbeitsschichten des unversehrten Bodens (kein Einpflügen) und wandelt das pflanzlich vollkommen untaugliche Abfallmaterial in beste Pflanzennahrung um. Und dabei geht nichts verloren.

Es war damals eine schwierige Sache, die Änderung im Kompostierungssystem den Bauern zu erklären und dem Flächenkompost den Vorrang zu geben. Zudem war bereits bekannt, dass der Haufenkompost aufgrund seiner hohen biologischen Güte ein biologischer Filter darstellt, der imstande ist, alles Krankhafte und Abwegige zu beseitigen und sogar Krankheitserreger abzutöten. Das geschieht auf dem Weg der Humifizierung bei der Umbildung der lebenden Substanzen. Es stellte sich nun die Frage: Wenn man anstelle der Haufen- die Flächenkompostierung praktiziert, läuft dann der Gesundheitsprozess ebenso gut und sicher wie im Haufenkompost? Es wurden Versuchsreihen eingerichtet mit echten hochlebendigen Krankheitserregern auf lebendigen und nicht lebendigen Böden. Dabei stellte sich heraus, dass lebendige Böden als biologische Filter ebenso gut funktionieren wie Komposte, nicht aber die kaum lebendigen Böden, wie sie durch die fortlaufende Treibdüngung mit synthetischem Stickstoff produziert werden.

Die Flächenkompostierung auf biologisch lebendigem Boden erbringt dieselbe Filtertätigkeit wie der Haufenkompost.

„Mineralisation" der lebenden Substanz

Eine Ansicht der Wissenschaft im Laufe der Zeit seit Anfang des 20. Jahrhunderts ist, dass jegliche organische Substanz im Boden „mineralisiert" werden muss, ehe sie die Pflanzen aufnehmen können. Man war der Meinung, dass kein Organismus, auch nicht Tier und Mensch, imstande seien, die großen Moleküle organischer Substanz in sich aufzunehmen. Die gegebene Schlussfolgerung war die einfache Formel von der Mineralisation, die dann folgerichtig auch der Einführung der Kunstdüngung in der Landwirtschaft ihre Berechtigung gab. Inzwischen ist viel geschehen: Die Auffassungen vom Stoffwechsel haben sich im Laufe der Jahrzehnte bis heute grundlegend gewandelt.

Zunächst bewies bereits die vor vier bis fünf Jahrzehnten erfolgte Entdeckung der Vitamine und Enzyme, dass es im Nahrungskreislauf auch größere Atomverbindungen gibt, die von Mensch, Tier und Pflanze aufgenommen werden können.

Heute steht absolut fest, dass ein jeder Organismus imstande ist, aus dem Nahrungsangebot die Riesenmoleküle der lebendigen Substanzen, ja sogar ganze unversehrte Bakterien in sich aufzunehmen. Es gibt also praktisch nichts in der Nahrung, was der Körper nicht auch aufnehmen kann, wenn er es will. Es gibt eine ganze Reihe von Kontrolleinrichtungen, mit denen sich die Organismen normalerweise gegen die Aufnahme einer unerwünschten lebenden Substanz wehren können.

Es sind viele Erkenntnisse über den Stoffwechsel lebender Organismen durch die Forschung gewonnen worden, es wird jedoch zur Aufklärung bis ins Letzte noch sehr viel Forschungsarbeit erforderlich sein.

Im lebenden Mutterboden ist der Stoffwechsel jedoch ganz besonders rätselhaft, weil dort die Stoffe, die man dem Boden als Nahrung (Düngung) anbietet, tatsächlich zum größten Teil (betrifft vor allem die Kohlehydrate) aufgespalten werden, also eine Mineralisation eintritt, jedoch mit Einschränkung: Abgebaut wird nur das, was sich im Stoffwechsel der Organismen, besonders der Pflanzen, relativ leicht wieder aufbauen lässt. Nicht abgebaut aber wird das, was für das Leben der Pflanzen und letztlich auch der Tiere und Menschen wertvoll und lebenswichtig ist, und das sind in erster Linie die lebenden Substanzen. Sie werden lediglich von allen ihren Begleitstoffen befreit und damit einer biologischen „Reinigung" zugänglich gemacht. Das ist letzten Endes der tiefere Sinn der sogenannten Humusbildung, mit der aus unbrauchbarem, ja giftigem Abfall wertvollste Pflanzennahrung zubereitet wird. Oder kurz gesagt: Was entbehrlich ist für die Pflanze, wird abgebaut – „mineralisiert" –, was unentbehrlich ist, bleibt erhalten.

Auch der Abbau, die Aufspaltung zweitrangiger Stoffgebilde im Boden ist eine durchaus ökonomische Sache und für das Bodenleben unentbehrlich: Die Energien, die beim Abbau gewonnen werden, werden unbedingt gebraucht, um der abbauenden Bodenflora in den obersten Bodenschichten das Leben zu gestatten. Sie leben von den Energien aller der Stoffe, die für die Pflanze überflüssig und sogar zum Teil unverträglich und giftig sind – es ist schon alles weise eingerichtet. Ein jeder bekommt das, was er braucht. Die Bodenflora hat genug zum Leben, was sie verbrauchen kann, und übrig bleibt genau das, was die Pflanze zum Leben braucht: Humus.

Die lebende Substanz hat dereinst aus dem Chaos der irdischen Mineralstoffe das wohlgeordnete System der lebendigen Organismen, der Mikroben, der Pflanzen, der Tiere und der Menschen, geschaffen. Sie benutzt freilich dazu die Urmineralien – wie sie ja im Urgesteinsmehl vorhanden sind – und sie bewegt dabei ungeheure Mengen dieser leblosen Stoffe. *Das Entscheidende dabei aber ist und bleibt sie selbst, die lebende Substanz mit ihrem Ordnungsgefüge, in dem alle lebendigen Gestaltungen auf der Erde eingeprägt sind. Ohne sie gibt es kein Leben auf der Erde, und das Leben kommt nur aus Leben und niemals aus der Mineralisation.*

Wissenschaft, Forschung und biologischer Landbau

80. Artikel, Winter 1974

Die Entwicklung der menschlichen Gesellschaft in den letzten 200 Jahren der Menschheitsgeschichte findet sich wieder in der Entwicklung ihrer Wissenschaften. Ursprünglich lag diese in den Händen von einzelnen, wenigen Auserwählten. Das unvergleichlich starke Wachstum der Menschheit seit dem vorvorigen Jahrhundert hat eine Flut an Studenten an allen Universitäten erzeugt. So wichtig die Wissenschaften für die Fortentwicklung der menschlichen Kultur früher auch waren – für die Existenz der Menschheit waren sie halbwegs entbehrlich. Heute aber sind sie es nicht mehr. Ohne die Arbeit der Wissenschaften kann die Menschheit nicht mehr existieren, sie könnte ihr Wachstum nicht überleben.

In dieser Entwicklung haben sich der Charakter der Wissenschaften, das Wesen der Universität und ihrer Aufgaben entscheidend gewandelt – die Spezialisten sind unentbehrlich geworden. Die Universitäten wurden zwangsläufig überwiegend zu bloßen Fachschulen zwecks Ausbildung von Spezialisten. Es tritt damit ein sogenannter Fachidiot in Erscheinung, ein Akademikertyp, dem die Scheuklappen des Spezialistentums jeden Überblick, jede instinktsichere Einordnung des Einzelnen in das Ganze verwehren. Es gibt jetzt nur noch recht wenige wissenschaftliche Persönlichkeiten, die sich den sicheren Blick für Ganzheitsprobleme bewahrt haben.

Wohl die wesentlichste Erscheinung ist aber die Tatsache, dass sich auf Basis der industriell und kaufmännisch vielfältig ausnutzbaren Resultate der Forschung etwas entwickelt hat, das es früher in dieser allherrschenden Form noch nie gab.

Der Großindustrie ist es gelungen, die Macht des Geldes an sich zu bringen und damit in ihrem Sinne zu herrschen und so den größeren Teil der Naturforschung in ihre Abhängigkeit zu zwingen. Ein neuer Typ Wissenschaft entstand, die „Zweckwissenschaft", in der neben dem Forscher immer der Kaufmann steht, den eine Wahrheitsfindung wenig interessiert; er wartet nur auf verwertbare Resultate. Diese ständige Abhängigkeit der Wissenschaft hat einen neuen Forschertyp geboren, dessen Denken und Streben nur mehr zweckgebunden ist. Die Hochzivilisation hat sich so rapide und ohne jede Rücksicht auf die Umwelt entwickelt, dass die Existenz alles Lebendigen auf Erden in höchste Gefahr geraten ist.

Dass es einen Kreislauf der lebenden und vor allem der Erbsubstanzen in der Natur gibt, von dem das Gedeihen aller Lebewesen direkt abhängig ist, bezüglich ihrer Gesundheit und Erbgesundheit, weiß man aus den Forschungsergebnissen der Vererbungs- und Genforschung. Hätte man beizeiten die Zivilisation danach ausgerichtet, wäre der Menschheit das Gespenst ihres biologischen Todes erspart geblieben. Man redet in aller Welt von den verschmutzten Flüssen, vom Lärm, von der Luftverschmutzung, viel zu wenig vom lebendigen Boden und der natürlichen Nahrungsproduktion, obwohl Letztere der Beginn sein müsste der Bemühung um eine Gesundung der menschlichen Gesellschaft.

Es darf daher niemand wundern, dass sich viele Menschen mit noch gesundem Instinkt im Bewusstsein, dass es die Natur doch besser weiß als wir Menschen, von der offiziell vorgegebenen Linie abgewandt haben und eigene Wege gehen, sodass heutzutage die sogenannte biologische Medizin und der sogenannte biologische Landbau zu einem allgemein bekannten

Begriff geworden sind. Die Bezeichnung „biologisch" wurde damit in den allgemeinen Sprachgebrauch übernommen. Man versteht darunter alle Arten von Bewegungen, die sich von der allopathischen Medikamentenmedizin und der Agrochemie befreit und natürliche Methoden der Heilbehandlung und Nahrungsproduktion entwickelt haben.

Niemand sollte eigentlich bezweifeln, dass hier die Wege in eine bessere Zukunft aufgezeigt werden, jedoch die dahingehende Einsicht ist erst in einem anfänglichen Werden. Die Obrigkeiten wollten den Gebrauch des Wortes „biologisch" verbieten, das jedoch ist nicht gelungen, dazu dürfte es zu spät sein – die Menschen lassen sich nicht einfach den Mund verbieten.

Im Augenblick handelt es sich darum, die Wissenschaft von den Grundbedingungen des Lebens und der Erbgesundheit zur Anwendungsreife zu entwickeln. Die Basis ist ja längst gelegt, man braucht nur darauf aufzubauen.

Richtlinien für die Humuswirtschaft

81. Artikel, Frühjahr 1975

[Anm. d. Bearb.: *Am Beginn dieses Artikels berichtet Dr. Müller zum ersten Mal von einem „Krankwerden" Dr. Ruschs. Diese Berichte wurden mehr.*]

Es wird nützlich sein, die Richtlinien für die Humuswirtschaft übersichtlich zusammenzufassen, die im Laufe unserer Arbeit erkennbar und in der Praxis durchgeführt worden sind. Allerdings steht der Humusbauer heute noch manchen Schwierigkeiten in der Entwicklung gegenüber. Maschinen, Dünger und Saatgut entsprechen noch nicht voll den Anforderungen des biologischen Landbaus, die Qualität der Erzeugnisse wird nicht voll bewertet. Zudem werden zunehmend allerlei „biologische" Hilfsmittel (Dünger, Saatgut, Pflanzenschutzmittel) angeboten, denen man kaum auf den ersten Blick anzusehen vermag, was sie wirklich wert sind. Die Humuswirtschaft ist ein biologisches System, das nicht mit diesem oder jenem Hilfsmittel zustande kommt, sondern nur aus dem Begreifen des Ganzen heraus. Die Methoden sind relativ einfach, denn das meiste muss die Natur selber tun, man muss eben nur verstehen, sie dazu zu veranlassen.

Die Prinzipien der Bodenbearbeitung

Die Bodenbearbeitung bisher als Mittel zur mechanischen Bodenlockerung, zum Aufschluss des Untergrunds und zwecks „Durchfrierung" der Krume allgemein üblich, könnte im biologischen Landbau wegfallen, sie ist im „vollgaren" Boden durchaus entbehrlich. Es kann kein Zweifel mehr daran bestehen, dass der Stoffwechsel des Bodens durch jeden Eingriff gestört wird und niemals zu Hochleistungen kommt, wenn man immer wieder Bodendecke, Zell- und Plasmagare durcheinanderbringt und die Voraussetzungen für die Humusbildung beseitigt. Es ist also grundsätzlich geboten, jede irgendwie entbehrliche Bodenarbeit zu vermeiden.

Auf den Tiefpflug und ähnliche gröbere Eingriffe kann man vollkommen verzichten. Mit schweren Geräten wird man nach Möglichkeit nur aufs Land fahren, wenn die mechanische Schädigung gering ist, nicht zur Zeit der „Hochgare" des Bodens. Wer den Boden als lebendes Wesen ansieht, wird die richtigen Methoden finden.

Für die oberflächliche, verhältnismäßig unschädliche Bodenbearbeitung, wie sie zu Saat, Versetzen, Verziehen und Unkrautbekämpfung nötig ist, stehen zwar Geräte zur Verfügung, bedürfen aber noch der Vervollkommnung. Eine zukünftige Zusammenarbeit von Maschinenbau und Humuswirtschaft wird lohnende Aufgaben vorfinden.

In den Mutterböden der warmen Zonen ist die Stoffwechseltätigkeit bei genügend Feuchtigkeit durchwegs ähnlich hoch wie in den sandigen Böden der gemäßigten Zonen in der warmen Jahreszeit. Bei beiden muss vermieden werden, den „Grundumsatz" durch tiefere Eingriffe in die Struktur noch weiter zu intensivieren. Nur bei schweren Tonböden werden die Nachteile der Bodenbearbeitung durch die Vorteile der erhöhten Bodenatmung wettgemacht; bei ihnen lässt sich der von Natur aus träge Stoffwechsel durch die mechanische Lockerung normalisieren. Allerdings wird man anstreben, bei jeder Bodenbearbeitung, ob auf leichten oder schweren Böden, mit Rücksicht auf die lebenswichtige Schichtenbildung Geräte zu benutzen, die die Krume nicht umwenden, sondern den Boden lediglich aufreißen. Man kann auf diese Weise auch die Pflugsohlenbildung vermeiden, die zur Abdichtung gegen den Untergrund führt.

Wer nicht weiß, ob sein Boden der mechanischen Tiefenlockerung bedarf oder nicht, muss es am Garezustand ablesen. Ein Boden, der in mäßig feuchtem Zustand beim Einstechen feste Klumpen bildet, denen jedes Porensystem fehlt, bedarf noch der Lockerung, aber auch der organischen Ernährung (Düngung), bis ein stabiles Porensystem entstanden ist.

Allgemeine Regeln für die Bodenbearbeitung gibt es nicht; es gibt auf der Welt vielleicht nicht einmal zwei gleichartige Böden, deren biologisches Verhalten sich entspricht wie die Konstitution eineiiger Zwillinge. Den Bauern ist zu lehren, dass sein Boden lebt, dass jeder Boden sein eigenes individuelles Leben hat und man mit ihm umgehen muss wie mit anderen Lebewesen. Eine Regel ist immer wichtig: Auf der Höhe der Zellgare, das heißt in den wärmsten Monaten, muss der Boden möglichst in Ruhe gelassen werden. In dieser Zeit bringt das Durchwühlen der Krume die größte Beschädigung der Bodenorganismen. Zu jeder Zeit jedoch vermeide man die Umkehrung der Schichten.

Die Bodenbearbeitung während der Wachstumszeit hat einen weiteren sehr wesentlichen Nachteil: Die Ausdehnung des Wurzelsystems geht weit über das Maß hinaus, das man sich bisher vorgestellt hat. Es handelt sich daher nicht nur um die gut sichtbaren Wurzeln der Gewächse, sondern um ein fast mikroskopisch feines, unendlich vielgestaltiges, ständig auf- und abgebautes System von Nährwurzeln, das jede Pflanze in unglaublich kurzer Zeit zu entwickeln vermag, wenn sie genügend Plasmagare vorfindet. In Böden, die niemals bearbeitet werden (Obstbau unter der Grasnarbe), geht dieses Feinwurzelsystem weit über den oberirdischen Kronenteil hinaus, bei Obstbäumen oft mehrere Meter.

Wir haben uns das auch ganz ebenso bei Rüben, Kartoffeln, Gemüse und anderen Kulturpflanzen vorzustellen. Es ist unvermeidlich, dass selbst die schonendste Bodenbearbeitung dieses weitverzweigte Nährsystem empfindlich stört. Zwar wird der Schaden dadurch teilweise wettgemacht, dass das System rasch wieder aufgebaut werden kann, und auf nicht garen Böden wird die mangelhafte Bodenatmung verbessert.

Legen wir diese Grundsätze – Störung der natürlichen Schichtenbildung und des Feinwurzelsystems durch Bodenarbeit – den kulturellen Maßnahmen der Bearbeitung von Muttererden zugrunde, so ergibt sich von selbst, dass nicht ein einziger Eingriff in den Bodenorganismus ohne Folgen bleibt und unbedenklich wäre. Man wird zugeben, dass man sich bisher ganz allgemein am Bodenleben versündigt hat und für die Zukunft gewaltig umlernen muss.

Der Wert der biologischen Landbauprodukte

82. Artikel, Sommer 1975

Möglichkeiten des Wertenachweises und der Unterscheidung nach dem gegenwärtigen Stand der Grundlagenforschung

Der Wert von Nahrungs- und Futterpflanzen wird bestimmt, indem man sie der chemischen Analyse unterwirft. Dabei werden alle Stoffe, soweit sie der chemischen Analyse zugänglich sind, mit ausreichender Genauigkeit erfasst: Eiweiße und ihre Bausteine, Kohlenhydrate verschiedenster Art, Fette samt ihren „gesättigten" und „ungesättigten" Fettsäuren, Mineralsalze, Vitamine, Enzyme und Spurenstoffe. Andere Kriterien gibt es nicht, und soweit es solche gibt, wurden sie als „unwissenschaftlich" beiseitegeschoben und nicht als Beweise anerkannt, zum Beispiel Geschmack, Geruch und andere mehr. Ja selbst chemisch nachweisbare Qualitätsverschlechterungen wie das Pasteurisieren der Milch durch Erhitzen, wobei sämtliche Enzyme und ein Teil der empfindlichen Vitamine zerstört und die Eiweißqualität verändert werden, wird als unwesentlich abgetan.

In Wirklichkeit ist der Schaden, der durch das Erhitzen lebendiger Nahrung entsteht, noch viel größer als die Teilschäden, die sich durch die chemische Analyse erkennen lassen. Lebendige Nahrung wird durch Erhitzen buchstäblich getötet. Was übrig bleibt, ist eine Leiche. Es dürfte ein gewaltiger Unterschied sein, ob man von etwas Lebendigem oder von etwas Totem lebt. Diese einfache Tatsache hat bis jetzt noch nicht ihren Niederschlag in der Wissenschaft gefunden. Lebendigkeit ist eine Eigenschaft der lebenden Substanzen, über die früher wenig, allzu wenig bekannt war. Unsere Veröffentlichungen über den Kreislauf der lebenden Substanzen fanden nur wenig Gehör und noch viel weniger Eingang in die Wissenschaft. Ich habe meine Arbeit nur deshalb trotz allen Widerstandes fortgesetzt, weil die Schlussfolgerungen aus der These vom biologischen Kreislauf lebender Erbsubstanz für die tägliche Praxis sowohl in der Heilkunde wie in der Landwirtschaft von ungeheurer Bedeutung sind.

In den verflossenen 25 Jahren ist nun eine außergewöhnlich fruchtbare biologische Grundlagenforschung in Gang gekommen; die Zeiten haben sich geändert. Wir haben heute ein gutes Bild von den lebenden Substanzen und ihren Bewegungen innerhalb des Nahrungskreislaufs vom Boden bis zum Menschen, und dieses wird heute vom größeren Teil der Biologie, der Biophysik und der Biochemie als Wahrheit entsprechend erkannt. Die Weiterentwicklung Richtung Anerkennung durch die Wissenschaft wird jedoch von zahlreichen Schwierigkeiten begleitet, zuerst einmal durch das Nichterkennen durch die Wissenschaft und ihre Träger selbst, diese Periode dauert lange Zeit, bis umwälzende Erkenntnisse Platz gegriffen haben. Weiters hat in vielen Ländern die Industrie große Anteile der Fachleute unter Kontrolle. Das geschieht auf mannigfache Weise und immer mithilfe der Macht des Geldes. Das alles sind große Hindernisse auf dem Erkennen der Werte der biologischen Landbauprodukte. Es stellt sich die Frage: Gibt es Beweise für den höheren Wert dieser Produkte? Es gibt diese Beweise: Lebende Organismen haben, wenn sie sich in der Umwelt behaupten wollen, vor allem zwei grundsätzliche Aufgaben zu erfüllen: die Selbsterhaltung und die Fortpflanzung. Je vollkommener sie diesen beiden Pflichten nachkommen können, desto höher ist ihr biologischer Wert, ihre Lebensqualität.

Es kann nicht mehr bestritten werden, dass der biologische Landbau anders als die Kunstdüngerwirtschaft ohne jede Giftanwendung auskommt, ohne seine Rentabilität zu verlieren

– im krassen Gegensatz zu den Kulturen der Kunstdüngerwirtschaft, denen man mit lebensfeindlichen Giften zu Hilfe kommen muss. Die biologischen Pflanzen besitzen Selbstschutz und Selbstheilungskräfte, die ihr Überleben sogar in einer vom Menschen weitgehend verdorbenen Umwelt möglich machen. In der gleichen Weise gelingt es dem biologischen Bauern, Krankheit und Unfruchtbarkeit aus seinem Tierstall zu verbannen und seine Tiere zu höchsten Leistungen zu bringen. Die Unfruchtbarkeit der Nutztiere bereitet dem konventionellen Landbau schwere Sorgen. Es ist unzweifelhaft bewiesen, dass die biologische Nahrung, von der das Tier lebt, imstande ist, ihre eigene Fruchtbarkeit auf den Nahrungsempfänger zu übertragen.

Es kann keinen Zweifel mehr daran geben, dass die biologischen Erzeugnisse einen wesentlich höheren Nahrungswert besitzen. Gesundheit ist unteilbar, kein Lebewesen kann auf die Dauer gesünder sein als seine Nahrung, und die Zeichen von Gesundheit sind bei allen Lebewesen stets die gleichen, ob es sich nun um den Boden, die Pflanze, das Tier oder den Menschen handelt.

Das Leben der Muttererde und seine Pflege

83. Artikel, Herbst 1975

[Anm. d. Bearb.: *Es ist wohl der umfangreichste und tiefgreifendste Artikel in dieser Serie, es ist der Schöpfungsbericht über das Lebendige unseres Planeten.*]

1. Die Mikroorganismen, die ersten Lebewesen auf Erden, beleben das Wasser und die Verwitterungskrume der Erde. Aus ihnen entwickeln sich in sehr langen Zeiträumen alle Organismen: Pflanzen, Tiere, Menschen.
2. Alle Lebewesen auf Erden sind aufeinander angewiesen, keines kann ohne das andere existieren, jedes hat seinen Lebensraum.
3. Es ist alles wohlgeordnet, und wer diese Ordnung zerstört, der zerstört sich selbst. Vor diesem ehernen Gesetz sind alle Lebewesen gleich.
4. Das muss jedem bewusst sein, der Nahrung schafft für Mensch und Tier: Eine solche Nahrung muss der natürlichen Ordnung entspringen, sie muss die natürliche Ordnung vermitteln. Tut sie das nicht, schafft sie Unordnung und damit Entartung, die der Anfang ist vom Untergang.
5. Die Entartung schreitet sichtbar und erschreckend voran, obwohl die meisten Menschen davon nichts wissen und die größte aller Gefahren nicht sehen.
6. Die vom organisch-biologischen Landbau geschaffene Nahrung entspricht der natürlichen Ordnung und ist imstande, den Menschen wieder zurückzuführen und seine Lebensordnungen von dem Unrat zu reinigen, der sich breitgemacht hat und ihn unfähig macht, ein sauberes, vernünftiges, natürliches Leben zu führen.
7. Wer vom Leben der Muttererde sprechen will, muss dies alles sagen, weil damit alles anfängt. Die Mikroorganismen des Bodens sind die ersten, die wir pflegen müssen, wenn wir natürliche Nahrung erzeugen wollen.

8. Die Mikroorganismen schaffen im Boden biologische Ordnung, und wenn sie es nicht täten, dann könnte kein höheres Lebewesen in der biologischen Ordnung bleiben.
9. Der Boden für sich allein bestand aus den Verwitterungsprodukten der Erdoberfläche, aus totem Gesteinsstaub. Die Erde war schon einige Milliarden Jahre alt, als die lebende Substanz erschien. Woher sie kam, ob auf der Erde entstanden oder aus dem Weltall kommend, ist nicht entschieden. Sie kam, sobald die Voraussetzungen dazu gegeben waren.
10. Geraume Zeit später bildeten sich die ersten lebendigen Zellen im Boden und nahmen schließlich die Oberfläche der ganzen Erdkugel in Besitz. Sie hatten bereits die Fähigkeit der Fortpflanzung und haben sich in ihren Urformen bis heute erhalten.
11. Durch das Zusammentreten von Einzelzellen, zuerst wenigen, dann vielen, entstanden die Pflanzen, eine Entwicklung, die jetzt bis in die Einzelheiten bekannt ist. Das Leben ist damals gewissermaßen aus dem Boden ans Tageslicht getreten.
12. Durch dieses Zusammentreten und Pflanzenbildung kam es zu einer erhöhten Bildung von einzelligen Kleinlebewesen – man zählt heute weit über 100.000 Arten – und zur Herausbildung der heutigen biologischen Ordnung.
13. Der Boden bekam eine neue Aufgabe, als Lebensgemeinschaft der Pflanzen und des Bodens, als Grundlage der Vegetation. Durch ihr Wurzelsystem ist die Pflanze dem Boden verhaftet.
14. Mithilfe der Wurzeln kann die Pflanze das, was sie zum Leben und zur Fortpflanzung braucht, dem Boden entnehmen. Und umgekehrt kann sie mithilfe der Wurzeln dem Boden zahlreiche Stoffe liefern, die in größeren Mengen nur die Pflanzen bilden können, indem sie in großem Umfang das Licht und die Wärme der Sonnenstrahlung als Energiequellen ausnutzen. Durch diesen Stoffaustausch zwischen Boden und Pflanze aber vermag die Pflanze Einfluss auf den Boden zu nehmen und seine Lebensordnungen in ihrem Sinne und zu ihrem Nutzen zu lenken.
15. Seit dem Entstehen überirdischer Lebewesen, der Pflanzen und der Tiere, entstehen Abfälle, die zwangsläufig auf den Boden kommen („sie fallen ab"). Der Boden verdaut sie und hinterlässt auf diese Weise neue Fruchtbarkeit. In der Praxis: der organische Dünger. Der Abbau wird durch Kleinlebewesen vorgenommen, durch die sogenannte Abbauflora in der obersten Bodenschicht, die von der Pflanze gemieden wird, die aber unentbehrlich ist für die Vorbereitung von neuer Pflanzennahrung.
16. Die zweite Flora des Bodens ist die in der darunterliegenden Bodenschicht – der Humus- oder Plasmagare – wirksame, den Pflanzen zugehörige Wurzelflora, die von der Pflanze direkt abhängig ist und nur leben kann, wenn sie mit der Pflanze tätig zusammenwirkt.
17. Die pflanzenzugehörige Wurzelflora besteht sowohl aus gewissen Pilzarten als auch aus Bakterien. Beide Arten von Mikroorganismen sind Mitarbeiter der Pflanze; sie sind, wie wir sagen, „Symbionten" und mit ihr in tätigem Zusammenleben verbunden. Diese Wurzelbakterienflora kann man mithilfe von Auslesemethoden im Laboratorium herauszüchten und ihre Eigenschaften prüfen.
18. Diese Bakterienflora kommt nicht nur bei den Pflanzen vor, sondern auch bei den Tieren und den Menschen. Sie leben dort auf den Schleimhäuten, beim Menschen zum Beispiel auf der Mundschleimhaut, dem Rachenring, im unteren Dünndarm und im ganzen Dickdarm. Diese Bakterien haben durchwegs die Fähigkeit, Milchsäure zu bilden, und arbeiten

als Symbionten bei Pflanze, Tier und Mensch. Der Wurzelapparat kann auch als „Darm der Pflanze" betrachtet werden.

19. Genauso wie man die Wurzelflorabakterien benutzen kann, um Aussagen über Gesundheit oder Nichtgesundheit von Tier und Mensch zu bekommen, kann man sie auch benutzen, um über die Beschaffenheit der Bodengesundheit zu urteilen. Man kann daher die Wurzelflora als Qualitätsmerkmal im Landbau verwenden. Man kann erfahren, welche Anbaumaßnahmen (Bodenbearbeitung, Düngung) für die Bodengesundheit nützlich sind.
20. Durch das alljährliche, zuweilen sogar zweimalige Pflügen wird die natürliche Bodenschichtung vollständig zerstört. Man zwingt die Pflanze, in der von ihr nicht geliebten Abbauflora zu wurzeln, wobei die Wurzelflora krank wird. Daher wenn es nötig ist, den Boden in die Tiefe hinein lockern.
21. Wenn durch Bearbeitungsmaßnahmen unaufbereitete organische Masse in die Wurzeltiefen der Pflanze gelangt, bildet sich dort sofort eine Abbauflora. Die Folgen: Störung der Wurzelflora und Krankheit der Pflanze. Die kranke Pflanzenkultur ist eine untaugliche Nahrung. Daher frische organische Masse niemals in die Tiefe bringen.
22. Wird synthetische Stickstoffdüngung durchgeführt, wird die ganze so sorgfältig vom Boden aufgebaute Lebensordnung und die Arbeit der Kleinlebewesen aller Art überflüssig, weil man Pflanze und Boden jede Arbeit erspart und unter Umgehung der natürlichen Stickstoffgewinnung diesen Baustoff fertig anliefert. Die Folgen sind Abbau des Wurzelapparates, der Bakterienflora und Mangel an allen Stoffen, die im natürlichen Bodenleben entstehen und die man niemals künstlich ersetzen kann, die aber sehr wohl lebensnotwendig für den Aufbau der Pflanze und deren Qualität sind.
23. Eine bestmögliche Pflanzennahrung kann eben nur der Boden selbst zubereiten, durch seine Lebensordnung und seine tätige Zusammenarbeit mit der Pflanze.
24. Das Leben des Bodens ist abhängig von der Bodenatmung, durch die die organische „Lebendverbauung" und Krümelbildung gewährleistet wird. Die natürliche Krümelung ist nicht durch künstliches Krümeln (durch Bodenbearbeitung) ersetzbar (fällt im Regen zusammen). Nur der durch organische Verbauung entstandene Krümel ist beständig, daher ein beständiges Füttern des Bodens mit organischem Dünger.
25. Die physiologische Wurzelbakterienflora der Milchsäurebildner wird nicht nur durch fehlende Bodenatmung, sondern auch durch Schadstoffe (Lebensgifte) aller Art zerstört. Solche Schadstoffe kommen nicht nur aus der chemischen Retorte, sondern auch aus falsch behandeltem Betriebsdünger. Mist, Gülle und Jauche müssen der atmenden Rotte (Belüftung) übergeben werden, sonst entwickeln sie eine Fäulnisbakterienflora mit bakterien- und wurzelschädigenden Hemmstoffen (Stapelmiste, unbelüftete Güllen und Jauchen).
26. Wenn wir das Bodenleben in einem fruchtbaren Boden betrachten, so tun wir einen tiefen Blick in die Geheimnisse und Wunder der Natur, die man niemals künstlich ersetzen kann und die bis in alle Ewigkeit ihr Geheimnis bleiben werden.
27. Die Ehrfurcht vor dem Leben muss wiederkehren, wenn die Menschen das Leben in Gesundheit behalten oder wiedererringen wollen – das lehrt uns auch dieser Blick in die Wunder des Lebens.

Jetzt geht es ums Überleben der Menschheit

84. Artikel, Winter 1975

Seit einiger Zeit erscheinen in Zeitungen und Zeitschriften Abhandlungen, die den Untergang der Menschheit in nicht ferner Zukunft voraussagen, belegt durch unbestreitbare Tatsachen (Bericht des Club of Rome [MEADOWS et al. 1972]). Von Anfang an haben wir, der biologische Landbau, der Menschheit ihre Selbstvernichtung vorausgesagt, wenn sie sich nicht auf die Ehrfurcht vor dem Leben besinne und ihren Handlungen nicht alsbald die ewigen Gesetze des Lebendigen zugrunde lege.

Wir haben all unsere Kräfte eingesetzt und ein Beispiel geschaffen, das in Zukunft richtungsweisend sein wird: Es wird der Bauer sein, der die Wege weist, um die Menschheit zu retten, oder es wird keine Rettung geben.

Was ist vor sich gegangen? Was hat die menschliche Gesellschaft falsch gemacht, was muss anders gemacht werden? Wo liegen die Wurzeln des Übels?

Es begann damit, dass der Mensch die Materie entdeckte, die Welt wurde für ihn manipulierbar, sie wurde auf Gedeih und Verderb in seine Macht gegeben. Die Naturwissenschaft entschleierte das Wesen der Materie. Die Technik wurde erfunden und mithilfe der Maschine eine durch und durch künstliche Welt aufgebaut. Die Industrie entwickelte sich zu einer riesigen Organisation, die heute den Erdball beherrscht, alle Lebewesen, auch die Landwirtschaft.

Dann kam der Wohlstand und mit ihm das Geld, das die Menschen zu Knechten macht. Die Menschen gehen vom Land in die Stadt, um Geld zu verdienen. Die Mächtigen von heute haben das „Goldene Kalb" modernisiert und nun tanzen alle drum herum. Es verfällt alles, was das Leben schön und lebenswert macht: Kultur, Tradition, Sitte, Moral, Kunst, Familie, Gesundheit an Leib und Seele.

Und wenn man nun sagt, das alles geschehe nur deshalb, weil sich der Mensch vom lebendigen Boden größtenteils gelöst habe, so wird das außer uns und einigen, die noch nicht blind geworden sind, kaum jemand glauben, und doch ist es so, ganz genau so. Ein Volk, dessen Bauernstand zugrunde geht, hat nicht mehr lange zu leben. Man kann auch sagen: Wer die Beziehung zum Lebendigen aufgibt, ist verloren.

Der Stoffkreislauf des Lebendigen ist genau festgelegt vom Boden zur Pflanze und von dort zu Tier und Mensch und wieder zurück zum Boden. An diesem Stoffkreislauf nehmen ganz bestimmte Elemente in ganz bestimmten Mengen teil, und daraus bauen alle Lebewesen ihren Leib auf, alle Hunderttausende von Pflanzenarten und über eine Million tierische Organisationen, die man bis jetzt registriert hat. Auch die Abfälle des Lebendigen enthalten diese Stoffe.

Diesem normalen, natürlichen Stoffkreislauf haben nun die technische Zivilisation und ihre Großindustrie einen zweiten, unnatürlichen Stoffkreislauf hinzugefügt aus Elementen, oft in riesigen Mengen, die am natürlichen Lebenskreislauf nicht teilnehmen. Es entstehen Abfälle ganz anderer Art als die Abfälle des Lebendigen, zum Teil nur unbrauchbar, zum Teil aber schädlich und sogar sehr giftig. Solche Abfallstoffe geraten nun zwangsläufig mehr und mehr in die natürlichen Stoffkreisläufe, das kann man überhaupt nicht verhindern. Der Boden, der von Natur aus die Aufgabe der Lebensmittelproduktion für alle Organismen erfüllen soll, reichert sich mit Fremdstoffen an, denn alle die von der Industrie produzierten und zum Teil unzerstörbaren, insbesondere die synthetischen Stoffe, die Medikamente, die Schwermetalle landen zwangsläufig im lebendigen Boden.

Es kann nicht ausbleiben, dass das Bodenleben und seine lebenden Substanzen in steigendem Maße Veränderungen erleiden, sodass die Nahrung nicht mehr Heilnahrung sein kann, sondern die Entartung alles Lebenden erzwingt. Wenn die Industrieproduktion so weitergeht wie bisher, wird man eines Tages die Bodenerzeugnisse nicht mehr essen können, ohne zu sterben. Da die Industrie in ihrer gegenwärtigen Struktur auf Wachstum, ständiges, alljährliches Wachstum angewiesen ist, weiß niemand, wie man die zunehmende Bodenvergiftung mit Fremdstoffen verhindern soll.

Die technisierte und chemisierte Großflächenlandwirtschaft, heute ein Zweig der Großindustrie, sorgt ihrerseits dafür, dass die natürlichen Stoffkreisläufe gestört und zerstört werden. So arbeitet die ganze materialistisch orientierte technisch-chemische Zivilisation in allen ihren Zweigen, jeder Vernunft zuwider, emsig an der Ausrottung des Lebens, und so muss letzten Endes die Menschheit ihren maßlosen widernatürlichen „Wohlstand", den Wahn der Allmacht über die Materie, das Teufelswerk eines Irrglaubens, mit dem Leben bezahlen.

Der Weg „zurück zur Natur" ist steinig und schwer: harter Verzicht auf viel Bequemes, Gewohntes, Verzicht der Industrie auf jedes weitere Wachstum, schrittweiser, unverzüglicher Abbau, Aufteilen der Lebensräume in kleinere, überschaubare Einheiten, Rückkehr sehr vieler Menschen aufs Land und zum lebendigen Boden.

Es gibt keine Wahl: Entweder wird dieser Weg gegangen oder wir sind verloren. Ob die Menschen noch fähig sind, diesen Weg zu gehen, muss die Zukunft erweisen.

Was wir, die Menschen im biologischen Landbau, zu tun imstande waren, das ist getan worden. Das Beispiel ist gegeben. Die Kraft der Natur zur Regeneration ist unerschöpflich, wenn wir sie wirken lassen und ihre Arbeit nicht stören. Die Biobetriebe haben bewiesen, dass sie auf Fremd- und Giftstoffe verzichten können, dass sie weder Kunstdünger noch einen großen Maschinenpark brauchen. Sie brauchen keine Industrie und keine Großflächen, sondern Mittel- und Kleinbetriebe, die überschaubar sind. Und sie bringen eine Nahrung hervor, die den Menschen wieder die Regeneration, das Überwinden der Entartung möglich macht.

Es gibt keinen anderen Weg zur Gesundung der menschlichen Gesellschaft, die an Leib und Seele krank ist, es geht auch um viel mehr als ums Überleben allein.

Eine Erwiderung*

85. Artikel, Frühjahr 1976

Nachdem es sich um amtlich bestellte Gutachten handelt, von angeblich Sachverständigen erstellt, die überall als Basis für die Entschlüsse der Regierungen dienen und so unsere Pionierarbeit ganz erheblich behindern können, will ich mich dazu äußern: Frau Hoerning macht die Ausarbeitung der Proben wie gemeinsam vorher über 20 Jahre lang im Hauptlabor, mit einfachsten Mitteln, aber mit der gleichen wissenschaftlichen Exaktheit. So bleiben die Kosten gering und die biologische Sanierung der Böden überwacht. Die Leistung der kleinen Labors ist einmalig.

Man wisse und erinnere sich, dass die größten und fruchtbarsten Entdeckungen der Wissenschaft fast ohne Ausnahme in wenig „repräsentativen Labors" gemacht wurden. So hat Otto HAHN (HAHN 1979) die erste Atomkernspaltung der Welt in einem bescheidenen Labor mit selbst gebastelter Apparatur vollbracht. Robert KOCH (GENSCHOREK 1976) entdeckte den ersten Krankheitserreger in einem primitiven Mikroskop, in einem Verschlag, abgeteilt vom Sprechzimmer durch eine Pappwand. Die Findung der wichtigsten Seuchenerreger bedeutete die Besiegung der schlimmsten menschenmordenden Seuchen und der Beginn des Hygienezeitalters. Die Reihe solcher Beispiele ließe sich beliebig fortsetzen.

Der uns beherrschende Gedanke war, einen labortechnisch einfachen Bodentest zu erstellen, den der normale Bauer auch bezahlen kann. Man erinnere sich und wisse, dass die größten und fruchtbarsten Entdeckungen und Erfindungen in großer Zahl bei ihrem Erscheinen heftig bestritten und bekämpft wurden, so sagte Max PLANCK (GERLACH 1948), Nobelpreisträger der Physik: „Eine neue wissenschaftliche Wahrheit pflegt sich nicht in der Weise durchzusetzen, dass ihre Gegner überzeugt werden und sich als belehrt erklären, sondern vielmehr dadurch, dass die Gegner aussterben und dass die heranwachsende Generation von vornherein mit der Wahrheit vertraut gemacht ist." Bei den Erstveröffentlichungen werden neue Wahrheiten meistens als „unwissenschaftlich" abgetan. So geschah es in diesem Fall auch uns. Hätten die Herrn Gutachter sich die Mühe gemacht unser Hauptlabor zu besuchen und vor allem mit mir selbst zu sprechen, wäre zumindest ihre Handlungsweise nicht „unwissenschaftlich" gewesen.

Es wird allerorten zurzeit versucht, anhand chemischer Elementaranalysen nachzuweisen, dass sich ein Unterschied zwischen kunstgedüngter Marktware und biologischer Produktion nicht finden lässt. Die tote Materie ist freilich die gleiche. Der Unterschied zwischen üblicher Marktware und echt biologischem Gewächs liegt in der lebendigen Organisation der toten Materie, nicht in den Mengenzahlen an Hauptelementen. Um aber die biologische Wirkung von Lebensmitteln beurteilen zu können, muss mit Lebensvorgängen gearbeitet werden. So haben die amerikanischen Wissenschaftler Francis M. POTTENGER und D.G. SIMONSEN (1939) und POTTENGER (1946) 20 Jahre lang Katzen mit verschiedenen Milchsorten gefüttert. Nur jene Gruppe, die frische Rohmilch bekam, blieb gesund und munter. Jene, die mit pasteurisierter, kondensierter oder Trockenmilch gefüttert wurden, starben nach lange vorher bereits gezeigten Entartungserscheinungen spätestens in der sechsten Generation aus.

Daraus geht hervor: Lebendiges lässt sich nur an Lebensvorgängen prüfen. Wer etwas über den biologischen Wert oder Unwert von Lebensmitteln erfahren will, muss sich schon die Mühe machen, sie an lebendigen Vorgängen zu prüfen, mit chemischen Analysen ist da nichts zu finden. Das bedeutet im Allgemeinen, dass man sich mit langjährigen und kostspieligen Fütterungsversuchen abmühen muss, um die biologische Qualität zu ermitteln. Dazu fehlte uns das nötige Geld. Wir sind daher einen anderen, weniger teuren Weg gegangen: Wir benutzten als Versuchsobjekte die Bakterien aus dem Lebensbereich der Säugetiere und des Menschen.

Diese Versuchstiere stellen in kurzer Zeit neue Generationen zur Verfügung (alle 20 Minuten) und sind in jeder Bodenprobe schon von selbst vorhanden und geben uns rasche Antworten. Auf diese Weise ist es möglich, Bodenproben in wenigen Tagen zu prüfen, so billig wie möglich.

Die derzeitige Wissenschaft hat von Jugend auf gelernt, dass sich alles Lebendige aus Materie aufbaut. Sie wissen nichts von Kreislauf der lebendigen Erbsubstanzen und wissen nicht, dass aus Materie niemals etwas Lebendiges wird, wenn es nicht von dem geheimnisvollen Etwas, das wir Leben nennen, geordnet wird.

*[Anm. d. Bearb.: *Die von Dr. Hans Peter Rusch entwickelten Bodenproben wurden in seinem Hauptlabor ausgearbeitet, es wurde aber auch ein kleines Labor in der Schweiz, in Germignaga (Tessin) eingerichtet, in dem Dr. Ruschs Hauptmitarbeiterin durch Jahrzehnte, Frau Hoerning, die gleiche Arbeit verrichtete. Zwei vom Amt bestellte Gutachter erschienen dort und verlautbarten nach kurzem Besuch, das Labor sei „wenig repräsentativ" und die Handhabung der Bodenprüfungen sei „unwissenschaftlich".*]

Biologisches Gleichgewicht im Boden

86. Artikel, Sommer 1976

Das Maß der Dauerfruchtbarkeit eines Mutterbodens bei natürlicher Düngung, das heißt, alle nährenden Substanzen stammen aus organischen Abfällen, hängt von der Fähigkeit des Bodens ab, einerseits fortlaufend Substanzen an die Pflanze abzugeben, wenn sie wächst, andererseits vom biologischen Substanzkreislauf so viel zu behalten, dass eine beständige Gare aufrechterhalten wird. Zwischen beiden besteht zweifellos ein biologisches Gleichgewicht, das nicht nur für jede Bodenart spezifisch ist, sondern auch im Laufe der Jahreszeiten differiert, weil das Mengenverhältnis zwischen Pflanzenwachstum (Nahrungsentnahme) und Humifizierung (Nahrungsbeschaffung) nicht konstant ist, sondern abhängig auch von den allgemeinen Wachstumsbedingungen, vor allem von Wärme- und Wasserzufuhr. Je mehr der Boden imstande ist, freie Ionenschwärme und das für die Bindungen nötige Wasser zu speichern, desto größer ist seine Fähigkeit, die gleitenden biologischen Fließgewichte aufrechtzuerhalten.

Füttert man den Boden zusätzlich mit verfügbar gemachten Mineralien und mit synthetischen Stickstoffverbindungen, so wird das Gleichgewicht zwischen der Beschaffung von Bodennahrung zur Vorratshaltung und der Entnahme durch die Pflanze gewaltsam beseitigt, weil die Lebensvorgänge durch die nicht vorgesehene Zufuhr stoffwechselaktiver Materie angefacht werden. Das geschieht besonders durch Stickstoffgaben zur Unzeit, vor allem im frühen Frühjahr, wenn die Bodenwärme für eine natürliche Stickstoffbindung noch nicht ausreicht (erst ab plus 15 Grad Celsius). Es wird zwar die Kunstdüngerwirkung hier sehr gepriesen, sie ist aber hier zweifellos am schädlichsten.

Durch die Anfachung des Stoffumsatzes werden die Huminbildung und die Inkohlung organischen Materials enorm und zur Unzeit gefördert. Da Humine sauren Charakter haben, wird der Boden aus dem elektrolytischen Gleichgewicht gebracht und saurer gemacht. Der Kunstdünger bringt außerdem anorganische Säureradikale mit, wodurch die Festlegung des Kalziums und die Besetzung der Tonkristalle vermehrt und die Garebildung behindert wird; dadurch wird auch das Gleichgewicht beeinträchtigt bis beseitigt.

Es bildet sich eine krankhafte Variation der Mikroflora aus, weil die Mikroben anders ernährt werden als vorgesehen, denn sie erhalten ja nun einige wenige Baustoffarten im Überfluss und nicht die wohl ausgewählte Nahrung, die ihnen der Abbau organischer Strukturen bietet. Die Variation der Flora bedeutet immer auch, dass die Nahrungsqualität krankhaft verändert wird.

Die Ionenschwärme und freien Ionen werden so vermehrt, dass das Gleichgewicht zwischen makro- und mikromolekularen Nahrungssubstanzen beseitigt wird. Die Pflanze nimmt mehr stoffwechselaktives Material auf, als sie soll. Zwangsläufig führt die Anhäufung von Ionen im Saftkreislauf der Pflanze stoßweise zu einem „Wachstumsfieber", das nicht nur den biologischen Charakter des Pflanzengewebebaus verändert und die quantitativen Umsätze zu Ungunsten der qualitativen gewaltsam erhöht, sondern die Feinabstufungen der Substanzauswahlen nivelliert und uniformiert.

Es ist offenbar unmöglich, künstlich zu düngen, ohne die Gare zu gefährden, weil die Ausbildung einer natürlichen Gare mit einer höchst vielfältigen Abstufung und Auswahl der biologischen Potenzen lebender Substanzen unmöglich gemacht wird.

Es ist offenbar unmöglich, die natürliche Pflanzenernährung durch verfügbar gemachte Mineral- und Stickstoffsubstanzen zu ergänzen, weil es hier nichts zu ergänzen gibt. Von Natur aus ist die Ernährung der Pflanze aus denjenigen Stoffen und biologischen Kapazitäten vorgesehen, die aus den Abfällen des Lebendigen stammen und im Organismus „Mutterboden" vorgeordnet angeboten werden. Jede Einmischung in diese Vorgänge ist zwangsweise mit der Beseitigung aller jener Gleichgewichte verbunden, die für das organische Leben Voraussetzung sind. Es kann also nur erlaubt sein, die Bodenvorräte durch nicht aufgeschlossene, nicht unmittelbar stoffwechselaktive Mineralien (Urgesteinsmehl) zu ergänzen. Diese werden vom Bodenstoffwechsel nur mobilisiert, wenn sie gebraucht werden. Die Aufnahme von synthetischem Stickstoff in den biologischen Kreislauf ist nicht vorgesehen; er erscheint als Fremdstoff, der die normale N-Beschaffung (aus organischen Rückständen und Assimilation aus der Luft) irritiert.

Schon der „ältere" LIEBIG (1840) gab an, die Pflanze könne von der Natur „hundert- ja tausendmal mehr Stickstoff" erhalten, als man ihr künstlich geben könne. Er warnte eindringlich davor, sich in den biologischen Substanzkreislauf durch Kunstdünger einzumischen. Diese Angaben wurden bei ihrem Erscheinen nicht mehr gehört und auch die gegenwärtige Neuausgabe (1973) wurde mehr oder weniger vom Tisch gewischt.

Normalerweise findet die Pflanze überhaupt in den Stoffausrüstungen organischer Abfälle alles das, was sie braucht, denn das Material stammt aus Lebensprozessen und ist deshalb für Lebensprozesse geeignet.

Generell aber lässt sich sagen, dass alles das für die richtige Bodenernährung geeignet ist, was aus dem Substanzkreislauf selbst stammt, was pflanzliche, tierische und mikrobielle Systeme an Substanz besitzen. Organische Dünger werden umso wertvoller sein, je „lebendiger" sie sind, das heißt je unmittelbarer ein Lebensvorgang in den anderen übergeht.

Ein optimales Leben – ein Leben in Gesundheit und Fruchtbarkeit – ist nur möglich in der lebendigen Gemeinschaft der Organismen. Und zu dieser Gemeinschaft gehört auch der Organismus „Bodengare", dessen Leben mit der Verbindung zum oberirdischen Leben steht und fällt.

Die Bewährungsprobe

87. Artikel, Herbst 1976

Seit LIEBIG (1840) [1995] im vorigen Jahrhundert entdeckte, dass die Pflanzen ihre mineralischen Baustoffe in Salzform aus dem Boden aufnehmen, ahnte er erst in seinem Alter, was er damit in Gang gebracht hatte, und versuchte – vergeblich –, den unheilvollen Irrweg der Kunstdüngung zu verhindern. Vor allem die Produktion des synthetischen Stickstoffs wurde vorangetrieben. Niemand hat wohl damals wirklich gewusst, was letzten Endes daraus entstehen würde.

Der große Einbruch in die Landwirtschaft erfolgte Anfang des 20. Jahrhunderts. Bestechend wirkte das rasche üppige Wachstum, ganz besonders bestechend die Tatsache, dass sich mithilfe des Kunstdüngers schon im ersten kalten Frühjahr Wachstum erzielen lässt, obwohl die Voraussetzungen für ein natürliches Wachstum noch nicht gegeben sind.

Der Pferdefuß der Kunstdüngung war noch nicht offenbar geworden, weder der Sortenschwund noch der Abbau der Widerstandskraft gegen Krankheit und Schädlinge und der Zwang zur Giftspritzerei. Ahnungslos übernahmen die Bauern das so einfache Verfahren. Die Umsätze der Kunstdüngerindustrie stiegen nach dem Ersten Weltkrieg so stark an, dass sich eine neue Großindustrie entwickelte, die in alle Welt expandierte und Heeren von Arbeitern, Angestellten, Vertretern und wissenschaftlichen Fachkräften Arbeit und Brot verschaffte. Die Kunstdüngerindustrie wurde zu einem der größten Unternehmen der Welt, einschließlich der später hinzutretenden Spritzmittelproduktion, und hatte die Macht des Geldes auf ihrer Seite.

Man hat bei der Großindustrie den biologischen Landbau zunächst nicht ernst genommen. Unabhängige Wissenschaftler machten sich alsbald an die Arbeit, um dem biologischen Landbau den notwendigen wissenschaftlichen Unterbau und die Direktiven zu schaffen, nach denen nun seit einiger Zeit gearbeitet wird. Das hat man bei dem Managertum der Industrie wohl kaum für möglich gehalten. Nun ist aber außerdem eine ganz neue Sachlage dadurch entstanden, dass von unabhängigen Forschern der Begriff „Umweltverschmutzung“ geprägt wurde, ein Begriff, der rasch Eingang ins allgemeine Bewusstsein der Völker gefunden hat. Es wurde neben Wasser- und Luftverschmutzung die chemisierte, technisierte Landwirtschaft als größter Umweltverschmutzer erkannt.

Weil aber der biologische Landbau die einzige Möglichkeit bietet, der Verderbnis der Naturkräfte zu begegnen und dem Lebendigen auf Erden seine Erbgesundheit zu bewahren, bleibt nun der Industrie nichts anderes übrig, als den Abwehrkampf gegen jede Erneuerung der Landwirtschaft aufzunehmen. Es ist ja direkt bewundernswert, wie die Industrie es fertigbringt, den Staat, die landwirtschaftlichen Forschungsstätten und alle dienlichen Institutionen vor ihren Karren zu spannen, wie sie es fertigbringt, den Egoismus und die Existenzangst ihrer Leute auszunutzen. Ohne Kunstdünger würden Millionen und Abermillionen von Menschen auf der Welt zusätzlich verhungern, so wird es verlautbart. Der biologische Landbau wird als unwissenschaftlicher Blödsinn abgetan. Alledem zum Trotz: Der biologische Landbau wächst und wächst, sein Siegeszug ist nicht mehr aufzuhalten. Die Bildung von Gruppen von Landwirten, die ihre Betriebe auf organisch-biologischen Landbau umgestellt haben, wächst.

In den USA und Kanada gibt es bereits einen ausgedehnten biologischen Landbau, es fehlt ihm aber an den wissenschaftlichen Direktionen, da sind wir ihnen um 20 Jahre voraus, wie sie selbst zugeben. Wir waren die Ersten, die die entscheidenden wissenschaftlichen Wahrheiten erarbeitet haben. Wir dürfen stolz sein, Pioniere zu sein. Wir haben inmitten einer feindlichen Umwelt ein Beispiel dafür geschaffen, wie der Landbau der Zukunft aussehen muss.

Im Zeitalter des Materialismus, der Technisierung, der Landflucht, der Gottlosigkeit ist die Verbindung zwischen dem Menschen und der Natur abgerissen. Der Mensch bildet sich ein, selber Gott zu sein. Seitdem verkümmert das Bauerntum, die Nahrungsfabrik tritt an seine Stelle. Wir müssen dafür sorgen helfen, dass der bäuerliche Familienbetrieb wieder zu Ehren kommt, in dem Moral und Sitte herrschen. Solchen Bauernfamilien zu helfen, zum Natürlichen zurückzukehren, das ist die Aufgabe für die nächsten Jahrzehnte.

Dann wird auch einmal wieder alle Nahrung auf den Märkten Gesundheit zu den Menschen bringen, dann werden der Kulturverfall, die Seelenlosigkeit, die mangelnde Liebe unter den Menschen und der Verfall der Gottgläubigkeit aufgehalten werden. Es gibt keinen anderen Weg als den unsrigen.

Zur Deutung der Bodenproben-Protokolle

88. Artikel, Winter 1976

[Anm. d. Bearb.: *Nachdem im Laufe dieser Artikelserie oft und gründlich über das Wesen der von Rusch entwickelten Bodenproben (Rusch-Test) geschrieben wurde, konnte man sich ein klares Bild über diese Messtechnik des Lebens machen. Nun sind jedoch die Protokolldrucke in den letzten Jahren geändert worden und entsprechen nicht mehr der angeführten Beschreibung. Eine Deutung dieser veralteten Ausgaben erübrigt sich daher.*]

Der Gareschwund und seine Folgen

89. Artikel, Frühjahr 1977

[Anm. d. Bearb.: *Diesem Artikel sandte Dr. Müller die Botschaft voraus, dass Dr. Rusch zu seiner Gesundung ein Sanatorium aufgesucht habe. Es war eine sehr ernste Botschaft!*]

Dass die Kunstdüngung, wie jeder Raubbau an biologischen Funktionsqualitäten, auch den Schwund der anatomischen Struktur fruchtbaren Bodens bewirkt, muss hier nicht historisch belegt werden. Herausragende Werke zu diesem Thema sind jene des Forscher-Ehepaares Raoul H. FRANCÉ (1911) [2012] und Anni FRANCÉ-HARRER (1950) [2007] und die des allzu früh verstorbenen Franz SEKERA (1943) [2012.]

Es wäre sinnlos, sich auf den seit Jahrzehnten anhaltenden, oft ganz unsachlichen und unwissenschaftlichen Meinungsstreit einzulassen. Wir betrachten den Gareschwund als natürliche, unmittelbare, voraussehbare und selbstverständliche Konsequenz der künstlichen Treibdüngung. Es würde jeder biologischen Vernunft widersprechen, wenn es anders wäre.

Die Gare am Organismus „Boden–Pflanze" ist nicht nur eine quantitative, sie ist auch eine qualitative; beide Größen erfahren durch eine Treibdüngung Einbußen, die mit weiteren künstlichen Mitteln nicht wettzumachen sind. Die Einbuße ist dadurch gegeben, weil die Stoffwechsel beider Organismenarten künstlich und zur Unzeit beschleunigt werden. Dadurch werden beide Organismen zum Raubbau am Substanzkreislauf gezwungen, weil man ihnen ja keine vollwertige Nahrung bietet, sondern eine höchst einseitige. Man muss das eigentlich nicht besonders beweisen, man muss es vielmehr erwarten.

Der Eingriff in den Substanzkreislauf durch Treibdünger, der die Organismen Boden–Pflanze zu einer unphysiologischen Erhöhung ihres Stoffumsatzes zwingt, bringt den geregelten Ablauf der Lebensvorgänge, der für die Erhaltung der labilen biologischen Gleichgewichte verantwortlich ist, in Gefahr. Man kann sicher sein, dass damit biologische Unordnung bewirkt wird, die im Schwund der Qualitätsmerkmale unmittelbar zum Ausdruck kommt, aber auch im Schwund der Erntemenge.

Man hat zu erwarten, dass diese Unordnung mit der Intensität der Treibdüngung zunimmt, jedoch bereits beim geringsten Eingriff in die feinstofflichen Umsätze beginnt.
Die Humuswirtschaft vermag heute zu beweisen, dass der Gareschwund auf den chemisch ernährten Äckern direkte Folge der Treibdüngung ist.

Das Wunder der Humuswirtschaft

90. Artikel, Sommer 1977

[Anm. d. Bearb.: *Diesem Artikel ging die Botschaft voraus, dass Dr. Rusch vom Sanatorium in sein Heim in Südfrankreich zurückgekehrt sei.*]

Wir haben begründet, warum es nach unserer Auffassung keinen Kompromiss zwischen künstlicher und natürlicher Pflanzenernährung, zwischen chemischem und biologischem Landbau geben kann. Das Kernstück der Kunstnahrung ist der synthetisierte Stickstoff, der in den biologischen Kreislauf eingeschleust wird, den Bodenorganismus umgeht und der Pflanze die aktive Nahrungssuche erspart. Ohne künstlichen Stickstoff verliert die Kunstdüngung den größeren Teil ihrer Wirksamkeit und würde indiskutabel. Im Mittelpunkt der Bemühung des biologischen Landbaus steht die vollkommene Ernährung des Bodenorganismus und der Verzicht auf jeden Eingriff in die Beziehungen Boden–Pflanze, sodass die Pflanze sich ihre Nahrung aus den Produkten des Bodenorganismus selbst aussuchen muss. Sie tut das mit einem von ihr selbst gelenkten Lebensvorgang, der keine künstliche Einmischung verträgt, wenn er in voller biologischer Ordnung verlaufen soll.

Es gibt also keine Möglichkeit, etwa die Kunstdüngerwirtschaft durch die Humuswirtschaft zu ergänzen, und die Humuswirtschaft muss restlos auf alle Praktiken verzichten, die von der Agrikulturchemie in vielen Jahrzehnten entwickelt wurden, um die erzeugte Pflanzenmasse zu vermehren und das Wachstum künstlich anzutreiben. Wir haben uns im Laufe unserer Arbeit am Boden oft genug gefragt, ob nicht Kompromisse möglich wären, ob sich nicht „Nährstoffe" der chemischen Industrie im biologischen Landbau verwenden ließen, man hätte sich so die Arbeit erleichtern können. Aber am Ende jeder Untersuchung und jeder Überlegung stand das Eingeständnis, dass es keine Zwischenlösung gibt.

Wer erkannt hat, dass jeder künstliche Eingriff in den biologischen Substanzkreislauf zum Schaden der Substanz selbst geschieht, der darf nichts anderes fordern als den Verzicht darauf.

Es liegt im Wesen der echten und vollkommenen Humuswirtschaft, dass sie ihre Existenzberechtigung und ihre Überlegenheit nur nachweisen kann, wenn sie kompromisslos auf jeden Eingriff in alle die Lebensvorgänge verzichtet, die im „Organismus" eines Bauernhofs ablaufen. Eine einzige Stickstoffgabe, eine einzige Spritzung, eine einzige Giftbehandlung im Viehstall verhindert, dass der biologische Substanzkreislauf in Gang kommt. Das Wunder der Humuswirtschaft geschieht erst dann, wenn dem Bauern, dem Saatzüchter, dem Viehzüchter und dem Gärtner bewusst wird, dass jede seiner Handlungen an Boden, Pflanze, Tier und Mensch Einfluss hat, nicht nur auf das Einzelne, sondern auf das Ganze.

Die Bestimmung der biologischen Qualität

91. Artikel, Herbst 1977

Tod Rusch 17.08.1977

[Anm. d. Bearb.: *Im Sommer 1974 wurde von Dr.Rusch ein Artikel, der 78., veröffentlicht mit dem Titel: „Die mikrobiologische Bodenuntersuchung nach Dr. med. H.P. Rusch: Was bedeuten die ermittelten Werte über ‚Menge' und ‚Güte' für die Präsens des organisch-biologischen Landbaus?" Hier wurde in unnachahmlicher Weise der Sinn und Zweck des Rusch-Testes erläutert als auch die Technik der Durchführung. Alle diese Maßnahmen und daraus gewonnenen Erkenntnisse wurden im genannten Artikel bestens dargestellt, auch die Qualitätsbestimmung.*]

Gare und Gareschwund

92. Artikel, Winter 1977

Dass sich fruchtbarer Boden auffällig von unfruchtbarem durch eine spontane, lockere Beschaffenheit unterscheidet, weiß jeder Bauer. Er weiß aber auch, dass diese „Gare" echt sein muss. Wenn die „Gare" nicht von selbst ist, so fällt sie beim nächsten kräftigen Regenguss wieder in sich zusammen. Der Boden schlämmt, trocknet leicht aus, wird hart oder vom Wind oder Wasser vertragen. Der Mensch hat im Laufe seiner Geschichte große Landflächen ihrer Fruchtbarkeit beraubt und tut es heute in bedrohlichem Ausmaß: im Altertum die Waldabholzungen zum Schiffsbau der alten Reiche, die Versandung Nordafrikas durch die Großlandwirtschaft der Römer und so weiter. Es war jedoch noch wenig im Vergleich zum Umfang der künstlichen

Garevernichtung, die gegenwärtig in aller Welt und auf fast allen Kulturflächen vor sich geht; so haben die USA bis jetzt mindestens 40 Prozent ihrer fruchtbaren Flächen verloren. Es dauert schätzungsweise 300 bis 1.000 Jahre, bis eine neue Verwitterungsschicht entsteht und zu Muttererde wird.

Was hat zu dieser Fehlentwicklung geführt? Durch die Kunstdüngungswirtschaft kam man zu der Auffassung, dass die Pflanze nichts anderes brauche als die üblichen „Nährstoffe". Die Agrikulturchemie verbreitete die Meinung, die Pflanze bedürfe des Bodens nicht, sie lebe aus Mineralien, die man ihr ebenso gut auch anders geben könne, die Muttererde sei entbehrlich. Man hat diese Ansicht etwas erweitert dahingehend, dass man zu der Meinung kam, dass der Boden der Humuszufuhr bedürfe, um als Standort erhalten zu bleiben. Man betrachtet die Lebenserscheinung „Bodengare" mechanisch-physikalisch, das heißt als wünschenswertes konstruktives Hohlraumsystem. Es kamen Bearbeitungsgeräte, Zugmaschinen zum Einsatz, aber auch Kunst und klebfähige Stoffe. Wenn Bodengare nicht mehr wäre als ein mechanisch wirksames Hohlraumsystem, so könnte man es beliebig auf mechanischem Wege herstellen, wo der kranke Boden Sorgen macht.

Die echte Bodengare ist ein Organ des Bodenorganismus, das er sich alsbald selber schafft, sobald er tätig ist, ein Gewebe, das im Substanzkreislauf hochwichtige Aufgaben erfüllt. Die Gare besteht aus Stütz- und Füllsubstanzen, in die alle mobilen Lebensvorgänge eingebettet sind wie im pflanzlichen und tierischen Organismus, und sie ist zugleich Lunge und Kieme des Bodens, die den Gasabtausch und Wasseraustausch zu regeln haben.

Die Bodengare ist demnach eine der wesentlichsten Äußerungen natürlicher Bodenfruchtbarkeit und wir haben allen Grund, sie mit allen biologischen und mikrobiologischen Mitteln zu erforschen, um ihre Voraussetzungen ans Licht zu bringen und die Kulturböden auszuheilen, solange noch Zeit dazu ist, ehe der Gareschwund unheilbar geworden ist.

Das Gesetz von der Erhaltung der lebendigen Substanz

93. Artikel, Frühjahr 1978

Zweifellos ist von der Natur die höchste Stufe biologischer Ordnung in Form der lebenden Substanzen erreicht worden. Diese Substanzen verstehen es, der niedrigeren mikromolekularen Materie ihren Willen aufzuzwingen, sie nach ihrem Bedürfnis zu formen, nach ihrem eigenen Vorbild biologisch zu ordnen. Es ist dabei nicht so sehr entscheidend, wie das geschieht, es ist wesentlich, dass es geschieht. Es erscheint lebensnotwendig, dass diese wesentlichsten Elemente des Lebens ihre Ordnung ohne Unterbrechung weitertragen, dass die Natur sich keineswegs den Luxus leistet, sie nach dem Tode von Organismen, Geweben und Zellen sinnlos zerfallen zu lassen oder, wie es der Chemiker ausdrückt, sie zu mineralisieren.

Das trifft neben vielen anderen Fällen schlussendlich auch bei der Humifizierung zu, bei der allein die Koloniebildungen durch die mikrobiellen Zersetzer als Basis der Oberflächengare ohne diese Energien undenkbar wären. Einen gesetzmäßigen Zerfall, eine regelrechte Mineralisation der lebenden Substanzen als Normalfall anzunehmen wäre sinnwidrig. Von einer gesetzmäßigen Mineralisation der lebenden Zellsubstanzen kann nicht die Rede sein, da sie vielmehr gesetzmäßig erhalten bleiben und es durchaus verstehen, sich dem Zerfall ihrer ehemaligen Schutzgehäuse, der Zweckbildung „Zelle", zu entziehen, indem sie sich mit Schutzeinrichtungen versehen und zu Kongregationen formieren. Sichtbar wird der Vorgang vorsorglicher Umgruppierung noch vor dem Zellzerfall.

Zweifellos wird damit erreicht, dass die lebenden Zellsubstanzen in neuer Gestalt und Gruppierung befähigt werden, ohne den Schutz auszukommen, den die Zelle gewährt, das heißt, extrazellulär, also in der Urgestalt zu leben, die ihnen eigen war, als es noch keine Zellen auf der Erde gab.

Das Ganze kann wohl keinen anderen Sinn haben als den, die wertvollsten Bestandteile sterbender Organismen, die lebendigen Systeme als höchste Ordnungsstufen, bei der Auflösung der sterblichen individuellen Gestalt zu erretten für die Wiedervereinigung beim Neuaufbau lebendiger Gestalten, ganz gleich welcher Art.

Der Kreislauf des Lebens, seine Bedeutung für die menschliche Ernährung

94. Artikel, Herbst 1978

„Muttererde" nennt man diese verhältnismäßig dünne Oberschicht der Erde, die alle Kontinente wie eine lebendige Haut bedeckt und ohne die es kein Leben auf der Erde geben könnte. Sie gebiert alles Lebende, diese humushaltige dünne Haut, und man nennt sie zu Recht einen lebendigen Organismus.

Mit dem Mutterboden sind die Pflanzen untrennbar verwachsen. Ihnen strömt das Leben des Humus zu, und sie wachsen dem Licht entgegen, um es in sich aufzunehmen und in neue Lebensenergie zu verwandeln, Lebenskraft für das eigene Wachstum, aber mehr noch für alles andere Lebendige.

Das Leben der Pflanzen aber strömt den Organismen zu, die nicht mehr an den Boden gebunden sind, den Tieren und den Menschen. Sie könnten ohne Pflanzen nicht leben, nur über die Pflanzen sind sie auch mit der Muttererde schicksalhaft verbunden.

Der Mutterboden seinerseits begnügt sich mit den Abfällen, die Pflanzen, Tiere und Menschen hinterlassen, er wandelt sie in Nahrung um. In wundersamer, unnachahmlicher Weise bildet er aus scheinbar unbrauchbarem Abfall des Lebendigen wieder Leben spendende Nahrung für die Pflanzen und damit auch für uns. Das ist der Kreislauf des Lebens.

Durch ihn wird alles Leben auf der Erde zu einer unlösbaren Gemeinschaft, zu einer Kette des Lebens, die nur so stark sein kann wie ihr schwächstes Glied. Im Kreislauf des Lebens liegt auch unser Schicksal beschlossen, das Schicksal der Menschheit auf Gedeih und Verderb. Leben kommt nur aus Leben, und Leben ist Ordnung, ist vom Geist geordnete Materie. Ein lebender Organismus aber kann nur in Ordnung bleiben, wenn er „Ordnung" in sich aufnimmt. Man kann es auch so ausdrücken: Bei „Gesundheit" kann nur bleiben, wer „Gesundheit" in sich aufnimmt. Auch „Gesundheit" ist nichts anderes als „Ordnung".

Jeder Organismus lebt von anderen Organismen. Wir Menschen leben von Tieren und Pflanzen und die Pflanzen leben vom Organismus „Muttererde". Und diese wiederum lebt von allem, was die anderen Organismen an den Boden zurückgeben. Dieser immerwährende Kreislauf aber funktioniert nur, wenn alle Organismen sich auf dem Wege ihrer Nahrung ständig „Ordnung" beziehungsweise Gesundheit vermitteln.

Jeder Organismus besteht aus Zellen, in denen Großmoleküle dessen, was man „lebendige Substanz" nennt, wohnen; sie machen das Leben der Zelle aus. Dieses sollte in „Ordnung" sein, Ordnung sollte aufgenommen, Unordnung abgegeben werden, ein geregelter Stoffwechsel sollte vorhanden sein, wenn der Organismus gesund ist. Die Pflanze vermag aus der geordneten Strahlung des Lichtes mithilfe ihres Chlorophylls geordnete Stoffe aufzubauen und damit die Sonnenenergie in Form von Nährstoffen zu speichern. Mensch und Tier vermögen das nicht, sie sind auf diese Spezialarbeit der Pflanzen angewiesen, um sich zu ernähren.

Ursprünglich war man der Meinung, es genüge, wenn die Organismen Nährstoffe in sich aufnehmen, um am Leben zu bleiben. Diese sind sicherlich zur Erhaltung von Leben und Gesundheit unentbehrlich, aber das ist nicht alles, denn die Nahrungen enthalten nicht nur tote Nährstoffe, sondern auch die lebendigen Großmoleküle der lebenden Substanzen. Und das ist entscheidend wichtig!

Entscheidend wichtig ist aber auch, dass jeder Organismus, ja sogar jede Zelle weiß, welche lebende Substanz gesund ist und welche nicht mehr. Dieses wundersame Gesetz der lebendigen Natur bietet die Möglichkeit der Selbsterneuerung oder Regeneration, eben jenen Vorgang, den jedes Lebewesen nötig hat, um zeit seines Lebens gesund zu bleiben. Das setzt aber voraus, dass dem Organismus nicht nur sein Nährstoffbedarf zur Verfügung steht, sondern auch eine genügende Auswahl von intakter, gesunder lebendiger Substanz. Fehlt jedoch diese Auswahl, so verfällt der Organismus trotz allem Nährstoffüberfluss einer fortlaufenden Abwertung, der Entartung. Ein Blick auf die schleichende zunehmende Entartung der hochzivilisierten Völker, der langsame Verfall ihrer Kultur und ihrer Gesundheit genügt, um festzustellen, dass ihre industrialisierte Nahrung trotz der Nährstoff-, Kalorien- und Vitaminkontrollen auf die Dauer nicht imstande ist, den Menschen bei voller geistiger, seelischer und körperlicher Gesundheit zu erhalten.

Wir leben von der Pflanze, direkt oder über das Tier. Unsere Nahrungs- und Futterpflanzen haben die Aufgabe, uns Nährstoffe zu liefern, aber auch lebende großmolekulare Substanz und Erbsubstanz. Diese Substanz aber muss in „Ordnung" sein, das heißt, sie muss gesund- und erbgesund sein, aber genauso gesund und erbgesund muss die Pflanze selbst sein als Träger dieser lebenden Nahrungssubstanz, wenn sie zur Erhaltung der Gesundheit von Tier und Mensch dienen soll. Nur so ist die Pflanze als Nahrung tauglich. Sie ist es aber nicht, wenn die Pflanze krank, schädlings- und krankheitsanfällig und schutzbedürftig ist.

Nun sind die Landbauprodukte der heutigen Massenerzeugung durch Kunstdünger und Pestizide untauglich bezüglich der Regeneration und der Erhaltung der Gesundheit. Vor allem die Düngung mit synthetischem Stickstoff, der die natürliche und geregelte Stickstoffverbindung aus der Luft lahmlegt und überflüssig macht, hat verheerende Auswirkungen auf die Eiweißbildungen in Boden und Pflanze und damit auf den Bestand der lebenden Substanzen, die unter anderem die Aufgabe haben, diese Eiweiße zu bilden.

Kunstgedüngte Pflanzen verlieren die Fähigkeit, alle jene Aufgaben zu erfüllen, die der Pflanze als Glied der irdischen Lebensgemeinschaften gestellt sind. Das wird insbesondere sichtbar an der überhöhten Anfälligkeit für Krankheiten.

Eine Nahrungspflanze, die nicht imstande ist, sich selbst zu helfen, vermag auch uns nicht zu helfen, sie ist als Nahrung untauglich.

Die entartenden Wirkungen von Kunstdüngern gelangen über den Blattstoffwechsel und das Bodenwasser in den inneren Stoffwechsel der Pflanze, deren lebende Substanzen das synthetische Gift aufnehmen und es aus dem Verkehr ziehen, selbst aber dabei zugrunde gehen. Der Schaden, den die synthetischen Gifte, Pestizide und Herbizide am Bestand der lebenden Substanz unserer Nahrung anrichten, ist um ein Vielfaches größer und folgenschwerer, als das in den chemischen Analysen zum Ausdruck kommt.

Inzwischen hat die biologische Grundlagenforschung mannigfache Beweise dafür erbracht, dass die lebende Substanz der mit Abstand wichtigste Nahrungsfaktor ist.

Wir müssen wieder lernen, dass die Muttererde ein Organismus ist, der lebt und mit seiner erstaunlichen Fähigkeit, aus organischem Abfall beste Pflanzennahrung bereitzustellen, uns ernährt in einer Weise, wie es kein Chemiker je zustande bringen kann.

Nur Leben erzeugt Leben

95. Artikel, Sommer 1979

Jedes Zeitalter hat auf seine Weise und mit seinen Mitteln versucht, das Naturwunder „Leben" zu begreifen. Es ist eine Frage, die alle Menschen angeht, vor allem aber uns, die wir als Hüter des Lebens angetreten sind.

Die Naturwissenschaft hat die Geheimnisse der Materie, des Stofflichen, bis beinahe ins letzte entschleiert und damit auch den stofflichen Bestand der Lebewesen. Materiell gesehen ist die Erscheinung „Leben" für die Naturwissenschaft kaum noch ein Geheimnis. Was aber völlig übersehen wurde, war, dass die Erscheinung „Leben" und die Grundgesetze des „Lebens" an der Materie allein nicht gedeutet und nicht erkannt werden können, denn das Stoffliche ist nicht mehr als ein Diener des Lebens mit der Aufgabe, die Gestaltung des Lebendigen zu formen.

Das Leben war vor allem Stofflichen und es ist nachher, sobald das Leben die irdisch-stoffliche Gestalt verlassen hat. Das Leben ist ewig, es ist Geistiges, das der Materie nur bedarf, wenn es sich für uns sichtbar darstellen soll. Das Geheimnis „Leben" ist also in Wirklichkeit hinter der Erscheinung „Lebewesen" zu suchen; es kann nur gedacht, aber niemals stofflich bewiesen werden.

Leben kann nur vom Leben selbst geschaffen werden. Wir Menschen können nicht Leben schaffen. Wir können es allenfalls manipulieren in irgendeiner gewollten Richtung, zum Beispiel sind unsere Kulturpflanzen solche Manipulationen. Sobald aber unsere Manipulationen zu weit gehen, ruft uns der Wächter über das Leben in seiner höheren Weisheit zur Ordnung und sorgt dafür, dass diese Geschöpfe des Menschen zugrunde gehen.

Kunstgedüngte Kulturen werden vom Schädling befallen und so ausgetilgt, außer man besprüht sie mit Gift. Auch der Kulturpflanzenzüchter geht von Wildgewächsen aus, also vom Lebendigen. Wenn Kunstzüchtung Abbauerscheinungen zeigt, muss auf Wildlinge zurückgegriffen werden, also auf die Vorräte des Lebendigen.

Alle Lebewesen bestehen aus Zellen, bis hinab zum einzelligen Lebewesen, der Mikrobe. Diese Zellen sind samt und sonders nichts anderes als winzige Gehäuse für lebende Substanzen, die in ihrer Gesamtheit die Art, die Gestalt und die Funktionen einer jeden Zelle bestimmen. Das Lebendigsein eines Organismus baut sich also auf aus dem Leben aller seiner Zellen und das Lebendigsein einer jeden Zelle baut sich auf aus dem Leben aller ihrer lebenden Substanzen. Letzten Endes ist es also die lebende Substanz, die Leben vermittelt und Leben weiterträgt.

Die frühere Annahme, die bis in die Gegenwart verkündet wurde, dass die Zelle als kleinste Einheit des Lebendigen bei ihrem Tod mineralisiert, das heißt zu ihren leblosen Mineralbestandteilen abgebaut werde, wurde durch unzählige Experimente dahingehend widerlegt, dass die lebenden Substanzen den Tod der Zelle unter natürlichen Umständen ohne Ausnahme überleben. Seitdem gilt die lebende Substanz als kleinste Lebenseinheit. Man nennt es heute DNS, ausgeschrieben Desoxyribonukleinsäure, der Bezeichnung der Biochemiker folgend.

Diese kleinste Einheit des Lebendigen ist so unendlich klein, dass sämtliche lebende Substanz auf der Erde, das heißt die Substanz von Menschen, Tieren, Pflanzen und Mikroben, einen guten Liter ausmachen würde, wie Biochemiker ausgerechnet haben.

Man darf annehmen, dass die Menge aller lebenden Substanz auf der Erde begrenzt ist und nicht wesentlich vermehrt werden kann, da sich die Lebensräume der einzelnen Arten von Lebewesen gegenseitig begrenzen. Wenn sich zum Beispiel der Mensch unverhältnismäßig stark vermehrt, wie es ja geschieht, so geht dies auf Kosten anderer Lebewesen, der Tiere und Menschen.

Man darf aber auch annehmen, dass die Natur diese kostbare Substanz, die das Leben trägt, nicht verschwendet, sondern weiterreicht von Lebewesen zu Lebewesen: „Kreislauf der lebendigen Substanz“. Und dieser neue Leitgedanke, der uns durch die letzten Jahrzehnte unserer Arbeit geführt hat und unserem Bild vom biologischen Landbau zugrunde liegt, hat inzwischen zahlreiche exakt-wissenschaftliche Beweise gefunden.

Letzten Endes ist also in unseren Nahrungen das Wichtigste die lebende Substanz, denn sie ist die einzig feststellbare Substanz in der Nahrung, die imstande ist, Leben zu spenden, Leben zu vermitteln und zu erhalten. Im lebendigen Boden, den man zu Recht „Muttererde“ nennt, findet sie sich in ihrer „nacktesten“ Form und wird einer biologischen Reinigung unterzogen, von allen Begleitstoffen entkleidet. In dieser Form wird sie von den Bodenbakterien, soweit sie als „Wurzelflora“ mit Pflanzen in Beziehung steht, aufgenommen und in die Pflanze weitergereicht. So kommt sie dann letzten Endes im ewigen Kreislauf auch wieder zu uns Menschen.

Die heilende Kraft des Lebendigen

96. Artikel, Herbst 1979

Die Naturwissenschaft von gestern, welche die gegenwärtige Lebensordnung geschaffen hat, machte vergessen, dass sie den Odem Gottes nicht hat und niemals haben wird. Allein aus diesem einzigen großen Irrtum heraus sind die Voraussetzungen für die große Krise entstanden, der die weiße Menschheit entgegengeht, wenn sie nicht noch beizeiten radikal umzudenken versteht.

Es war die große, entscheidende Frage: Wird die Wissenschaft imstande sein, rechtzeitig ihre Erkenntnisse so zu erweitern, dass endlich der Materialismus in seine Schranken verwiesen wird? Die Frage musste damals verneint werden. Es war abzuschätzen, dass die Forschung wahrscheinlich erst in 50 Jahren so weit sein kann. Bis dahin und sicher weit darüber hinaus werden die Lebensordnungen der Menschen von der Materie und ihren Gesetzen diktiert werden und bis dahin wird die Verderbnis der Grundgesundheiten in der lebendigen Natur und die Dezimierung der Erbsubstanzen als allgemeine Entartung in Erscheinung treten, vielleicht sogar in einem Ausmaß, das eine Regeneration nicht mehr zulässt.

Wer Augen hat zu sehen wird die schleichende Entartung in den Industrienationen heute erkennen. Sie tritt als Verfall von Moral und Sitte, als Zerstörung der Familie, als Landflucht, als sinnloser Egoismus und Individualismus und in vielen anderen Formen beim Menschen ja deutlich genug in Erscheinung. Wenn das so weitergeht, wird der Mensch dem unerbittlichen Gesetz der Ausmerzung des Lebensunwerten zum Opfer fallen.

Die Naturwissenschaft aber vermag – trotz aller erstaunlicher Fortschritte – bis heute nicht die Direktiven für die Errettung des Menschen vor der Vernichtung auszugeben. Sie hat die überragende Bedeutung des Lebendigen für die Grundgesundheiten alles Lebenden nicht rechtzeitig erkannt, weil seinerzeit vor 50 Jahren ausreichende exakte Forschungsgrundlagen fehlten.

In dieser Situation musste der Entschluss gefasst werden, auch ohne ausreichende Grundlagen dem Prinzip des Lebendigen Rechnung zu tragen und Methoden zu entwickeln, mit denen unmittelbare, praktisch verwertbare Direktiven (Arbeitsangaben) erarbeitet werden konnten.

Der Entschluss entgegen den Gebräuchen der Naturwissenschaft auf mangelhafter Basis Gesetze und Thesen aufzustellen, dieser Entschluss ist mir nicht leichtgefallen. Es galt immerhin, als Hochschullehrer die Universität zu verlassen und sich der Gefahr auszusetzen, von den „Offiziellen" verkannt und verspottet zu werden, wie es denn auch geschah.

Um vorläufige Unterlagen für die Bedeutung des lebendigen Prinzips zu bekommen, fanden wir die Möglichkeit zur Forschungsarbeit im Laboratorium von Arthur BECKER, dem eigentlichen Begründer der heutigen Bakterientherapie [1893–1952; *Facharzt für Innere Medizin und Bakteriologie*; Anm. d. Red.].

Das Labor wurde von der Familie Leitz, Wetzlar, finanziert, die fortschrittlichen Gedanken gegenüber sehr aufgeschlossen war. *(Die Firma Leitz war und ist eine der führenden deutschen Anbieter von Mikroskopen und Kameras;* Anm. d. Red.) Die notwendige Öffentlichkeits- und Aufklärungsarbeit war bei Hans KOLB und Helmut MOMMSEN in besten Händen. (*Beide gründeten im Jahr 1954 zusammen mit RUSCH und BECKER den Arbeitskreis für Mikrobiologische Therapie (AMT) e.V. Ziel war die Entwicklung der Mikrobiologischen Therapie als Therapiekon-*

zept unter Einbeziehung abgetöteter und lebender Bakterien; siehe Internet-Quellenhinweis am Schluss des Buches. Anm. d. Red.) Auf diese Weise konnte nach dem Tod von Arthur BECKER und der Auflösung seines Labors ein eigenes Laboratorium in Herborn begründet und die Forschung weitergeführt werden.

Für die Bodenforschung als erste Grundlage für den biologischen Landbau fanden wir schon seit 1951 die so wertvolle Unterstützung durch Dr. Hans MÜLLER, dem Leiter einer Landbauorganisation, die inzwischen in vielen Ländern Fuß gefasst hat. So konnte vor allem eine Methode ausgearbeitet werden, die nach Art und Kosten zur breiten Anwendung im Landbau geeignet ist, zuverlässige Aussagen über Intensität und biologische Qualität des Bodens gibt und sich zur Kontrolle der Böden in umgestellten Betrieben eignet.

Das Entscheidende war für uns die Forschung, mit der wir 1949 begannen. Als erste größere Mitteilung erschien 1951 in der „Wiener medizinischen Wochenschrift" (RUSCH und SANTO, 1951) das „Gesetz von der Erhaltung der lebendigen Substanz". Zwei Jahre später erschien im Hartmann-Verlag Zürich mein Buch mit dem anspruchsvollen Titel: „Naturwissenschaft von morgen", das aus meinen Vorträgen vor europäischen Universitäten besteht und in dem vor allem meine These vom „Kreislauf der lebendigen Substanz" erläutert ist. Diese These hat nun seitdem in vielerlei Einzelheiten ihre Bestätigung durch die Makromolekular-Biologie und die Biogenetik bekommen. Damals aber hatten wir solche Kenntnisse über die lebende Substanz nicht zur Verfügung; wir hatten nur die Möglichkeit, sie im Licht- und Fluoreszenzmikroskop in ihrem Kreislauf zu verfolgen. Dabei wurde auch erkannt, dass die sogenannten physiologischen Bakterien wichtige Überträger zwischen dem lebendigen Boden und allen lebenden Organismen bis hin zum Menschen darstellen – Überträger der lebenden Substanzen und Erbsubstanzen.

Immerhin bekamen damit die verschiedensten Richtungen in der Naturheilkunst und im biologischen Landbau eine erste naturwissenschaftliche Rechtfertigung. Schon damals wurde mit sicherem Instinkt die Heilkraft der natürlich gewachsenen, nicht künstlich getriebenen und nicht begifteten Nahrung als Rohkost erkannt.

Es geht um die Substanz des Menschen

97. Artikel, Winter 1979 und 98. Artikel, Frühjahr 1980

„Zerstöre mir meine Kreise nicht!", so rief ARCHIMEDES, Wissenschaftler des Altertums, als ein Landsknecht seine Zeichnungen zertrampelte. Es war sein letztes Wort, der Krieger erschlug ihn kurzerhand. Dieses historische Gleichnis kommt mir in den Sinn, wenn ich sehe, wie wir uns hier um wissenschaftliche Wahrheiten bemühen, derweil draußen die Menschen ihre lebendige Umwelt Stück für Stück vergewaltigen und blindlings in ihr Verderben rennen. Deshalb meine ich, es sei unsere Aufgabe, uns nicht nur mit biologischen Fachfragen zu beschäftigen, sondern auch mit den Schicksalsfragen der Menschheit und der Bedrohung ihrer Existenz.

Es sollte niemand mehr daran zweifeln, dass die Menschheit tatsächlich in ihrer Existenz tödlich bedroht ist, nicht etwa nur durch die Atombombe, nicht nur durch Umweltverschmutzung, nicht nur durch „kalte" und „heiße" Kriege, sondern durch den Verlust ihrer Substanz. Es geht um den Menschen als geistiges, seelisches und körperliches Wesen, um seine Kultur und um die Gesundheit der menschlichen Gesellschaft. Es ist für uns Ärzte nicht mehr damit getan, dass wir das Problem den anderen überlassen, den Politikern etwa oder den Verwaltungsbeamten, den Pädagogen oder den Volkswirtschaftlern – wir hier sollten uns berufen fühlen, denn wir haben die Möglichkeit, die Pathologie der menschlichen Entartung zu durchschauen.

Vor die Therapie haben die Götter die Diagnose gesetzt. Es ist also die Frage: Was hat die Menschen dazu gebracht, sich so unvernünftig, so widernatürlich, so selbstmörderisch zu verhalten? Die Menschen könnten doch heutzutage wissen, wie sie leben müssten, um gesund zu sein und gesunde Nachkommen zu haben, aber sie tun es nicht. Die Politiker müssten doch wissen, dass es um mehr geht als um Parteiideologien und Wirtschaftswachstum, um Währungsprobleme und wirtschaftlichen Wohlstand. Jeder Arzt sollte doch heutzutage versuchen, diese widernatürliche Medikamentenmedizin zu überwinden, er hat doch genug Beispiele für eine bessere Heilkunst vor Augen, aber er klammert sich ans Gewohnte und Althergebrachte. Jeder Landwirt sollte doch endlich begriffen haben, wie bedenklich und verderblich diese Kunstdünger- und Giftwirtschaft ist, er sollte doch allmählich ein schlechtes Gewissen bekommen, wenn er seinen Mitmenschen diese entartete und vergiftete Nahrung verkauft, aber er bleibt dabei, trotz so vieler Beispiele des biologischen Landbaus. Und die Wissenschaft? Sie verschwendet alljährlich viele Milliarden, um die überlieferten Halbwahrheiten zu konservieren. Wo man auch hinschaut – es ist überall dasselbe: Die Menschen verhalten sich, als hätten sie sich selbst aufgegeben. Warum tun sie das?

Das Alte Testament sagt es mit einem Wort: „Wen der Herr vernichten will, den schlägt er mit Blindheit." Das Entartete rottet sich selbst aus. So will es ein unerbittliches Naturgesetz. Wer blind ist, sieht nicht mehr das Physiologische, hat keinen Blick mehr für das biologische Optimum, für das Gesunde und seine Symptome. Er vermag nicht mehr zu sehen, dass mit dem Schwund der körperlichen Gesundheit auch die menschliche Kultur verfällt, dass das Abnorme und Abwegige triumphiert, dass sich das Hässliche und Schmutzige ausbreitet. Wer mit Blindheit geschlagen ist, verliert den Sinn für biologische Vernunft, verliert Geist und Seele zugunsten eines geist- und seelenlosen Intellekts. Wo aber der kalt rechnende Intellekt regiert, da stirbt das Herz, da stirbt alles, was den Menschen ausmacht vor allem anderen Lebendigen auf der Erde. Das ist der Anfang vom Ende.

Ich glaube nicht daran, dass allein die Entwicklung einer einseitigen Naturwissenschaft und Technik daran schuld ist, wie man öfters hört. Ich glaube nicht, dass dies allein zur einseitigen Entwicklung des Intellekts, zum materialistischen Egoismus und zur Krankheit der menschlichen Gesellschaft führt. Ich glaube vielmehr, dass auch das schon Merkmal der biologischen funktionalen Entartung ist. Deshalb, meine ich, ist es unsere Aufgabe, über die Mechanismen der Arterhaltung und der Entartung nachzudenken und die Wege zur Überwindung der Entartung zu erschließen.

Nehmen wir als Beispiel den sogenannten Abbau der Kulturpflanzen, jener Pflanzen also, von denen wir und unsere Haustiere leben. Diese Pflanzen betrachtet die Natur ohnehin mit Argwohn, denn sie sind künstliche Züchtungen. Als man aber damit begann, diese Pflanzen auch noch künstlich zu ernähren, wurde der Argwohn der Natur zur offenen Feindschaft. Seitdem bemüht sie sich, diese entarteten Geschöpfe mit allen ihren Mitteln auszurotten. Heere von Insekten, Bakterien, Pilzen und Viren, Schwund der Fruchtbarkeit von Boden und Pflanze, Verlust der Abwehrfähigkeiten, pathologische Verschiebung der Bakterienfloren, Verlust von Geruch und Geschmack der Früchte. Und die angeblich hochwissenschaftliche Reaktion, die man wirklich nur primitiv nennen kann: Entwicklung und Anwendung riesiger Mengen fürchterlicher Gifte und lebensbedrohenden Medikamenten. Die Landwirtschaft wurde zum größten Umweltverschmutzer aller Zeiten.

Das Gegenbeispiel ist der sogenannte biologische Landbau. Hier wurde – trotz ungünstigster Umwelt und gegen erbitterten Widerstand – die Kulturpflanze wieder in die natürlichen Substanzkreisläufe hineingestellt. Sie antwortet prompt, indem sie ihre naturgegebenen Leistungsfähigkeiten wiedergewinnt: Fruchtbarkeit, Abwehrfähigkeit, Schmackhaftigkeit, Haltbarkeit – kurz: Sie überwindet die Entartung. Und nicht nur das: Auch im Tierstall kehrt die spontane Gesundheit und Fruchtbarkeit wieder. Seine Leistungen steigern sich, die Rentabilität ist gesichert und steigt konsequent von Jahr zu Jahr an. In einem solchen Tierstall hat der Veterinär keine Sorgen mehr, die Tiere sind von selbst gesund.

Es stellt sich hier die Frage, wie es die Natur fertigbringt, fortlaufend die Entartung zu überwinden und optimale Lebensleistungen zu erzeugen. Die Antwort wurde gefunden dank einer jahrzehntelangen Grundlagenforschung, die das „Gesetz von der Erhaltung der lebendigen Substanz“ entwickelte – publiziert in der „Wiener Medizinischen Wochenschrift 1951“ (RUSCH und SANTO 1951) – und den Kreislauf der lebendigen Substanzen als Arbeitshypothese in unseren medizinischen und landbaulichen Arbeitskreisen zu realisieren versucht, mit überraschendem Erfolg.

Es geht dabei – in aller Kürze – um Folgendes: Organismen bestehen aus Zellen, das heißt aus Gehäusen, in denen lebende Substanzen wirken. Die Funktion eines jeden Organismus hängt von der Funktion seiner lebenden Substanzen ab. Sobald Teile dieser Substanzgarnituren unbrauchbar werden, werden sie abgestoßen und aus dem Stoffwechselangebot durch neue und taugliche ersetzt. *Das ist der Vorgang der Zellregeneration.*

Der Vorgang setzt voraus, dass die Zelle sich dessen bewusst ist, was sie zur Regeneration braucht. Sie muss wissen, was physiologisch, was pathologisch ist. Dieses Zellbewusstsein entspricht immer dem biologischen Optimum.

Zugleich aber muss eine jede Zelle ein Organismusbewusstsein besitzen; sie muss wissen, dass sie im Interesse des Ganzen handeln muss, sie muss sich ihm unterordnen. Experimente, bei denen aus einzelnen Zellen der ganze Organismus herauswächst, könnten nicht gelingen, wenn nicht in jeder Zelle der Plan des Ganzen stecken würde. Die Lymphozyten, die den Transport spezifischer lebender Substanz zu bewirken haben, bringen sie mit Sicherheit genau dorthin, wo sie hingehören. Kein Organismus könnte in Ordnung bleiben, wenn seine Zellen kein Organismusbewusstsein hätten.

Die ganze lebendige Schöpfung könnte nicht intakt bleiben, wenn nicht jedem einzelnen Lebewesen, ja jeder seiner Zellen eine gemeinsame biologische Vernunft innewohnen würde. Denn nur sie ist es, die „die Welt im Innersten zusammenhält“. Die materiell fassbare Darstellung der schicksalhaften Verknüpfung aller Lebewesen auf Erden aber heißt „Lebendige Substanz“.

Und nun zurück zu der Frage, wie eine Entartung von Zellgeweben von Organismen und ganzen Organismusgesellschaften wie die des Menschen zustande kommt.

Man weiß heute, dass es viele Tausende von Entartungsmöglichkeiten gibt, ganz gleich ob in der Muttererde oder innerhalb der Organismen, wie zum Beispiel durch Anheften von Fremdstoffen oder radioaktive Strahlung. Wir müssen uns vorstellen, dass heute im Kreislauf der lebenden Substanzen der Anteil an abwegigen pathologischen Großmolekülen durch den Gebrauch riesiger Mengen an synthetischen Giftstoffen so groß geworden ist, dass die biologischen Selbstreinigungseinrichtungen der Natur nicht mehr ausreichen, ganz ähnlich wie die Selbstreinigung der Flüsse großteils zusammengebrochen ist.

Gesundheit im weitesten Sinn ist nichts anderes als der Besitz optimal leistungsfähiger lebender Zellsubstanz. Natürlicherweise kann der Organismus diesen seinen kostbaren Besitz bewahren, indem abgebrauchte oder verdorbene Lebendsubstanz und Erbsubstanz ausgetauscht wird, vorausgesetzt, dass ihm im Nahrungsangebot genügend unversehrte Substanz zur Verfügung steht. Das ist nicht mehr der Fall. Echte Regeneration ist im Bereich der Hochzivilisation nicht mehr möglich; die Konsequenz ist die zunehmende Degeneration als Massenphänomen in allen denkbaren Variationen als körperliches, seelisches und geistiges Gebrechen. Da die Entartung erblich ist, sind dem Versuch einer Regeneration von vornherein Grenzen gesetzt; sie könnte nur in vielen Generationen überwunden werden. Das Wenige, was derzeit unter dem Schlagwort „Umweltschutz" geschieht, reicht dazu nicht aus; es ist nicht mehr als der bekannte Tropfen auf dem heißen Stein.

Was müsste geschehen? Was können wir Ärzte tun, um der Entartung Einhalt zu gebieten? Das Aufkommen einer biologischen Heilkunst hat sehr zur Aufklärung der Menschen beigetragen, weiters die geduldige Erziehung zur vernünftigen, natürlichen Lebensführung, die ständige Warnung vor vergifteter Nahrung, vor bedenklichen, vor allem synthetischen Medikamenten.

Sehr hilfreich der überall im Wachsen begriffene biologische Landbau, das Verlangen nach einem eigenen Garten ohne Gift und Kunstdünger, die Besinnung vieler Bauern auf ihre Pflicht, ihren Mitmenschen gesunde Nahrung zu liefern.

Es wurden darüber hinaus Heilverfahren mit ausgesprochen regenerativer Wirkung entwickelt, die sogenannte Bakterientherapie (Symbioselenkung), fußend auf den physiologischen Bakterien, die vom Boden bis zum Menschen überall vorkommen und ausgesprochen regenerative Wirksamkeit haben.

Ich persönlich habe seit geraumer Zeit am Problem der Entartung gearbeitet und glaube das Recht zu einem gewissen Optimismus zu haben. Die Dinge sind immerhin in Fluss gekommen, das biologische Gewissen rührt sich allenthalben. Ich kann mir nicht vorstellen, dass die Schöpfung den von ihr erschaffenen Menschen ohne Weiteres, ohne jede Chance kläglich an seiner eigenen Degeneration zugrunde gehen lässt. Es gehört zum Wesen des Lebendigen, dass es entgegen dem Strom der materiellen Entropie wirkt, dass es also ständig nach Regeneration strebt.

Vom Kreislauf des Lebendigen

99. Artikel, Sommer 1980 und 100. Artikel, Herbst 1980

Wir leben in einer Zeit, die große Entscheidung verlangt. Die Menschheit ist in ihrer Existenz bedroht, so sehr bedroht, dass man nicht selten die bange Frage hört, ob es nicht schon zu spät sei. Es ist nicht mehr getan mit den vielen „kleinen Richtigkeiten“, welche die Naturwissenschaft täglich entdeckt. Es ist nicht mehr getan mit Umweltschutzgesetzen und behördlichen Vorschriften, so nötig sie auch sind. Auch die wohlorganisierte Weltgesundheitsorganisation (WHO) vermag das Problem, vor dem die Heilkunst steht, vor dem die ganze Wissenschaft überhaupt steht, nicht zu bewältigen. Es geht nicht um Reformen, um Reparaturen am Bestehenden, es geht um eine Reformation an Haupt und Gliedern. Es geht letzten Endes um den Menschen als geistiges und seelisches Wesen, und es geht darum, den Menschen zurückzuführen in die Gemeinschaft alles Lebenden auf der Erde, ohne die er zugrunde gehen muss und zugrunde gehen wird.

Es wird gesagt, an diesen Erscheinungen sei die einseitige Entwicklung der kausal-analytischen Naturwissenschaft schuld, die die einseitige Entwicklung des Intellekts fördere und die Menschen zum mephistophelischen Materialismus führe. Ich möchte glauben, dass auch diese Entwicklung schon ein Entartungszeichen ist, dass die Ursachen also tiefer liegen. Die Wurzeln der Krankheit an Geist und Seele, die für den sogenannten modernen Menschen der Hochzivilisation, besonders der Großstädte, typisch ist, kann man an vielerlei Beobachtungen erkennen, an einfachen Beobachtungen von Lebensvorgängen, die auch heute noch allein zu großen Wahrheiten zu führen vermögen.

Was war hier in Wirklichkeit geschehen? Es ist eigentlich ganz einfach und leicht zu erkennen: Die Kulturpflanzen wurden, im Gegensatz zur Wildpflanze, mehr und mehr der Teilnahme am natürlichen Lebenskreislauf beraubt, eines Kreislaufs, der in Form des Kreislaufs der sogenannten lebendigen Substanzen und Erbsubstanzen seinen wesentlichen Ausdruck findet. Wenn man der Kulturpflanze diese ihre Daseinsgrundlage entzieht, entartet sie und wird lebensunfähig. Sie wird zugleich als Nahrung untauglich, denn sie überträgt selbstverständlich ihre Entartung auch auf alle ihre Nahrungsempfänger, auf alle höher entwickelten Organismen und natürlich auch auf den Menschen und seine Nutztiere.

Der Beweis: Dort, wo es trotz ungünstiger Umwelt, trotz widrigster Umstände gelingt, im Landbau die natürlichen Lebenskreisläufe wiederherzustellen, gewinnt sogar die künstliche Züchtung ihre Fruchtbarkeit, ihre Abwehrfähigkeit gegenüber Insekten und Krankheiten, ihre Schmackhaftigkeit und Haltbarkeit zurück, und nicht nur das: Auch im Tierstall kehrt die spontane Gesundheit und Fruchtbarkeit wieder. Und wer Augen hat zu sehen, der wird auch bemerken, dass sich das Verhalten der Tiere ändert, denn sie sind nicht mehr bösartig und aggressiv, sondern werden wieder gutmütige und willige Kameraden des Menschen, die sie früher immer waren. Es kann auch keine Rede davon sein, dass der natürliche Landbau eine arme, unrentable Sache ist, im Gegenteil: Auf organisch-biologisch geführten Bauernhöfen ließ sich ausnahmslos eine Zunahme der Rentabilität nachweisen, in einzelnen Beispielen auf mehr als das Doppelte! Ganz zu schweigen von der biologischen Güte der Erzeugnisse, deren Verzehr dem Menschen und seinen tierischen Schützlingen genau das schenkt, was zur Erhaltung der Gesundheit und Regenerationsfähigkeit gebraucht wird, ganz im Gegensatz zu den Kunstdüngerprodukten, die außerdem zum Teil auch noch wirksame Lebensgifte mit sich bringen und denen die meisten Menschen hilflos ausgeliefert sind. Wenn das alles keine Beweise sind, dann weiß ich nicht, wie man überhaupt noch biologische Gesetzmäßigkeit beweisen soll.

Die Naturwissenschaft wird dem Wohl und dem Glück des Menschen und allen seinen Schützlingen unter den Tieren und Pflanzen erst dann wahrhaft dienen können, wenn sie ihre Grundkonzeption um einen ganz entscheidenden Gedanken erweitert, nämlich dann, wenn sie anerkennt, dass alles Lebendige auf der Erde schicksalhaft und unlösbar miteinander verbunden ist. Dieser Gedanke war in den Menschen seit eh und je lebendig, und er ist es auch heute – nur nicht in der Naturwissenschaft, am wenigsten in der angewandten Naturwissenschaft. Sie hat die Menschen gelehrt, sich auf Kosten der lebendigen Umwelt zu bereichern. Was der Mensch aber den Tieren, den Pflanzen und der Muttererde antut, das tut er sich selbst an. Wo das nicht-menschliche Leben der Entartung preisgegeben wird, da entartet auch der Mensch, körperlich, seelisch und geistig.

Denn „Gesundheit" ist nichts anderes als der Besitz optimal funktionierender lebender Zellsubstanz. Von diesem Besitz hängen alle, aber auch alle Lebensäußerungen der Organismen ab, auch die des Menschen, ganz gleich, ob wir sie nun als körperliche, als seelische oder als geistige Lebensäußerungen betrachten. Und damit sind wir in allem und jedem, in unserem ganzen Wesen und unserem ganzen Verhalten in das Ganze des Lebendigen auf der Erde unlösbar integriert, unlösbar mit ihm verbunden – oder nicht verbunden, eben im Falle der Entartung. Die lebende Substanz, dieses größte Wunderwerk der Schöpfung, ist Materie gewordener Geist, den wir in seinen Werken zu erkennen vermögen. Im Verhalten dieser lebenden Substanz wird sichtbar, was man „biologische Vernunft" nennen kann, denn sie ist materialisiertes Abbild des Schöpfungsgedankens. Und die Schöpfung kann nur erhalten bleiben, wenn ihr „biologische Vernunft" innewohnt. Deshalb trägt jeder gesunde Organismus nicht nur sein eigenes Bild mit sich in Gestalt der ihm eigenen, lebenden Substanz, sondern zwangsläufig zugleich das Bild der ganzen lebendigen Schöpfung. Und das bezieht sich nicht allein etwa auf den Menschen, sondern auf jeden lebenden Organismus. Wir dürfen es deshalb als einen Segen für die Naturerkenntnis betrachten, dass es heute nicht nur eine Psychologie des Menschen, sondern auch eine Tierpsychologie gibt, und wenn nicht alles täuscht, entwickelt sich in Zukunft sogar eine Psychologie der Pflanze, die vor langer Zeit von Raoul H. FRANCÉ (1905) vorausgesagt wurde.

Wie wird nun in der Natur die Entartung verhindert oder beseitigt? Die Antwort auf diese Frage liefert die Direktiven für unsere zukünftige Zivilisation. Die biologische Grundlagenforschung ist heute in der Lage, die Antwort zu geben: Die Nahrungsströme, die, von der Muttererde ausgehend, alle Organismen durchlaufen, bringen mit ihrem Gehalt an lebenden Substanzen natürlicherweise alles mit, was zur ständigen Ausmerzung von Entartungsfehlern der Zellsubstanzgarnituren nötig ist. Der Mechanismus des Abtausches lebender Substanz ist in wesentlichsten Teilen wissenschaftlich abgeklärt. Dabei können auch – und das ist das Entscheidende – Lücken der Erbsubstanzgarnitur ausgefüllt werden, ja, es können sogar neue, erbliche Eigenschaften erworben werden, sofern es mit dem ursprünglichen Zellbild vereinbar und zur Selbsterhaltung der Arten erforderlich erscheint. Auch die Wege, auf denen die Austauschsubstanz im Organismusstoffwechsel genau dorthin gelangt, wo sie gebraucht wird, sind heute ausreichend bekannt. Bei den Großorganismen spielt dabei das sogenannte lymphatische System mit allen seinen Organen, das größte Ordnungssystem des Körpers, eine sehr wichtige Rolle bezüglich der Auswahl und des Transports der lebenden Substanzen. Es kommt also für die menschliche Zivilisation vor allem darauf an, den Kreislauf der Lebendsubstanzen– zusammen mit ihren sekundären Stoffbildungen und mineralischen Hilfsstoffen – intakt zu halten. Man muss zugeben, dass die Architekten der Zivilisation in den letzten 100 Jahren eigentlich alles getan haben, um den Menschen aus dem natürlichen Nahrungskreislauf auszuschließen in einem Ausmaß, wie es noch niemals zuvor gewagt worden ist. Niemand sollte sich deshalb darüber wundern, dass die Entartung zum typischen Merkmal der Zivilisation geworden ist, und zwar so sehr, dass wir auf den Beschluss der Schöpfung gefasst sein müssen, uns zu vernichten. „Wen der Herr vernichten will, den schlägt er mit Blindheit.“ Jeder Biologe, der mit der Zeit gegangen ist, vermag heute den Menschen zu sagen, was sie tun müssten, um dem Chaos der Ausmerzung zu entgehen, aber es sieht nicht so aus, als ob sie darauf zu hören vermöchten. Zu groß ist die Allmacht der Gewohnheiten, der Industrie und Institutionen, die Trägheit der Bürokratie, zu trügerisch und verlockend das künstliche Scheinleben und vielleicht schon zu weit fortgeschritten die Entartung an Geist und Seele.

Trotzdem: Wer noch gesund genug ist, um die Gefahren zu sehen, der ist auch verpflichtet, zu warnen und zu helfen. Deshalb noch einmal die Frage: Was muss geschehen, um die Entartung des Menschen zu verhindern? An erster Stelle steht die Regeneration der Lebensvorgänge in der Muttererde, von denen wir leben: Verzicht auf jede künstliche Pflanzenernährung und lückenloser Verzicht auf die Giftanwendung in der Landwirtschaft. Als Zweites: Man muss lernen, den Verlust der Lebensmittel an Natürlichkeit und Lebendigkeit so weit irgend möglich zu verhindern, sowohl beim Transport und der industriellen Verarbeitung und Lagerung wie auch in der Küche. Alles das ist möglich und realisierbar. Als Drittes: Verzicht auf die künstliche Medikamentenmedizin an Tier und Mensch; auch das ist möglich, und es gibt genug der richtungsweisenden Beispiele.

Die lebendige Substanz

101. Artikel, Christmonat 1980

Wir sagten, es handle sich bei der Bodenfruchtbarkeit um einen Begriff, der nicht alleine für sich gesehen werden kann, sondern nur als Teil eines größeren Ganzen, als Teil jener Fruchtbarkeit, die alles Leben auf der Erde fortzeugend erneuert.

Nun gibt es in der lebendigen Welt, wie sie uns sichtbar wird, eine unvorstellbar große Zahl von Organismenarten, deren Dasein zwangsläufig begrenzt ist, die als Individuen sterblich sind, von recht verschiedener Lebensdauer. Gattung und Art aber bleiben erhalten, mit peinlicher Genauigkeit; sie sind „konstant", sie erben sich fort. In den Zeiträumen, die wir zu überblicken vermögen, gibt es zwar „Kreuzungen", Vermischungen der Erbmassen sowohl bei Pflanzen als auch bei Tieren, die Erbmasse als solche aber bleibt in jedem Fall erhalten. Die biologische Potenz, die Organismen zu diesem Zweck haben, nennen wir „Fruchtbarkeit". Der Schluss liegt greifbar nahe, das Geheimnis der Fruchtbarkeit sei demnach in allen den Einrichtungen zu finden, deren sich die Fortpflanzung bedient.

Fruchtbarkeit – ein Urphänomen

Wenn man genauer hinsieht, so handelt es sich bei den Fortpflanzungseinrichtungen der Organismen keineswegs um Mechanismen, deren das Leben an sich bedarf, um unsterblich zu sein. Diese Einrichtungen erweisen sich vielmehr als ungeheure Komplizierungen, die erst mit der Entwicklung höherer Lebensformen notwendig geworden sind, um Sonderausführungen durchführen zu können, ohne die beispielsweise die Fortpflanzung eines Säugetiers unmöglich wäre. Für unsere Frage hier, in der es um das Prinzip der Fruchtbarkeit an sich geht, müssen wir uns bemühen, die spezifischen Komplizierungen zu durchschauen, um dem eigentlichen Vorgang näherzukommen.

Es gibt das Prinzip der Fortpflanzung auch in wesentlich einfacheren Formen, und da kann man nicht mehr sagen, es handle sich um einen Mechanismus, der allein die Arten unsterblich mache. Viele Bakterien pflanzen sich dadurch fort, dass sie sich in zwei gleiche Teile spalten; beide Teile haben die Chance, theoretisch ewig zu leben, sich auch ewig weiter zu teilen, und das haben sie nachweislich auch in Millionen von Jahren getan. Grundsätzlich kann man also dem Bakterium keine Sterblichkeit zurechnen; wenn es die Umwelt gestattet, so ist es praktisch unsterblich. Wenn GOETHE sagte: „Der Tod ist der Kunstgriff der Natur, viel Leben zu haben", so müsste man eigentlich sagen: um viel organismisches Leben zu haben.

Gehen wir noch eine Stufe tiefer, nämlich in die Lebensbereiche, in denen von besonderen Einrichtungen, von Apparaturen zur Betätigung der Fortpflanzung, von irgendwelchen Generationsorganen nicht mehr die Rede sein kann, in die Lebensbereiche der nicht-zelligen Strukturen, das heißt der lebenden Substanzen, so bemerken wir, dass es bereits hier Fruchtbarkeit, Fortpflanzung, Reduplikation gibt. Selbst das kristallierbare Virus, eine lebendige Substanz an der untersten Grenze des Lebens, ist fähig, sich selbst in ungeheurem Ausmaß zu vermehren.

Die Fruchtbarkeit ist also ein Urphänomen im Sinne GOETHES und wirkt bereits im Makromolekularbezirk, bei den kleinsten Einheiten des Lebendigen. Hier muss sie studiert werden, und hier werden wir den ersten gedanklichen Anhaltspunkt dafür finden, auf welchem Wege wir Aussicht haben, eine für alle Bereiche des Lebens gültige Lösung des Fruchtbarkeitsproblems zu entdecken. Denn so, wie eine jede Zelle eigentlich nichts anderes ist als eine Kongregation, eine Zweckvereinigung lebender Substanzen, eine Kongregation von Zellen, wie trotzdem das Ganze, das wir fertig vor uns sehen, doch nur zusammengebaut ist mit den biologischen Potenzen der lebendigen Substanzen, so ist auch die Fruchtbarkeit ganz gewiss eine Ureigenschaft lebender Substanzen und erscheint erst dort in ihrer ursprünglichen Form, wo die apparatischen Sondereinrichtungen, die zur Organisation höherer Lebensformen notwendig sind, noch nicht nötig waren.

Das Urphänomen „Fruchtbarkeit" ist also an spezialistische Schutzvorrichtungen, wie sie die Organismen brauchen, nicht gebunden.

Humus – die Grundlage der Pflanzenernährung

102. Artikel, Herbst 1981

Die Landwirtschaftswissenschaft hat ein Arzt begründet: Albrecht Daniel THAER (1752-1828). Er wollte die Landwirtschaft rationeller gestalten und nahm mit Recht an, dass das nur möglich sei, wenn er eine Landwirtschaftswissenschaft begründe. Die Grundlage seiner Lehre war die Auffassung, dass der Humus das wirkliche Geheimnis des gesunden Wachstums sei.

Wenig später gelang LIEBIG der Nachweis des Mineralbedürfnisses der Pflanze, und unglückseligerweise fand er heraus, dass die Pflanzen Mineralien am leichtesten in Form löslicher Salze aufnehmen und damit im Wachstum erheblich angetrieben werden können, besonders durch die Salze des Stickstoffs. Daraus entwickelte sich das industriell leicht auswertbare Verfahren der Kunstdüngung. Es beruft sich bezeichnenderweise nicht auf die Arbeiten des älteren LIEBIG, der eingesehen hat, welch verhängnisvolle Entwicklung er in Gang gebracht hatte.

Unter dem beherrschenden Einfluss der Chemie auf die Agrikultur kam die Humuslehre von THAER in Vergessenheit. Sie wurde erst dann wieder hervorgeholt, als die Zerstörung des Humus auf unseren Kulturböden nicht mehr zu verheimlichen war.

Noch heute spricht der Agrikulturchemiker nicht, wie THAER, von einer „Ernährung" des Bodens, sondern nur von einer Fütterung der Pflanze. Er rechtfertigt sich mit dem Hinweis auf die enorm angestiegenen Erträge, wobei ihm als Maß allerdings nur die Waage und die chemische Analyse dienen. Humus ist, so sagen noch heute alle Lehrbücher der „zuständigen" – wie sie sich gerne nennt – Wissenschaft, Humus ist keine Pflanzennahrung, nur der Boden hat ihn nötig als Erosionsschutz.

Man demonstriert gerne Hydrokulturen, die ohne Humus prächtig gedeihen, da die Pflanzen nichts anderes aufnehmen können als zum Beispiel Salze. In Wirklichkeit sind diese Pflanzen nur fähig, augenblickliche Wachstumsaufgaben zu erfüllen; sie sind jedoch völlig der Resistenzverminderung unterworfen, das ist die natürliche Abwehrfähigkeit der Pflanze gegenüber krank machenden Mikroben und Viren. Je künstlicher die Ernährung, umso stärker die Resistenzverminderung, sodass Kulturpflanzen heute des fortlaufenden Pflanzenschutzes mit teilweise sehr gefährlichen Giftstoffen bedürfen. Die heutige Landwirtschaft ist ein Riesenexperiment, und als solches soll man es ansehen, um ihre Fehler zu finden. Dieses Experiment beweist nur einmal mehr, dass wir die stofflichen Voraussetzungen für das fortlaufende Gedeihen der lebendigen Organismen nicht vollständig kennen.

Es wird der chemischen Analyse nie möglich sein, mehr zu entdecken als die gröbsten Strukturen lebender Substanzen. Die besten Biochemiker geben das heute auch unumwunden zu, wie ja auch Emil FISCHER (1922), einer der größten, nach jahrzehntelangem Mühen eingestand, er habe eingesehen, dass man das Chlorophyll weder analysieren noch synthetisieren könne. Auch dieser Stoff ist eine lebende Substanz und vollbringt die wunderbare Leistung, Sonnenenergie in energiegeladene Kohlenhydrate umzuwandeln. Er wird aus dem Humus bezogen und ist nicht künstlich nachzuahmen, so wenig wie die übrigen Billionen und Aberbillionen lebender Substanzen, die der Humus birgt.

Wir haben also festzustellen: Es wird niemals möglich sein, ein vollkommenes Nahrungsgemisch künstlich herzustellen. Es wird niemals eine vollkommene künstliche Ernährung geben. Wir können nur der Natur auf die Finger sehen, um herauszufinden, wie sie es anstellt, um den Pflanzen eine vollkommene Nahrung zu bieten. Dies und nichts anderes müssen wir nachahmen, wenn wir eine vollkommene Nahrung ziehen wollen.

In der Natur stammt jede Nahrung aus abgelaufenen Lebensvorgängen, eines lebt vom Tode des anderen, von den Abfällen des anderen.

Da die Pflanze nicht das ganze Jahr über wächst, muss die Natur eine Form finden, um die Nahrung für die Wachstumszeit aufzubewahren. Sie muss aber auch dafür sorgen, dass die Nahrung aus den Zellgerüsten der abgestorbenen Organismen befreit wird, und sie muss zugleich dafür sorgen, dass der Boden eine Struktur erhält, die sowohl die abbauende Lebenstätigkeit der „Aasfresser“ wie auch die „aufbauende“ Tätigkeit der Pflanze und ihrer Mitarbeiter gleichermaßen gestattet. In wie vollkommener Weise die Natur diese Aufgabe gelöst hat, ist eines der größten Wunder, die uns offenbart werden.

Die Humusbildung ist nämlich streng an die natürliche Schichtbildung gebunden. Das hat einen ganz bestimmten Grund: Zur Aufbereitung der Abfälle braucht man Lebewesen, die sich nicht scheuen, auch die denaturierten Hartstoffe der Zellwände, Zellulose, Horn und Ähnliche, anzugreifen. Als Belohnung dürfen sie von den noch übrig gebliebenen Energiestoffen leben, wobei sie unter anderem auch Wärme produzieren. Sie fressen die Kohlenhydrate, Eiweiße, Fette und vieles andere auf und verbrauchen sie. Ist ihre Arbeit getan, so sterben sie. Mit ihrem Tod aber ernähren sie eine zweite Garnitur von Lebewesen, die nicht mehr zur abbauenden Gilde gehören, sondern der Pflanze bei ihrem Aufbau helfen und ihr dienen. Sie bereiten auch den eigentlichen Humus. Dafür werden sie von der Pflanze mit Energiestoffen versehen, sobald die Fotosynthese der Kohlehydrate im Gang ist. Sie sind also echte Mitarbeiter, sogenannte Symbionten. Diese „Aufbauschicht“ befindet sich bereits im Wurzelgebiet der Pflanzen, während die Wurzeln die „Abbauschicht“ fliehen. Sieht man sich diese Mikroben – um solche handelt es sich ausschließlich in der „Aufbauschicht“ – genauer an, so entdeckt man etwas höchst Interessantes: Es sind die gleichen Sorten, die wir Menschen selbst mit uns herumtragen, als Rachen-, Darm- und Hautflora. Es handelt sich um sogenannte Milchsäurebakterien.

Wird die Zellsubstanz der Abfälle nicht alsbald nach ihrem Umbau in den zwei Schichten von der Pflanze aufgenommen, weil sie im Augenblick nicht wächst, so umgeben sich die organischen Teilchen der ehemaligen Zellsubstanzen mit einem besonderen Schutzmantel aus Protoplasma; sie werden dadurch klebrig. Deshalb vermögen sie den Bodenstaub, das Produkt der natürlichen Gesteinserosion, zu den sogenannten Krümeln zu verkitten – Lebendverbauung nach SEKERA. Dieser Kittvorgang ist das Grundelement der Bodengare und die Voraussetzung für die Lebensvorgänge, weil es die Luft- und zugleich die Wasserversorgung sicherstellt. Die Luft mit Stickstoff, Kohlensäure und Sauerstoff und das Wasser als Grundstoff des Lebens kann kein Lebensvorgang entbehren. Deshalb darf auch die Gare niemals ganz verschwinden, und das Auflösevermögen der Pflanze gegenüber dem Bodenkrümel wird durch genaue Gesetze geregelt, indem die Pflanze dem Lebendgehalt des Bodens entsprechend in ihrem Chlorophyllgehalt begrenzt wird. Die Düngung mit Stickstoffsalz beseitigt dieses „Gleichgewicht zwischen Humusverbrauch und Fotosynthese".

Für die natürliche Agrikultur und Gärtnerei fehlt uns noch eine grundsätzliche Feststellung: Lebensenergien – biologische Energie – lässt sich nur dann in einem Material restlos in neue Lebensvorgänge überführen, wenn die Lebensvorgänge niemals abbrechen. Mit anderen Worten: Die Energie organischer Abfälle kann nur dann vollständig in Pflanzenwachstum verwandelt werden, wenn – den Jahreszeiten entsprechend – der Ablauf von Abbau, Humusaufbau und Pflanzenwachstum nicht unterbrochen wird.

Es ist von höchster Notwendigkeit für den Praktiker, das Bild eines natürlichen Bodens und den Vorgang der Humusbildung genau einzuprägen. Unser aller Wohl und Wehe hängt von der Muttererde ab und damit also vom Humus.

Eine hundertprozentige Ausnutzung ist nur möglich, wenn der eben entstandene Abfall in wenigen Tagen als Bodendecke ausgebracht wird. In diesem Fall geht alle Energie sofort in neue Lebensvorgänge über und fließt restlos der Humusbildung zu.

Übertragung der Erbsubstanzen

103. Artikel, Herbst 1982

Erbsubstanzen sind die wertvollsten lebendigen Substanzen aller Zellen und Gewebe, aus denen Organismen bestehen.

Die Erbsubstanzen bestimmen, was eine Zelle tun kann, wo sie hingehört, wie sie aussieht, und aus Erbsubstanzen allein bauen sich ganze Organismen auf, auch der Mensch. Es sind die „Zentralen", von denen aus alle Lebensvorgänge gelenkt werden. Die Erbsubstanzen oder „Erbmassen" bewirken alles, was man „lebendig" nennt; sie sind die wahren Träger des Lebens, die Verwirklichung des Geistigen im Materiellen.

Für die „Erhaltung der lebendigen Substanz" haben wir in wissenschaftlicher Arbeit viele Beweise gefunden. Für die Frage, ob diese erhalten gebliebene Substanz auch wiederverwendet werden kann, dient als Beweis einstweilen die Tatsache, dass man mit lebender Substanz die Organismen gesund machen kann. Das hat sich in der Heilkunde bewiesen und ebenso im biologischen Landbau. Wenn die Grundgesundheit Schaden gelitten hat durch falsche Ernährung von Mensch, Tier, Pflanze und Boden, kann man durch die Pflege der lebenden Substanzen alle diese „Organismen", auch den Mutterboden, gesund machen. Wir erleben das ja täglich in der Praxis. Es kommt dahin, dass der Mutterboden wieder mehr Wasser aufnehmen kann, dass er unempfindlich wird gegen Trockenheiten, widerstandsfähiger gegen Verschlämmung und Frost, dass die Saat besser aufgeht und besser überwintert, dass die Schädlinge seltener werden und die Viruskrankheiten verschwinden, die Haltbarkeit größer wird und die Bekömmlichkeit besser. Und so kommt es letzten Endes, dass das Vieh gesünder wird, dass es mehr leistet, dass es fruchtbarer wird und dass viele schlimme Probleme, die der Viehstall bringt, besser und leichter zu lösen sind als vordem. André VOISIN (1959) fordert: Es gibt nur einen einzigen wirklichen Beweis für die Güte eines Bodens – die Pflanzengesundheit. Und es gibt nur einen einzigen wirklichen Beweis für die Güte einer Nahrungspflanze: „Tier und Mensch und ihr Wohlergehen".

Die Ernährungswissenschaft der Agrikulturchemie füttert die Pflanze mit Nährstoffen, möglichst mit Salzen. Demgegenüber steht der Ernährungsweg über den lebendigen, gesunden Boden, genau nach dem Vorbild der Natur. (Wenn die Natur im Widerspruch zu unserer Theorie steht, so hat stets die Natur recht und die Theorie ist falsch. LIEBIG!!) Hier werden der Pflanze lebende Substanzen, ja auch Erbsubstanzen geboten, weil nur das Leben des Mutterbodens eine gesunde Pflanze garantiert, so handelt die Natur.

Die drei amerikanischen Forscher Edward Lawrie TATUM und Joshua LEDERBERG sowie George Wells BEADLE haben bewiesen, dass die Übertragung von Erbsubstanz von Zelle zu Zelle möglich ist und damit auch deren Gesundheit. Es sind ja die Erbsubstanzen von Zellen, die ihre Gesundheit ausmachen.

Je mehr die Zelle leisten kann, desto mehr ist sie biologisch wert. Man wusste bislang nicht, dass sich in jeder Nahrung auch Erbsubstanz befindet, die von lebenden Zellen aufgenommen werden kann, und diese macht die Gesundheit der Empfänger aus. Für uns ist es von hoher Wichtigkeit, unsere Geschöpfe auf dem Acker, im Stall und im Haus gesund zu machen und erbgesund zu erhalten. Der Kreislauf der lebenden Substanz, die Erbsubstanzen mit dabei, sind das Grundgerüst der Gesundheit von Mensch, Tier, Pflanze und Boden und löst das dringendste

Problem, das auf der Menschheit lastet: das Problem der Entartung des Menschengeschlechts durch die Zivilisation, das Problem der Grundgesundheit, die allenthalben Stück für Stück untergraben wird, weil wir von der „biologischen Wertigkeit“ bisher nichts, aber auch gar nichts verstanden haben.

Der lebendige Garten als Quell der Gesundheit

104. Artikel, Sommer 1983

Alles Leben kommt aus dem Boden. Nahrung aus gesundem Boden ist Heilmittel im besten Sinn des Wortes. Gesund aber ist nur der Boden, der lebt. Denn nur der Ablauf einer Kette von Lebensvorgängen im Boden schafft der Pflanze die natürliche Nahrung. Ohne solche Nahrung ist sie nicht vollkommen. Man weiß heute, dass es keine wirklich künstliche Nahrung gibt, auch für die Nahrungspflanzen nicht. Man weiß heute, dass sich die Forderung nach vollkommener Ernährung auf die Bemühung konzentriert, den Boden voll lebendig zu erhalten oder wieder lebendig zu machen, dort wo er ausgebeutet wurde bis zur Leblosigkeit.

Für die Forschung steht sogar schon viel mehr fest, als sich die Schulweisheit träumen lässt. Es steht fest, dass die Ernährung des Bodenlebens mit organischen Stoffen – das heißt allen Abfällen aus der Lebenstätigkeit der Organismen – unerlässliche Voraussetzung für die höchstmögliche Bodenleistung ist. Wird diese Voraussetzung erfüllt, so sind Landwirtschaft und Gärtnerei auf lebendigem Boden jedem anderen Verfahren in jeder Beziehung eindeutig und haushoch überlegen. Die Natur kann es eben doch besser als wir, denn auf diese Weise schafft sie Nahrungspflanzen mit höchstem Ertrag, mehr als doppelter Haltbarkeit, reinem Geschmack, vorzüglichem Geruch und unverminderter Fruchtbarkeit. Auf diese Weise vermag sie Stall- und Milchleistung und letztlich die Gesundheit von Nutztieren und Menschen Jahr um Jahr auf einen höheren Stand zu bringen.

Dies sei zuvor gesagt, um zu zeigen, wie wichtig es ist, sich mit dem Bodenleben unseres Gartens zu beschäftigen. Wie hat das nun zu geschehen?

Versuch: Aufbringen einer Mulchschicht aus Grasschnitt oder gehäckselter Grünmasse zwischen den Saatreihen, der so bedeckte Boden zeigt reges Leben, er ist krümelig und dunkel von den Abfällen der Lebenstätigkeit. Der Boden ist locker, besser als mit bisher bekannten Maßnahmen.

Die Lebenspflege des Bodens braucht dabei:

1. Niemals darf der Boden nackt bleiben, wie dies ehemals üblich war. Der Boden ist keine gute Stube. Nur unter einer Decke, wie sie von selbst in der Natur existiert, kann das Leben gedeihen.
2. Organische Abfälle, ganz gleich welcher Art, können auf keine Art so vollkommen für das Bodenleben ausgenutzt werden, wie es die Natur auch macht: durch direktes Auflegen von frischem Zustand.

3. Ein Boden, der durch ausreichende organische Ernährung lebendig geworden ist, braucht nicht mehr künstlich gelockert zu werden, er wird niemals fest, auch nicht im längsten Regen. Umgraben stört das schichtweise ablaufende, kettenartig sich ablösende Bodenleben. Man muss danach streben, alles lebendige Abfallmaterial so früh wie möglich auf den Boden zu bringen. Das Material darf aber frisch niemals in den Boden eingearbeitet werden, auch nicht oberflächlich. Es würden somit Lebensvorgänge in dichtere, tiefere Bodenschichten gelangen, die dort nichts zu suchen haben, die vor allem den Pflanzenwurzeln erheblich schaden. Die Lebensvorgänge der Verrottung müssen in natürlicher Schichtung ablaufen, die sich ganz von selbst bildet. Bei nasser Witterung darf die Bodendecke nicht so dicht sein wie bei trockener, weil sie sonst unliebsam fault.

Das Unkraut wächst auf lebendigem Boden freilich ebenfalls erheblich besser, seiner Verwendung als Mulch steht jedoch nichts im Wege. Als Mineralersatz kommt nur infrage, was der lebende Boden ohne Schaden verträgt: Urgesteinsmehl, Kalk als Naturprodukt. Künstlicher Stickstoff darf nicht in einen lebendigen Boden. Sehr bewährt hat sich die Behandlung des Bodens mit Kräuterextrakten, Bakterien und Spurenstoffen. Selbst versuchen, es gibt noch keine Lehrbücher.

Qualitätstestung von Nahrungspflanzen

105. Artikel, Christmonat 1983

Für den Wert einer Pflanze als Lebensmittel ist nicht ihr Gehalt an chemisch identifizierbaren Stoffen entscheidend, sondern ihr Gehalt an spezifischer lebendiger Substanz und deren Gesamtwirkung auf den ernährten Organismus. Das geht aus der erst jetzt erforschten Tatsache hervor, dass alle Lebewesen, sowohl die Pflanzen als auch die Tiere, ihre lebende Erbsubstanz nicht aus sich selbst heraus vermehren, sondern durch die Resorption lebendiger Partikel in etwa Virusgröße. Die Abhängigkeit erklärt sich daraus, dass die spezifischen Partikel und deren Wärmegrad abhängende Spezifität besitzen. Ist diese Spezifität im Sinne der biologischen Normgesundheit beschaffen, so ist die Gesundheit des damit ernährten Lebewesens sicher.

Die Bildungsformen spezifischer lebender Substanz in Form von Vitaminen, Hormonen und Enzymen sind teilweise chemisch isolierbar und also messbar. Da uns aber bisher unbekannt ist, wie die organischen Träger dieser Substanzen beschaffen sein müssen, um biologisch der Norm zu entsprechen, und da uns außerdem die Komplexe aller solcher Wirkstoffe, die die biologische Gesamtwirkung ergeben, unbekannt sind, sind wir einstweilen, vielleicht auch immer, auf rein biologische Prüfmethoden angewiesen.

Nun besitzen wir in den sogenannten physiologischen Bakterien Lebewesen, deren Lebensbedürfnisse weitgehend derjenigen gesunder Zellen und Gewebe entsprechen. Es handelt sich hier um die Masse der in der belebten Welt vorzufindenden Bakterien, die im Boden, auf und in Pflanzen und auf den Schleimhäuten tierischer Organismen leben und mit den von ihnen besiedelten Lebewesen eine Interessengemeinschaft bilden. Was man zu den physiologischen Bakterien zu rechnen hat, ist in letzter Zeit mehr und mehr bekannt geworden. Unter ihnen finden sich eine ganze Reihe solcher, die sich als Laboratoriumstämme züchten lassen und deren biologische Eigenschaften relativ gut beobachtet werden können.

Diese Bakterienzellen bieten sich nun als Ersatz an, wenn man die Wirkung von Nahrungsmitteln auf unsere eigenen Körperzellen erforschen will. Was ihnen schadet, schadet auch uns. Man reicht ihnen gewissermaßen die zu untersuchende Materie als Nahrung und sieht zu, ob sie gedeihen oder nicht.

Drei verschiedene Möglichkeiten werden erarbeitet, um sichere und zuverlässige Tests über die Qualität der Nahrungspflanzen zu erlangen. Mithilfe dieser Methoden hat sich erwiesen, dass die Nahrungspflanzen, die heute auf dem Markt sind, mit wenigen Ausnahmen als nicht biologisch vollwertig bezeichnet werden können. Selbstverständlich steht diese bedauerliche Tatsache mit der Zunahme der sogenannten Abbauerscheinungen beim Menschen, beim Nutzvieh und bei den Kulturpflanzen in unmittelbarem, ursächlichem Zusammenhang. Sie ist deshalb für die Entwicklung einer zukünftigen besseren Landwirtschaft von ungeheurer, grundlegender Bedeutung. Es ist jetzt die Frage, welche Wege beschritten werden müssen, um wieder zu einer lebensgesetzlich gesunden Nahrungspflanzenproduktion zu gelangen, um die weitere Ausbreitung der Zivilisationskrankheiten der Menschen und des Nutzviehs zu verhindern und die Nahrung wieder zu dem zu machen, was sie eigentlich sein kann: Erhalten der Gesundheit, Verhüter der Entartung und bester Helfer des Arztes.

Es hat sich nämlich gezeigt, dass der biologische Zustand des Bodens, auf dem die Pflanzen wachsen, stets genau dem Zustand der Pflanzen entspricht. Ist er schlecht, so sind auch die darauf wachsenden Pflanzen schlecht, ganz gleich, ob sie oberflächlich gesehen als normal oder gesund imponieren oder nicht. Es genügt also vollständig, wenn wir in den Besitz biologischer Bodenprüfungen gelangen, die ein echtes Urteil über den Zustand des Humus gestatten. Der Humus ist nämlich die wesentlichste Nahrung der Pflanze, er bestimmt ihren biologischen Wert.

Ehrfurcht vor dem Leben!

106., 107., 108. Artikel, Frühjahr, Sommer und Herbst 1984

Dass wir uns mit der einseitig technisch-materialistischen Entwicklung die Probleme selbst geschaffen haben, soll man nicht bezweifeln. Als die moderne Geburtshilfe, Kinderheilkunde, Seuchenhygiene, Chirurgie und allgemeine Fürsorge geschaffen wurden, wuchs die Menschheit rapid an. Die natürliche Auslese, die nur die Besten zu Leben und Fortpflanzung zulässt, wurde abgeschafft. Die Masse „Mensch", die entstand, fordert Nahrung, Wohnung und Organisation, Massenerzeugung von Nahrung und technisierte Anstrengung ungewöhnlichen, nie da gewesenen Ausmaßes. Das sind die Probleme, und sie sind nicht wegzudiskutieren. Man muss mit ihnen rechnen, will man nicht die schönste und reinste Frucht menschlichen Geistes, die Humanität, über Bord werfen.

Es stellt sich die Frage: Sind alle die meist selbst geschaffenen, zum Teil unsagbaren Probleme heilbar? Ist es möglich, die heutigen Übel nicht nur mit Korrekturen zu Fall zu bringen? Es wäre möglich, wenn wir nicht mit Korrekturen allein zu Werk gingen, sondern in Harmonie mit allem Lebendigen. Unser Wissen ist Ganzheit gegenüber der leblosen Materie, unser Wissen ist Stückwerk gegenüber der lebendigen Materie, hier werden Fehler über Fehler gemacht.

Was wir heute erleben, ist ein Übergang in eine andere Zeit mit allen Geburtswehen, Wirrnissen und Unklarheiten, wie sie stets eine solche Zeit kennzeichnen. Es wird ein Haus geflickt mit Rissen, das an sich ein neues Fundament bräuchte.

Die Wissenschaft muss versagen, wenn sie die Regeln und Gesetze des Anorganischen, des Leblosen, auf das Lebendige anwendet. Die lebendigen Vorgänge sind nicht mit den Forschungsmitteln zu durchschauen, mit denen man das Leblose durchschaut. Die Physiker sind also imstande, mit physikalischen Methoden nachzuweisen, dass das physikalisch-chemisch-mathematische Denken in der Welt des Lebendigen nicht gilt, weil dieses Denken menschliche Konstruktion ist, eine Hilfswissenschaft, deren Geltung zu versagen beginnt, weil sie nichts als vergängliche, augenblickliche Vorteile sucht, während die eigentliche Wissenschaft seit eh und je nur die Wahrheit sucht.

Und das ist nun der Aufzug eines neuen, eines anderen Zeitalters. Hier wird zum ersten Mal die chemische Bodenkontrolle unter die Direktive einer biologischen gestellt, einer Kontrolle der Lebensvorgänge des Bodens.

Es stellt sich die Frage, warum man denn überhaupt kontrollieren muss, da das natürliche Wachstum jedem künstlichen ohnehin überlegen ist? Dazu die Antwort: In einer Menschheit, die bald die 3.000-Millionen-Grenze überschreiten wird, gibt es eine Lebensordnung ohne wissenschaftliche Lenkung nicht. Deshalb müssen wir ja lernen, biologische Vorgänge zu kontrollieren, um sie lenken zu können. Anders werden wir niemals die chemisch-technische Epoche überwinden, und darauf kommt es gegenwärtig an.

Es gilt die Prinzipien zu überwinden, auf denen unsere ganze derzeitige Lebensordnung ruht. Das kann man nicht mit Korrekturen, nicht mit dem Denken der chemisch-technischen Epoche, man kann es nur mit biologischem Denken, und das ist eine neue, sehr schwere Sache. Das chemisch-technische Denken ist nicht über Bord zu werfen allein mit der Begeisterung für die gute Sache.

Die großen Entdecker des vorigen Jahrhunderts schufen die Möglichkeit, die Masse der Menschen, die in früheren Zeiten Seuchen und Krankheiten unentwegt zum Opfer fielen, am Leben zu erhalten.

Die Chemotherapeutika und Antibiotika verdanken diesem Prinzip ihr Dasein ebenso wie die chemische Schädlingsbekämpfung. Beides wird als eine der höchsten Errungenschaften der Menschheit gefeiert. Trotzdem ist das Prinzip falsch, es ist unbiologisch.

Mit der Zeit bewirkt dieser allgemeine Giftkampf genau das Gegenteil dessen, was man erreichen will und beginnt, es allmählich auch einzusehen. Um aber diese Maßnahmen entbehren zu können, muss man es zuerst besser machen können, und das geht nicht von heute auf morgen.

Man hat die spontane Abwehrfunktion der Organismen abgelöst durch einen heute allenthalben wirksamen und künstlichen Schutz. Die Organismen werden beschützt, statt sich selbst zu beschützen. Man müsste, um den künstlichen Schutz entbehren zu können, lernen, den natürlichen Selbstschutz willkürlich und unter lenkender Kontrolle herbeizuführen.

Nun ist es in der Biologie bekannt, dass verloren gegangene Funktionen nur in Geschlechterfolgen wirksam wiederbelebt werden können, also in sehr langen Zeiten. Wir haben uns durch augenblickliche Erfolge blenden lassen und die Zukunft darüber vergessen. Für diese Zukunft aber sind wir verantwortlich, mehr als für uns selbst.

Derzeit jedoch scheint die Menschheit wenig bereit, ihre Wege zu ändern; noch immer scheint die technische Entwicklung des Menschen wichtiger zu sein als die biologische. Sie tut das ohne Rücksicht auf die Belange des Lebendigen, so absurd es auch klingt. Man versucht, das Leben zu schützen mit Mitteln und Methoden, die gegen das Leben gerichtet sind.

Sollte die Menschheit von ihren Irrwegen nicht abzubringen sein, setzt sich auf jeden Fall die Kraft durch, die die Welt zusammenhält, und sie lässt sich Zeit dazu, die sie ja auch hat, denn sie hat die Ewigkeit für sich. Wir betrachten das viel zu wenig.

Alle jene aber, die sich auf die wahren biologischen Wege begeben oder sich auf ihnen befinden, die dem Leben des Planeten dienen, mögen nie vergessen, dass diese Wege für die Gemeinschaft der Menschen nur einen Sinn haben, wenn sie im richtigen Geist geschehen.

Das Wort „Geist" ist sehr in Misskredit gekommen, seit man den Geist, der die Welt schuf, mit unserem menschlichen Geist zu verwechseln begann. Uns ist nicht mehr gegeben als ein kleiner Einblick in die Dinge des Geistes. Wir haben zur Erkenntnis nichts als unsere Sinnesorgane, und auch wenn wir sie durch Mathematik, Fernrohr und Ultramikroskop noch so sehr verlängern, sie bleiben unvollkommen. Sie vermögen das Geistige niemals exakt zu sehen, sondern nur immer einen Teil des Ganzen. Es gilt, echte Erkenntnisse der tieferen Zusammenhänge im Reich des Lebendigen nicht mithilfe der sinnlichen Wahrnehmung allein, am wenigsten im lebendigen Experiment zu gewinnen. Wir können Überschallflugzeuge, Elektronengehirne und Raketenweltraumschiffe konstruieren, aber wir können nicht ein einziges Fünkchen Leben erwecken, nicht einmal eine Amöbe erfinden. Es fehlt uns das Wichtigste daran, das Leben.

Das ist eine nackte naturwissenschaftliche Tatsache und man hat sie als das oberste, wichtigste Faktum zu nehmen. Bei den lebendigen Dingen können wir überhaupt nichts tun mit dem Geist der bisherigen Naturwissenschaften; wir können nur zusehen, was das Lebendige tut und was es zum Leben braucht. Diese Wissenschaft nennt man Biologie, die uns doch die Mittel gibt, mit dem Unerklärlichsten umzugehen, das wir haben, mit dem Lebendigen! Das Lebendige ist uns nicht zugänglich, ist unserem Willen nicht untertan, ist für unseren kleinen Geist nicht durchschaubar, ist unserem Verstand nicht begreifbar.

Ehrfurcht vor dem Leben ist wohl die schwerste Aufgabe, die man Menschen stellen kann. Sie kann nur in tiefstem Ernst und mit eiserner Arbeit, ohne Hoffnung auf rasche Erfolge und ohne jeden Anspruch auf baldige Ernte erfüllt werden.

Der Welt des Lebendigen kommt man näher, wenn man GOETHE liest, als wenn man die Erfolgsberichte unserer Industrielaboratorien studiert. Man kommt ihr näher, wenn man alle die ehrfürchtigen Schriften aus der ganzen langen Menschheitsgeschichte studiert, die sich mit den Fragen des wahrhaft ewigen Lebens befassen. Wem das heute noch unbegreiflich ist, der taugt nicht zum biologischen Denken, weil er sich im technisch-chemischen-physikalischen Denken erschöpft hat.

Biologische Wahrheit findet man in Wirklichkeit nur dann, wenn der Geist, der über uns wohnt, dabei mitwirkt.

Ehrfurcht vor dem Leben: Die heutige Menschheit verdankt ihr Leben zum größeren Teil dem Mord am anderen Leben. Wir haben es uns einzugestehen! Die Maßlosigkeit, zur zweiten Natur geworden, folgt dem technischen Wunder auf den Füßen, weil es auf den Leichen anderen Lebens entstanden ist.

Das Leben auf der Erde bildet eine unendliche Kette. Kein einziges Lebewesen ist in der Ordnung der lebendigen Schöpfung entbehrlich.

Machen wir uns dies zu Diensten, und wir werden eine bessere und glücklichere Menschheit haben als die gegenwärtige.

Weshalb ergeben Stallmist und Laub zusammen keinen wertvollen Kompost?

109. Artikel, Sommer 1985

Die biologische Boden- und Kompostuntersuchung deckt manchen Fehler auf, der bislang bei der Kompostbehandlung gemacht wird. Sie hat zum Beispiel auch erwiesen, dass die Beimischung von Laub zu Komposten eine höchst ungünstige Wirkung auf die lebendigen Vorgänge bei der Kompostierung hat.

Beim Kompostieren soll die in dem Ausgangsmaterial enthaltene Lebendsubstanz möglichst vollkommen und hochwertig erhalten bleiben. Wenn man das erreichen will, dann muss man dafür sorgen, dass die Lebensvorgänge im Kompost keinen Augenblick abreißen. Sie dürfen niemals unterbrochen werden. Die für die Umsetzung zuständigen Geschöpfe – Pilze, Bakterien, Würmer (zum Beispiel der Regenwurm) – formen die Lebendsubstanzen des Ausgangsmaterials so um, dass eine Lebendsubstanz entsteht, die echte Humussubstanz zu bilden imstande ist.

Wird nun dieser Umsetzungsprozess in irgendeiner Weise unterbrochen, stirbt die Lebendsubstanz teilweise ab und verliert mehr und mehr an Wert und der Kompost wirkt nur noch zu einem geringen Teil fruchtbar. Demgemäß ist das wichtigste Problem bei der Verwertung von Abfallmaterial die richtige Lagerung und Behandlung. Und ganz genauso ist es mit den Komposten, die aus betriebseigenem Material landwirtschaftlicher Betriebe aufgesetzt werden; schon geringe Fehler können das Material so entwerten, dass sich das Aufsetzen nicht mehr lohnt.

Es kann aber keinen Zweifel daran geben, dass die richtige Kompostierung das weitaus beste Verfahren für die Verwertung von Humusstoffen ist, ganz besonders im Hinblick auf die Gesundheit der Erzeugnisse, die Garebildung im Boden, die Schädlingsfreiheit und die Stabilität der Wachstumsvorgänge. Wir müssen deshalb nach den Gründen suchen, wenn wir Entwertungen von Komposten bemerken.

Eine solche entsteht bei der Beimischung von Laub zu Stallmist. Das Laub legt sich flächenhaft zusammen, verklebt miteinander, bildet ganze Teller, die absolut luft- und wasserdicht sind. Auf diese Weise wird Lebensvorgängen im Kompost, die ja niemals aufhören dürfen, die Luft und das Wasser abgestellt; sie ersticken buchstäblich. Ohne Luft und Wasser gibt es kein Leben. Laub ist als Beimischung zu Komposten nicht geeignet, besonders nicht in bedeutenden Mengen.

Laub wird in Gärtnereien einzeln kompostiert zu Lauberde, die über vorzügliche Lockerungseigenschaften verfügt.

Siegt die Chemie oder der Schädling?

110., 111., 112. Artikel, Herbst 1984/3, Herbst 1985/3, Christmonat 1985/4

Das chemisch-technische Zeitalter hat uns gelehrt, aus der Ordnung der Natur auszubrechen, ewige Gesetze durch menschliche zu ersetzen. Wir tun dies überall – nicht nur mit schädlichen Insekten, sondern auch mit Bakterien und Viren! Wir sind allmählich auf einen ganz verhängnisvollen Weg geraten und haben es kaum bemerkt. Man verbreitet heute in einem Ausmaß lebensfeindliche und lebenshemmende Stoffe in der Natur, dass sich der Nichteingeweihte kaum eine rechte Vorstellung davon machen kann. Ein kleiner Bruchteil der heute verwendeten Pflanzenschutzgifte würde genügen, um die ganze Menschheit auszurotten.

Das ist ein sehr gefährliches Spiel mit natürlichen Dingen, dessen Folgen wir wahrscheinlich selbst nur zum Teil, desto mehr aber unsere Enkel und Urenkel zu tragen haben.

Die Schöpfung lässt nicht mit sich spaßen. Wir können es uns nicht leisten, Instinkt und natürliche Gefühle für echte Gesundheit verkümmern zu lassen, unser Gewissen mehr und mehr zu verlieren und uns einzubilden, wir könnten uns vor den Konsequenzen unnatürlichen Handelns drücken. Die Wahrheit ist doch eine ganz andere.

Im Kampf gegen ihre natürlichen Feinde hat die Menschheit in den letzten Jahrzehnten unvergleichliche Erfolge errungen. Die Wissenschaft hat ihr Waffen in die Hand gegeben, die es gestatten, ihre Widersacher – und seien sie noch so zahlreich, heimtückisch oder unsichtbar – bis in die geheimsten Schlupfwinkel zu verfolgen und mit dem Masseneinsatz chemisch-technischer Methoden zu vernichten. Wir stellen nun hier eine der dringendsten Menschheitsfragen: Ist der chemische Giftkampf ein taugliches Mittel am tauglichen Objekt?

Ein jedes Lebewesen auf der Erde muss sich seiner Feinde erwehren. Wer das nicht kann, tritt früher oder später von der Bühne des Lebens ab; so will es ein unerbittliches Naturgesetz. Es geht in der Natur um die Aufteilung der lebendigen Materie, denn sie ist eine gegebene Größe. Jeder Organismus muss um seinen Anteil kämpfen und eines lebt immer vom Tode des anderen. Die Art und Weise allerdings, wie sich die Organismen des Lebens erwehren und die Nahrung erkämpfen, ist außerordentlich verschieden. Auch für uns Menschen, die wir uns seit 100 Jahren so rasch vermehren, gibt es scheinbar keine andere Wahl, als anderes Leben zu vernichten, um selbst leben zu können. Die Art unserer Waffen ist jedoch eine etwas andere als die Waffen der Kreatur. Letztere gehören untrennbar zum Organismus, ihr Träger haftet mit seinem Leben. Diese einfache Tatsache zieht die Grenzen des Erlaubten, Grenzen, die unser Giftkampf nicht hat. Unser Gift ist etwas Unpersönliches ohne eigene Verantwortung. Ein einziger Mensch kann mehr Gift produzieren als alle anderen Organismen zusammen.

Was es da in der Natur an Giften, an Fingerhut, Giftpilzen und Tollkirschen gibt, ist ein reines Kinderspiel gegen die Produktionskapazität der chemischen Industrie. Um diesen bedeutsamen Unterschied geht es hier. Nicht einmal an Nahrung kann sich eine Pflanze unbeschränkt aneignen, was sie will, und so vermag sie auch nicht mehr Gift zu produzieren, als sie selbst zu ihrem Schutz gebraucht.

Aber aus diesem Paradies der Harmonie zwischen allem Lebenden wurde der Mensch ausgeschlossen. Nur eins konnte ihn im Kampf ums Dasein retten: sein Großhirn, jenes Organ, mit dem er alles schuf, was Menschen je geschaffen haben. So schuf er Waffen, die ihresgleichen in der Natur nicht haben. Mit Pfeil und Bogen begann es noch ganz harmlos und reicht heute zur wirksamsten Waffe: das Gift. Gift in vielerlei Gestalt, in ungeheuren Mengen, in Hunderttausenden von Kilogramm jährlich. Auf jeden Fall genug, um zu beschützen, was zu beschützen ist: Menschen, Haustiere, Nahrungspflanzen. Genug, um auszurotten, was uns gefährlich werden kann: Schädlinge und Krankheitserreger; einmal erkannt, sind sie verloren.

Noch nie war die Macht der Menschen über die übrige Kreatur so groß! Sie bestimmen, was leben darf, was sterben muss. Die meisten Gifte stammen heute aus der Retorte, an Lebensvorgänge ist diese Produktion überhaupt nicht mehr gebunden; man kann davon so viel herstellen wie man will, aus leblosen Stoffen, die unerschöpflich sind. Zurzeit ist unser Leben ohne diesen künstlichen Schutz undenkbar geworden. Wir können – so sagt man nicht zu Unrecht – nur leben, wenn die Chemie uns ernährt und beschützt.

Das ist in der Tat eine Situation, die es früher noch nie gegeben hat in jeder Beziehung. Noch nie war es möglich, mit so tödlicher Sicherheit feindliche Organismen bis in ihr tiefstes Inneres zu verfolgen und mit satanischer Genauigkeit umzubringen. Vollständiger kann der Sieg der Chemie, so scheint es, über die Feinde des Menschen eigentlich nicht sein. Diese unsere Kampfesweise gegen das nicht menschliche Leben auf der Erde wird als der größte Fortschritt der modernen Wissenschaft gepriesen. Wenn heute die Menschheit ohne die Chemie nicht leben kann, so ist zu fragen, ob man die Mittel hat, die dahintersteckende ungeheure Verantwortung auch in Zukunft zu tragen.

Die Gifte der Natur sind bedingte oder relative, die anorganisch-chemischen aber unbedingte oder absolute. Nun fehlt aber der dringend notwendige nächste Schritt: nach der Erforschung der Symbiosen (Erforschung des Einzelnen, Zergliederung des Lebendigen) die Suche nach dem einen allgemeinen Gesetz, das alles Lebende zusammenhält. Nach dem Erringen grenzenloser Macht mit naturwissenschaftlichen Mitteln fehlt die Erkenntnis der natürlichen Grenzen dieser Macht, es fehlt das Maß aller Dinge!

Es fehlt die Direktive, ohne die wir die Last der Verantwortung für unsere so komplizierte Lebensordnung nicht tragen können. Die Erforschung des Gemeinsamen alles Lebenden steckt noch in den Anfängen. Es ist jedoch fast kein Zweifel mehr daran, dass die Geburtsstunde einer neuen Erkenntnis geschlagen hat, der Erkenntnis von der unbedingten Gemeinsamkeit alles Lebendigen, der Erkenntnis, dass niemand auf der Erde auf die Dauer gesund sein kann ohne die Gesundheit der gesamten Kreatur, ohne jede Ausnahme.

Es ist sehr zu bedenken, dass es nicht gleichgültig ist, ob die lebende Materie unserer Nahrungsspender durch den Giftschutz vielleicht irgendeinen Schaden erlitten hat, der sich künftig bemerkbar macht. Solche Nachweise sind bereits erbracht worden, daher können wir nicht für einen einzigen Giftstoff garantieren, den wir in unserem Lebensbereich anwenden.

Wir haben uns vorzustellen, dass der weltumspannende Giftkampf zwar nicht von heute auf morgen, in langen Zeiträumen aber umso sicherer eine Werteverschiebung im organischen Bestand der Erde herbeiführt.

Auch dafür gibt es bereits gewisse Anzeichen. Der übertriebene Gebrauch von Antibiotika hat, aus zahlreichen Mitteilungen der Weltliteratur zu schließen, mancherorts schon eine Umschichtung des Bakterienbestandes bewirkt. Unter diesen Umständen bleibt uns die Feststellung, dass dieser „Retter in der Not", das Antibiotikum, für einen ausgedehnten Gebrauch ungeeignet ist; es ist immer noch besser, wenn man es nicht nötig hat.

Das Beste wäre es, sich nach neuen Wegen umzusehen, und das geschieht hie und da: das Einsetzen der roten Waldameisen gegen Waldschädlinge, die Züchtung resistenter Obst- und Kartoffelsorten, um den Giftschutz entbehren zu können, Heilkunden, die sich bemühen, ohne Gift auszukommen, reine Humuswirtschaft, die den Kulturpflanzen ihre natürliche Widerstandskraft zurückgibt; alles Pionierarbeiten von einzelnen Mutigen.

Noch ist der umfassende Giftkampf das Mittel der Wahl, noch ist die Überzeugung nicht Allgemeingut, dass die gerufenen Geister gefährlich sind, dass das Mittel der Wahl untauglich und gefährlich ist. Nicht nur das Mittel ist untauglich, auch das Objekt ist es. Eine Pflanze oder ein Nutztier zu erhalten, das ohne künstlichen Schutz sterben würde, ist für uns kein echter Gewinn. Die Substanz eines Geschöpfes, das nicht einmal die primitivste Kraft zur Selbsterhaltung hat, kann nicht vollwertige Nahrung sein. Wenn wir die Kartoffeln vor dem Käferfraß und uns selbst vor dem Bakterientod bewahren, so sind weder wir noch die Kartoffeln besser, gesünder, widerstandsfähiger geworden, im Gegenteil. An uns ist es, uns und unsere Schützlinge stark und widerstandsfähig zu machen, bis sie des künstlichen Schutzes nicht mehr bedürfen, indem wir sie in die Gemeinschaft des Lebendigen zurückführen. Mit Halbheiten ist da nicht zu helfen!

Die Situation ist eindeutig, sie muss ihre Meister finden.

Über Erhaltung und Kreislauf lebendiger Substanz, 1. Teil

113. Artikel, Frühjahr 1986

Die überlieferte Zell- und Gewebslehre ging von der Hypothese aus, dass zwischen der Nahrung aller Organismen und ihrem Endverbraucher, der Gewebszelle, mehrere chemisch-physikalisch wirksame Schranken liegen, die nur von leicht löslichen, auf jeden Fall nur von mikromolekularen Stoffen durchschritten werden können. Diese Hypothese, niemals direkt bewiesen, wurde durch die physiologisch-biochemische Forschung laufend bestätigt und schließlich stillschweigend als Tatsache angesehen. War es doch eindeutig, dass jeder Organismus, der Verdauungseinrichtungen besitzt, sämtliche angebotenen Nährmaterialien – vor allem die organischen – mechanisch und chemisch bis zu einfachen löslichen Verbindungen zu zerkleinern imstande ist. Seit Jahrzehnten hat sich die gesamte Ernährungslehre für Pflanze, Tier und Mensch nach diesen Auffassungen ausgerichtet.

Besteht diese These zu Recht, dass alle Organismen zwecks Stoffwechsel und Ernährung nur uniforme und chemisch mehr oder minder leicht identifizierbare Moleküle in sich aufnehmen, so wird die ganze Ernährung letztlich zu einem rein chemischen Problem. Sie wird gewährleistet, wenn der Organismus ein bestimmtes Gemisch aus Aminosäuren, Monosacchariden, verseiften Fetten, Vitaminen, Enzymen und Spurenelementen bekommt. Die Herkunft dieser Nährstoffe ist dabei prinzipiell gleichgültig; falsch ernährt wird der Organismus, indem dem Nahrungsgemisch wichtige Nährstoffe fehlen, wobei man den chemisch identifizierbaren Inhalt durch Analyse prüft.

Nun enthält eine jede natürliche Nahrung aber zwangsläufig organische Großmoleküle aus den Zellen, Geweben und Flüssigkeiten der Nahrungsspender, Zellkernbestandteile, Zerfallsprodukte der Blutkörperchen, das Chlorophyll der pflanzlichen und Algenzellen. Bei dieser Makromolekular- oder „lebendigen" Substanz handelt es sich keineswegs um indifferente uniforme Substanz, sondern um Komplexe, die ihrer Herkunft entsprechend formiert und biologisch aktiv sind. Sie sind, wenn sie aus einer biologisch intakten, „gesunden" Zelle stammen, zweckentsprechend für die Leistungen ausgestattet, die sie intrazellulär zu vollbringen haben. Gesetzt den Fall, die Organismen wären imstande, wahlweise Substanz dieser Art aus dem reichen Angebot jeder natürlichen Nahrung in sich und ihre Zellen aufzunehmen, so wäre die Herkunft der Nahrung ganz allgemein keineswegs gleichgültig, sondern von allerhöchster Bedeutung. Der Organismus würde dann nämlich imstande beziehungsweise genötigt sein, lebendige Zellsubstanz anderer Organismen als Zellbausteine in sich aufzunehmen. Wenn diese Substanz aus intakten Zellen, Geweben und Organismen stammt, so wird sie dem Ideal gesunder Zellen entsprechen und fähig sein, Zellen, Gewebe und Organismen physiologisch zu ernähren, ja sogar die biologische Wertigkeit jener Zellen aufzubessern, deren Substanz nicht mehr dem Ideal entspricht.

Ohne Zweifel war die Übertragung „lebendiger" Substanz, ja schon die Übertragung spezifischer Nukleinsäurekomplexe von Organismus zu Organismus von ungeheurem Einfluss auf die Gestaltung der menschlichen Zivilisation. Es wäre dann nämlich nicht allein wichtig, dass diese lebende Substanz Organismen entstammt, deren biologische Existenz durch natürliche Angriffe nicht gefährdet werden, das heißt, die gesund sind. Die Frage nach der Gesundheit eines Nahrungsmittels war mehr die Frage der Hygiene und der Rentabilität, aber nicht die Frage der biologischen Wertigkeit. Bei der meist in Großbetrieben gezogenen Pflanzennahrung ist der gewichtsmäßige Ertrag entscheidend, nicht aber die Gesundheit der Pflanze. Die Umwandlung der natürlichen Gesundheit in eine „künstliche" bei Tieren und Kulturpflanzen verhindert jedes exakte Urteil über die wirkliche Gesundheit. Man weiß nicht mehr, welche unserer Nahrungsspender imstande sind, uns brauchbare Zellsubstanz zu liefern.

Es steht entschieden außer Zweifel, dass dem Menschen von heute nur eine Nahrung zugeführt wird, die in jeder Beziehung biologisch minderwertig ist.
Beispiel: die Kartoffel. Hat sie keine physiologische Makromolekular-Nahrung zur Verfügung, schwindet ihre Abwehrfähigkeit, sie wird viruskrank oder fällt dem Kartoffelkäfer zum Opfer. Sie wird das Opfer ihrer Zellgewebe-Entartung infolge einer falschen Düngung.

Zellgewebe-Entartungen sind zahlreich infolge der biologisch minderwertigen Ernährung auch beim Menschen festzustellen, möglicherweise bereits bei Kindern, bei denen man dann mit Mandel- und Blinddarmoperationen versucht, das Übel zu heilen.

Im Kreislauf der Substanzen zur Ernährung der Organismen scheint demnach der biologisch wichtigste, ja entscheidende der Kreislauf der spezifischen lebendigen Substanz zu sein. Es ist aber der zugleich am wenigsten erforschte.

Über Erhaltung und Kreislauf lebendiger Substanz, 2. Teil

114. Artikel, Sommer 1986

Wir können behaupten, dass wir den Nachweis haben, dass hochspezifische lebende Substanzen durchaus sämtliche „Schranken“ eines jeden Organismus zu passieren vermögen, nicht nur die Schranke Verdauungskanal–Blut, sondern auch die Schranke Lymphe–Zelle. Es scheint dabei auch die These höchstwahrscheinlich, dass die normale, intakte, gesunde Oberfläche und Gewebszelle zwischen schädlicher und unschädlich-nützlicher Lebendsubstanz zu unterscheiden vermag.

Die Annahme eines Kreislaufs lebendiger Substanzen im Rahmen der Substanzkreisläufe überhaupt ist jetzt schon eindeutig mehr als eine Hypothese. Man darf annehmen, dass es neben zahlenmäßig verschwindend wenigen pathogenen Lebendsubstanzen in den Nahrungskreisläufen fast nur noch nicht-pathogene gibt, wie es seit Jahrzehnten von verschiedenen Forschern schon vermutet wurde und durch diesbezügliche Arbeiten (zum Beispiel von WINTER, Eduard BUCHNER [UKROW 2004], A. KOCH) nachgewiesen wurde.

Erst damit würde sich das biologisch eigentlich selbstverständliche Postulat einer Verbindung zwischen allem Lebendigen ergeben, die für das individuelle Schicksal eines jeden Organismus, ob Pflanze, Tier, Mensch oder Mikrobe, schlechthin schicksalsbestimmend ist. Es würde damit die eigentliche Grundlage der wissenschaftlichen Lenkung der menschlichen Lebensordnung geschaffen.

Denn wenn funktionell intaktes, biologisch aktives, organisch zellwirksames und nicht nur lebloses mikromolekulares, herkunftsmäßig indifferentes Nährmaterial von Organismus zu Organismus übertragen wird, dann hängt die gesamte Lebensgemeinschaft der Organismen auf der Erde bezüglich ihres gesundheitlichen Schicksals auf die Dauer absolut voneinander ab.

Dann muss der, der sich als Nahrung Substanz von biologisch minderwertigen Nahrungsspendern – ganz gleich ob von Pflanzen, Tier oder Mikroben – zuführt, selbst zwangsläufig biologisch minderwertig werden, weil der Einbau abwegiger Austauschsubstanz die einzelnen Zellen mehr und mehr biologisch-funktionell abwertet.

Wer sich mit dem Kreislauf der Substanzen in allen seinen Pflanzen vom Lebensvorgang „Mutterboden“ bis zum Menschen und zurück beschäftigt, bemerkt alsbald, dass normalerweise die Substanzen mitsamt den lebendigen Bestandteilen niemals direkt von Organismus zu Organismus gelangen, sondern auf dem Umweg über zahlreiche Arten von Mikroben als „Zwischenstation“. Diese einzelligen Lebewesen haben also unsere höchste Aufmerksamkeit zu beanspruchen.

Wir müssen uns freilich grundsätzlich von der Einstellung frei machen, dass Mikroben entbehrlich, überflüssig und höchstens schädlich oder gar gefährlich seien. Tatsächlich kommt schätzungsweise eine gefährliche Mikrobe auf eine Million ungefährlicher, sogar im Bereich des heutigen Menschen. Man darf sich nicht dadurch beirren lassen, dass der hochzivilisierte und damit leider meist abwehrschwache Mensch normale Bakterien schlecht verträgt. Physiologisch ist in der Natur allein der ständige Umgang mit Mikroben, die sogar planmäßig ganz entschieden zu den Aufgaben der Selbsterhaltung und Fortpflanzung herangezogen werden.

Die Fruchtbarkeit des Mutterbodens ist ohne Mikroben ebenso undenkbar wie die Gesundheit der Organismen.

Der Mutterboden ist ein geradezu klassisches Studienobjekt für die Wanderung der lebendigen Substanz vom Abfall alles Lebendigen bis zur Pflanze, vom Herabsteigen des Lebendigen in die „Mutter Erde“, ihrer vielfältigen Tätigkeit, Umformung und Lagerung bis zum Wiederaufstieg als Sicht in die Welt der oberirdischen Organismen. Die große Masse der Bodensubstanz wird uns zwar erst als Nährstoff bildendes Chlorophyll wieder deutlich sichtbar, aber Chlorophyll wäre ohne die Arbeit der unzählig vielen Bodenorganismen undenkbar.

Was bei allen Symbiontenarbeiten ins Auge fiel, dass bei allen untersuchten Organismen, tierischer wie pflanzlicher, als auch beim Mutterboden die gleichen Arten von bakteriellen Symbionten auftreten, und zwar durchwegs sogenannte Milchsäurebildner. Die Übereinstimmung der mikrobiellen Ordnung bei Organismen und Mutterboden geht aber noch viel weiter. Die von unzähligen Arten von Kleintieren verarbeiteten Rückstände aus den oberirdischen Lebensvorgängen werden systematisch zunächst von Sprosspilzen (Myceten, Hefen, Schimmel) als Vorstufe verarbeitet und erst dann an die bakteriellen „Bodensymbionten“ weitergereicht. Diese hinterlassen nach ihrem Tod die Lebendsubstanz der Bodenbakterien und sind die Voraussetzung für die Entstehung der sogenannten „Bodengare“, das heißt der Ausbildung des durchlüfteten, lockeren, Wasser speichernden lebendverbauten, nach SEKERA fruchtbaren Mutterbodens.

Die Klebrigkeit der Mikrobenreste verkittet die leblose Mineralsubstanz der Bodenerosion zu Bodenkrümeln. Das alles verdient den alten Namen „Humus“ als eine Kongregation von lebender und lebloser Substanz. Die Humusbildung ist eine Art Vorverdauung für die Pflanze und der Humusboden eine Vorratskammer für die Zeiten der Vegetationsperiode, in der die Pflanze mangels Wärme, Wasser und Sonne nicht wachsen kann.

Humus ist weder Mineralsubstanz noch lebende Substanz, weder organischer Abfall noch Mikroben, sondern nur eine Ehe zwischen den Zerfallsprodukten ganz bestimmter Kleinlebewesen und erodiertem Mineral. Er ist eine neue biologische Gestalt und hat als solche auch seine eigenen Gesetze.

Zum Problem der Mikroflora-Sanierung des Bodens

115. Artikel, Frühjahr 1987

Bei der Floraforschung am Boden müssen Verhältnisse zugrunde gelegt werden, die sich nur am kulturell unberührten Boden finden, der kulturell berührte Boden ist derzeit für diese Forschung ungeeignet. Entsprechende Untersuchungen haben bezüglich der Humusbildung eine Analogie und Parallelität zum Prinzip der tierischen Verdauung, eine Verdauung in „Schichten“ ergeben, wobei jeweils sehr verschiedenartige Mikrobenfloren tätig sind. Der letzte wichtige Vorgang bei der Humusbildung, der Abbau lebender Gewebe bis zum „lebendigen“, sehr widerstandsfähigen Makromolekül als einer „Ruheform“ der lebenden Substanz, wird durch Mikroben bewirkt, deren Eigenschaften denen der menschlich-tierischen Bakterien entsprechen.

Es wird hier aufgezeigt, dass die Verwendung von Bakterienkulturen zur Sanierung der Humusflora ebenso möglich ist wie zur Sanierung der menschlich-tierischen Schleimhautflora. In der Umbildung der Nahrungsstoffe für alle Organismen von den Pflanzen bis zu den Säugetieren und den Menschen spielen die bisher meist als „Schmarotzer“ betrachteten Bakterien eine entscheidende Rolle, sowohl in Bezug auf die Bildung nachweisbarer Nahrungsqualitäten – Vitamine, Enzyme, Antigene und viele mehr – wie in Bezug auf die größtenteils noch unbekannten plasmatischen Makromoleküle oder „lebende Substanz“.

Da die lebende Substanz unmittelbaren Einfluss nimmt sowohl auf die Gestaltung der überall existierenden Bakterienfloren wie auf die erblichen, biologisch-funktionellen Eigenschaften der Zellgewebe von Organismen, hängt die biologisch-funktionelle Beschaffenheit jeglicher Nahrung für Organismen, also des Nahrungskreislaufs zwischen Boden, Pflanze, Tier und Mensch, von der durch Bakterien gebildeten Spezifität lebender Substanz ab.

Die erkennbare Ordnung in diesem natürlichen Gang der Nahrungsproduktion zeichnet sich ab in der Existenz sogenannter physiologischer Bakterienfloren, die eine physiologische Ausrichtung der produzierten Nahrungsstoffe sicherstellen und beweisen. Ihr Fehlen beweist die nicht-physiologische Beschaffenheit der abgelieferten Nahrungsstoffe. Die Bakterienfloren sind demnach im ganzen Bereich des Nahrungskreislaufs ein untrügliches Kriterium für deren biologische Beschaffenheit. Das ist auch im Kulturboden, in Acker und Garten der Fall.

Für die Ausbildung einer bestimmten Flora ist der Nährboden absolut entscheidend. Die Bodenflora lebt von den Abfällen des Tier- und Pflanzenlebens. Die Bakterienflora – als letzte Station der Humusbildung – lebt außerdem von dem, was ihr die Sprosspilze hinterlassen. Nur der stufenweise Abbau der Abfallstoffe gewährleistet die Existenz einer physiologischen Bodenflora und damit eine physiologische Humusbildung. In der Kultur muss dieser Vorgang nachgeahmt werden.

In acht Jahren experimenteller Tätigkeit, sowohl im Laboratorium wie in der Praxis der Agrikultur, hat sich erwiesen, dass drei Voraussetzungen für die Bildung eines physiologischen Humusbestands erforderlich sind:

1. die regelmäßige Zufuhr fäulnisfähiger oder in Fäulnis befindlicher organischer Abfälle,
2. die Existenz einer natürlichen Bodendecke als Voraussetzung für die Tätigkeit der Sprosspilze und die Existenz der natürlichen Bodenschichtung und

3. die Anwesenheit oder Anlieferung physiologischer Bakterien, die notfalls durch Bodenimpfung zugeführt werden können.

1. Es ist zu fordern, dass alles getan wird, damit die Landwirtschaft und Gärtnerei auf das absolute Primat der organischen Düngung umgestellt wird.
2. Dabei soll berücksichtigt werden, dass von vielen Vereinigungen und Männern in der ganzen Welt sehr wertvolle und unentbehrliche Vorarbeit geleistet worden ist, sodass zu fordern ist, geeignete Persönlichkeiten und Verfahren in die Vorbereitung zu der Umstellung maßgeblich einzuschalten.
3. Es ist weiter zu fordern, dass im Sinne der Ganzheitsbetrachtung gesundheitlicher und wirtschaftlicher Fragen der Nahrungsproduktion eine öffentliche Anstalt ins Leben gerufen wird, die die Fragen des Nahrungskreislaufs vom Boden bis zum Menschen anhand chemischer, physikalischer, mikrobiologischer, klinischer und anderer Untersuchungen zu klären in der Lage ist und die für die Realisierung notwendigen Angaben ausarbeiten kann. Dabei soll berücksichtigt werden, dass – insbesondere neben schulgemäßen Methoden und Persönlichkeiten – von außerschulmäßigen Forschern wertvolle Vorarbeit geleistet worden ist und diese maßgeblich bei diesem Unternehmen eingesetzt werden müssen.
4. Man wolle in geeigneter Form alles tun, um dem Bewusstsein zum Durchbruch zu verhelfen, dass die Physiologie und Pathologie der Lebensvorgänge auf der Erde niemals vollständig mit chemisch-physikalisch-technischen Verfahren erforscht und gelenkt werden können.

Die wahren Wissenschaftler und die wahren Bauern

116. Artikel, Frühjahr 1987

[Anm. d. Bearb.: *Der nachfolgende Text ist der Abschluss eines Vortrages, den Dr. Rusch im Jahr 1952 bereits in Bern gehalten hatte; offensichtlich vor einem Kreis von Interessenten, die bereits in ihren Gärten und Betrieben nach den Angaben von Dr. Rusch arbeiteten. Diese hatten sich schon zur Aufgabe gemacht, in ihrem Lebenskreis zu den Gesetzen des Lebendigen zurückzukehren und sie zur Richtschnur ihres Handelns zu machen. Sie wussten bereits, dass sich der lebendige Bodenorganismus nicht nach Mineraldüngertabellen und Handelsdüngerrechnungen richtet. Sie haben gewusst, dass sich die Gesundheit der Böden nicht mit lebenszerstörenden, giftigen Substanzen aufrechterhalten, geschweige denn wiederherstellen lässt. Sie haben auch gewusst, wie ein Boden oder Kompost aussehen und riechen muss, wenn er gesund ist, wie die Kulturpflanzen, die sie ihren Mitmenschen als Nahrung schaffen, aussehen, schmecken, riechen und sich halten, wenn sie gesund sind.*]

Die Naturwissenschaft hat nur die Aufgabe, das, was mit gesundem Menschenverstand und natürlichem Empfinden aus der Erfahrung heraus gelernt wurde, zu bestätigen. Es hat immer genügend Wissenschaftler gegeben, die sich darüber im Klaren waren, dass wir von der ganzen Wahrheit noch sehr weit entfernt sind und sie vermutlich niemals ganz erforschen werden. Ganz ebenso hat es allzeit Bauern und Gärtner gegeben, die sich von den gültigen Lehren der Agrikulturchemie niemals haben beirren lassen. Das sind die wahren Wissenschaftler und die wahren Bauern. Und wenn sie auch heute noch in der Minderheit sind, so sind sie doch Pioniere einer zukünftigen und besseren Zivilisation der Menschen und sie werden die Zukunft gestalten.

Biologischer Landbau-Gartenbau – Theorie und Praxis

117. Artikel, Sommer 1987

Eine Zeit, die den wissenschaftlichen Spezialisten hervorgebracht hat, hat uns das Denken abgewöhnt. Der Spezialist denkt für uns. Das geht, solange man es nicht mit Lebendigem zu tun hat. Land- und Gartenbau aber ist Umgang mit Lebendigem, und wenn die Lebensgesetze nicht Grundlage des Denkens und Handelns sind, so ist es nicht biologischer Landbau.

Die Lebensgesetze haben sich bisher nicht annähernd so vollkommen erforschen lassen wie die der unbelebten Materie. Nicht wir können die materiellen Voraussetzungen für „Leben" schaffen, wie wir etwa ein Haus oder eine Brücke vorausberechnen können. Wir sind darauf angewiesen, das Lebendige für uns arbeiten zu lassen und ihm schlecht und recht dabei zu helfen, soweit wir es verstehen. Dabei nützt es nichts, wenn wir einzelne Teile der Lebensvorgänge genauer kennen – entscheidend ist immer nur das Ganze, das biologische Resultat. Und das ist aufs Höchste kompliziert.

Es gibt auf der Erde sicher nicht zwei Gärten, die einander biologisch vollkommen gleich wären. Sie sind alle nicht nur selbst verschieden – ihr Boden, ihr Untergrund, ihre Wasserführung, ihre klimatische Lage und so weiter –, sie sind auch jeweils in eine andere Umgebung hineingestellt, von der sie abhängig sind – Dünger, Herkunft der Dünger, Menschen und Tiere, die davon leben und so weiter. Wer sich zum Beispiel aufmerksam eine Gartenkolonie ansieht, in der auf relativ gleichem Boden mit gleichen Methoden gearbeitet wird, wird bemerken, dass es keine Parzellen gibt, die einander gleich sind – weil die Menschen verschieden sind, die sie bearbeiten.

Dazu kommt außerdem, dass wir die letzten Geheimnisse der natürlichen Nahrungsbereitung im Boden nicht kennen. Sie sind so ungeheuer kompliziert, dass wir auf ihren Ablauf wenig Einfluss nehmen können. An der Ernährung der Pflanze sind allein so viel verschiedenartige Lebewesen tätig – man darf ihre Zahl auf mehr als 100.000 schätzen –, dass überhaupt nicht die Rede davon sein kann, wir wüssten davon mehr als wenige Einzelheiten.

Das alles ist gesagt, um klarzumachen, es könne Rezepte und Vorschriften für den biologischen Landbau kaum geben. *Nur der vermag biologischen Landbau zu betreiben, der biologisch denken kann.* Das aber lehrt die Theorie, deshalb ist sie notwendig. Wer die Grundgedanken des biologischen Landbaus denken kann, vermag sich selbst zu helfen. Und das muss man können.

Die Agrikulturchemie hat gelehrt, dass die Pflanzen ausschließlich der mineralischen Ernährung bedürfen. Sie hat ferner den künstlichen Stickstoff als Ersatz für den vom lebendigen Boden gelieferten, natürlichen Stickstoff in die Düngung eingeführt. *Sie hat damit Masse auf Kosten der Güte geschaffen.* Es wächst dann zwar mehr Pflanzenmasse, aber die Pflanzen sind nicht vollwertig, sind anfällig, schutzbedürftig, ohne Treib- und Salzdünger nicht mehr wuchsfähig und deshalb keine vollwertige Nahrung. Man braucht kein Spezialist zu sein, um zu begreifen, dass der Agrikulturchemiker den Landbau in eine Sackgasse führt, aus der es für den Bauern kein Zurück mehr gibt: Die unter der Treib- und Salzdüngung herausgezüchteten Kulturpflanzensorten brauchen diese Ernährung. Da sie dabei krank werden, brauchen sie den künstlichen Schutz gegen „Schädlinge", und da das Saatgut alsbald „abbaut", muss ständig neues beschafft werden.

Die Dreierherrschaft „Kunstdünger–Schädlingsgift–Saatgutverkauf" hat sich zu einer versteckten Diktatur entwickelt, aus der es nur ein Entrinnen gibt: die kompromisslose Rückkehr zum biologischen Landbau. Was heißt das? Kunstdünger sind an sich ja keine Gifte, sondern enthalten das, was die Pflanze tatsächlich braucht. Der Unterschied ist nur der: Werden der Stickstoff und die Mineralstoffe in einer Form geliefert, die geeignet ist, den Boden als natürlichen Nahrungslieferanten auszuschalten, so ist die Dosierung auf jeden Fall falsch. Und da wir ohnehin von den 60 oder mehr Mineralstoffen, die die Pflanze nötig hat, nur einige wenige als Mineraldüngung geben, ist die Ernährung der Pflanze außerdem einseitig und unvollständig. Nur die Lebensvorgänge des Mutterbodens vermögen eine Nahrung herzustellen, die für die Pflanze vollkommen ist. Und nur dann bleibt sie gesund und erbgesund. Wird nach den für den biologischen Landbau dargestellten Grundsätzen gehandelt, so wachsen auf jedem Boden gesunde Pflanzen und hochwertige Nahrung. Der Aufwand wird nicht größer, sondern kleiner, die Ernte nicht kleiner, sondern größer. Es gibt kein Heilmittel, das so wirksam wäre wie die natürliche Nahrung. Arzt und Tierarzt werden zu dem, was sie eigentlich sein sollen: Hausarzt, der die Gesundheit überwacht.

Es gibt keinen Kompromiss irgendwelcher Art! Den biologischen Landbau muss man ganz tun oder seine Finger lieber davon lassen. Alle Pflanzennahrung muss aus dem Leben des Mutterbodens kommen, und da der Mutterboden nur eine Station im Kreislauf der lebendigen Substanz ist, kann auch er nur richtig ernährt werden, wenn man das Schicksal der lebenden Materie als Ganzes in sein Denken einbezieht. Nicht ein einziger Dünger kann ohne Nachdenken gegeben werden und nicht eine einzige Bodenarbeit darf ohne Rücksicht auf das Leben des Bodens stattfinden. Die Ehrfurcht vor dem Leben ist nirgends notwendiger als im Landbau, denn hier wächst unser gesundheitliches Schicksal. Die theoretischen Grundregeln, die man sich einprägen muss, sind in aller Kürze die folgenden:

Jede Teildüngung beseitigt das biologische Gleichgewicht zwischen Boden und Pflanze, vermindert die Humusbildung und die Wurzelmasse, macht Scheinwachstum und Scheingesundheit und gefährdet die Bildung zahlreicher Nähr- und Wirkstoffe, die sowohl für die Gesundheit des Bodens wie die der Pflanze und der damit ernährten Menschen und Tiere unentbehrlich sind.

1. Künstliche Stickstoffe in jeder Form und Menge sind für den biologischen Landbau nicht tragbar. Der erforderliche Stickstoff muss aus den Lebensprozessen des organisch ernährten Bodens hervorgehen, der imstande ist, genug und übergenug Stickstoff aus der Atmosphäre zu binden. Der Vorgang setzt ein, sobald der Boden warm genug ist. Eine zu frühe Stickstoffgabe auf noch kalte Frühjahrsböden bringt keinen Vorsprung.
2. Von den Mineralien sind die wichtigsten die Spurenelemente. Sie sind in jüngeren Eruptivgesteinen – Basalt, Trachyt – am vollständigsten versammelt. Grundsätzlich werden nur natürliche Urgesteinsmehle verwendet; von ihnen löst das Bodenleben genau das, was es selbst braucht, und das ist zugleich die einzig richtige Dosierung für die Pflanze.
3. Von den Massenmineralien ist zu sagen: Die Abfallmassen bringen alle die zum Leben nötigen Mineralien in ausreichender Menge mit. Es kommt nur darauf an, für Reichhaltigkeit des Materials zu sorgen. Bei Mangel an Material pflegte Dr. Hans MÜLLER zu sagen: „Hier fehlt es an Nachschub!“

Auch organische Dünger sind einseitig: Jauche bringt viel Kali und Harnsalz, rein tierischer Dünger zu wenig Kohlehydratnahrung für die Bodenmikroben; reine Stallmistdüngung hemmt die Pilzarbeit. Gründüngung, zum Beispiel Lupinen, Klee, hat den Vorteil des Gegengewichts gegen die tierischen Dünger, aber den Nachteil, dass sie selbst aus dem zu düngenden Boden kommt. Grundsätzlich sind alle organischen Dünger wertvoll und verwendbar, aber nur in einer dem Boden und anderen örtlichen Bedingungen angepassten Vielfalt.

1. Als Ersatz für Phosphor ist Rohphosphat zulässig, Kalkgestein mit Zurückhaltung anwenden. Die beste Kalkdüngung geschieht mit kalkhaltigen Böden selbst – Kalkmergel –, Düngekalk mit Zurückhaltung nur dort verwenden, wo er nötig ist, und nur im Winter gestreut. Sofern der Kali-Ersatz organisch (Jauche) nicht möglich ist, kann Patentkali verwendet werden. Für alle einseitigen mineralhaltigen Zusatzdünger, die viel Kalk, Kali oder Phosphor enthalten, gilt gleichermaßen, dass sie dem Boden umso besser bekommen, je verteilter sie gegeben werden. „Nicht ein Mal viel, sondern öfter wenig.“
2. Wichtiger als der Mineralersatz sind Bodenzusätze, die direkt aus dem Bereich des Lebendigen stammen und sehr wesentliche Wirkungen haben, dazu gehören die Heilkräuter. Indem man zusammen mit Heilkräutersubstanzen und Spurenelementträgern physiologische Bodenbakterien einimpft, wird man die Möglichkeit schaffen, unsere Gärten von der Qualität der Dünger unabhängiger zu machen.

Stallmist oder Stallmistkompost?

118. Artikel, Herbst 1987

Im biologischen Landbau gilt es als ausgemacht, dass dem kompostierten, mehr oder weniger vollkommen verrotteten Mist unbedingt der Vorzug gebühre gegenüber dem sonst üblichen Verfahren, den Stallmist ungeachtet seines Zustands auszubringen und möglichst auch unterzupflügen. Die Wüchsigkeit, Gesundheit, Keimfreudigkeit und Schädlingsfreiheit können bedeutend gesteigert werden, wenn der Mist vorbehandelt wurde und nicht stallfrisch aufs Feld kommt.

Zahlreiche Boden- und Komposttestungen, Topf- und Freilandversuche haben überzeugt, dass der Unterschied zwischen dem frischen und dem vorbehandelten Stallmist nicht im unterschiedlichen Nährstoffgehalt, nicht im Verhalten des Stickstoffs, nicht in der Bindung neuer, zugeführter Energien, sondern ganz allein in dem Ablauf und der Entwicklung der mikrobiologischen Umsetzungsvorgänge liegt. Der bedeutungsvolle Unterschied besteht darin, dass die Phase der Fäulnis beim Frischmist noch nicht beendet ist, während sie beim guten, brauchbaren und für die Pflanze uneingeschränkt verträglichen Mistkompost abgeschlossen ist. Jede andere Veränderung, die sonst noch beobachtet wird, ist unwesentlich.

Der chemisch nachweisbare Nährstoffgehalt ist, mit Ausnahme des Stickstoffgehalts, bei richtigem Verfahren vor und nach der Kompostierung praktisch gleich. Der Stickstoffgehalt sinkt, teilweise sehr bedeutend, während der Kompostierung ab, weshalb man in der Agrikulturchemie veranlasst war zu lehren, den Mist sobald wie möglich, das heißt so frisch wie möglich, aufs Feld zu bringen, weil man sonst hohe Verluste an Stickstoff in Kauf nehme. Die chemische Analyse zeigt nicht, dass der Kompost auch bezüglich des Stickstoffs besser ist als der bedeutend stickstoffhaltigere Frischmist; erst durch das endgültige Resultat ergibt sich: Die Pflanze hat nach beendetem Wachstum aus dem kompostierten Stallmist tatsächlich mehr Stickstoff gewonnen als aus dem Frischmist. Diese Beobachtung weist darauf hin, dass es nicht auf den Stickstoffgehalt an sich ankommt, sondern auf den Ablauf der Vorgänge, die der Pflanze den Stickstoff vermitteln; sie laufen offenbar besser ab, wenn der Mist vorbehandelt ist.

Wir wollen in Erinnerung rufen, dass der biologische Landbau nicht denkbar ist ohne die richtige Behandlung der lebendigen Dünger. Es ist und bleibt eine unumstößliche Tatsache, dass der Unterschied zwischen Frischmist und Mistkompost einen ganz entscheidenden Raum einnimmt im Denken des biologischen Bauern. Der biologische Landbau will Leben erzeugen, Lebensvorgänge in Gang halten und Nahrung wachsen lassen nach den Gesetzen des Lebendigen. Das ist undenkbar ohne eine richtige Führung der entscheidenden Lebensvorgänge in den organischen Düngern.

In der Natur gehen die Abbauvorgänge in der Oberfläche vor sich, die Aufbau- und Humusbildungsvorgänge in der tieferen Schicht der lebendigen Krume, also streng getrennt. Beide, die Abbau- wie die Aufbauphase der Humusbildung, gehen bei der üblichen Frischmistdüngung durcheinander, während sich in der kompostversorgten Erde nur die letzte Phase der Humusbildung vorfindet.

Der Wurzelorganismus der Pflanze meidet streng alle Schichten, in denen Abbau und Fäulnis vor sich gehen. In der Natur ist das nur die oberste Schicht. Bei der Fäulnismistdüngung aber besteht keine Schichtbildung; hier laufen zwangsweise Abbauvorgänge, wenn auch bedeutend langsamer, in der Tiefe der lebendigen Schichten ab, wo sie nicht hingehören. Die Pflanzenwurzel findet keine Ordnung vor, an die sie sich halten kann, sondern ist gezwungen, sich mit den Fäulnisvorgängen abzufinden und schlecht und recht durchzuhalten, bis sie abgelaufen sind. Das erklärt die beobachtete Verzögerung im Wachstum und in der Keimung der Samen.

Das Pflanzenwachstum ist erst dann wirklich natürlich, wenn die Pflanze ihren Stickstoffbedarf aus der Lebenstätigkeit des Bodens vollkommen zu decken vermag.

Das praktische Vorgehen kann aus folgenden Formeln abgeleitet werden:

1. Die ideale Form der organischen Düngung ist diejenige, die eine natürliche Schichtbildung auf dem Feld bewirkt. Dazu gehört die natürliche Trennung von Abbauvorgängen in der obersten und Aufbauvorgängen in der darunterliegenden Bodenschicht.
2. Diese Trennung ist nur möglich, wenn organische Dünger, soweit sie nicht vollkommen vererdet sind, ausschließlich als Bodenbedeckung genutzt werden.
3. Die Düngewirkung organischer Dünger ist dann am größten, wenn die Oberflächendecke aus Material besteht, das sich in der Phase der Faulung/Gärung befindet.
4. Muss der organische Dünger aus praktischen Gründen untergearbeitet werden, so darf kein Material verwendet werden, das sich noch in der Faulphase befindet, insbesondere kein frisches.

Die Mistkompostierung behält also einstweilen ihre Berechtigung, sie ist vorläufig unentbehrlich. Es ist ein Grundgesetz des biologischen Landbaus, dass von der Wurzel der Kulturpflanzen alle Stoffe ferngehalten werden, die dort natürlicherweise nicht hingehören. Anders gibt es keinen natürlichen Pflanzenwuchs, keine echte Pflanzengesundheit und keinen biologischen Vollwert. Mit dem Unterpflügen von frischem oder faulendem Mist verstößt man gegen dieses fundamentale Gesetz. Wer das nicht einsieht, sollte sich nicht wertig ansehen. Ein Boden, in dessen Tiefe sich Fäulnis- und Gärungsvorgänge abspielen müssen, weil wir ihn dazu zwingen, kann nicht als natürlich, gesund, mit anderen Worten: als biologisch, angesehen werden. Daran ist nicht zu rütteln.

Es ist nicht umsonst, wenn man sich nach wie vor mit der Kunst der Kompostbereitung beschäftigt und sich darin so weit wie möglich vervollkommnet. Es wird nämlich immer Materialien im organischen Landbau geben, die man kompostieren muss, weil man sie anders nicht gut verwenden kann. Und es wird auch immer Kulturpflanzen geben, denen man – mindestens zu Anfang ihres Wachstums – lieber Komposte geben soll als eine frische Oberflächendüngung. Außerdem wird der allererste Teil der Kompostierung, die Anfaulung des Materials, niemals ganz entbehrlich werden, einfach deshalb, weil das Material sonst praktisch schlecht verwertbar ist. Die Kunst des Kompostierens wird also, trotz neuer Erkenntnisse, immer ein Kernstück und Prüfstein für den organischen Landbau bleiben. Mögen sich das diejenigen zu Herzen nehmen, die immer wieder nach Gründen suchen, um sich die Mühe – mehr die Mühe des Nachdenkens als die Mühe der Arbeit! – zu sparen. Was nützt alle wissenschaftliche Arbeit, wenn sie keine praktischen Früchte trägt.

Quellen

AEHNELT, E., HAHN, J.: Zur Schwankung der Spermaqualität der Besamungsbullen unter besonderer Berücksichtigung von Umweltbelastungen. Züchtungskunde 34: 63–72. 1962

AEHNELT, E., HAHN, J.: Beobachtungen über die Fruchtbarkeit von Besamungsbullen bei unterschiedlicher Grünlandbewirtschaftung. In: Tüxen, R. (eds): Experimentelle Pflanzensoziologie. Berichte über die Internationalen Symposia der Internationalen Vereinigung für Vegetationskunde, vol. 9. Springer, Dordrecht 1969

ALBRECHT, William A.: The Albrecht Papers. Vol. I, Acres, Kansas City, USA, 1975

ALBRECHT, William A.: Verschiedene Aufsätze in der Zeitschrift BODEN UND GESUNDHEIT (Hefte 35–37/1960; 39–41/1961; 42/1962/63; 43 und 45/1964; 71/1971)

BEADLE, George Wells, BEADLE, Muriel Barnett: Die Sprache des Lebens. Eine Einführung in die Genetik. Übersetzt von Hermann Becht. S. Fischer, Frankfurt am Main 1969

BECKER, Arthur: Bakteriologische Untersuchungen über die Entstehung der Infektionskrankheiten. Hippokrates, Stuttgart 1929

BOAS, Friedrich: Die Wiese der Glückseligkeit. München 1949; 2. Aufl. Landbau, München 1960.

BRUCE, Maye E.: Compost Making: Practical Advice on Nature's Method of Restoring Life in the Soil. Soil Association Ltd., Stowmarket 1953

BUCHNER, Paul (1953): Endosymbiose der Tiere mit pflanzlichen Mikroorganismen. Springer, Basel

CASPARI, Fritz: Fruchtbarer Garten. Heering, Seebruck 1948

FISCHER, Emil: Aus meinem Leben. Springer, Berlin 1922

FRANCÉ, Raoul H.: Das Sinnesleben der Pflanzen. Frankh'sche Verlagsbuchhandlung, Stuttgart 1905

FRANCÉ, Raoul H.: Das Leben im Boden/Das Edaphon. Untersuchungen zur Ökologie der bodenbewohnenden Mikroorganismen. OLV Organischer Landbau Verlag, Stuttgart (1977), Kevelaer (2012) (2021)

GENSCHOREK, Wolfgang: Robert Koch: Lebenswerk, Zeit. 2. durchges. Aufl., Hirzel, Leipzig 1976

GERLACH, Wolfgang: Die Quantentheorie: Max Planck, sein Werk und seine Wirkungen. Universitätsverlag, Bonn 1948

HAHN, Dietrich (Hrsg.): Otto Hahn – Begründer des Atomzeitalters. Eine Biographie in Bildern und Dokumenten. List, München 1979

HARTMANN, Hans: Otto Hahn. Der Entdecker der Atomspaltung. Lux, Murnau–München–Innsbruck–Basel 1961

HENNIG, Erhard: Geheimnisse der fruchtbaren Böden. Die Humuswirtschaft als Bewahrerin unserer natürlichen Lebensgrundlagen. OLV Organischer Landbau Verlag, Kevelaer 1995, 2017

LEDERBERG, Joshua, TATUM, Eduard Lawrie: Gene Rekombination in Escherichia coli. Nature 158:558, 1946

LIEBIG, Justus v.: Es ist dies die Spitze meines Lebens. Boden und Gesundheit, Langenburg 1973

LIEBIG, Justus v.: Die Chemie in ihrer Anwendung auf Agricultur und Physiologie. Reprint. Agrimedia, Holm 1995

LIEBIG, Justus v.: Boden, Ernährung, Leben. Auswahl von Texten aus vier Jahrzehnten. (Ausgesucht und zusammengestellt von G.E. Siebeneicher und Wilhelm Lewicki). Pietsch, Stuttgart 1989

LIPPERT, Franz: Vom Nutzen der Kräuter im Landbau. Schriftenreihe „Lebendige Erde“, Biologisch-Dynamische Wirtschaftsweise, Darmstadt 1953

MARGULIS, L.: Die andere Evolution. Spektrum Akademischer Verlag, Heidelberg und Berlin 1999

MEADOWS, Dennis L. et al.: The Limits To Growth (deutsch: Die Grenzen des Wachstums), 1972

MOMMSEN, Helmut, RUSCH, Hans Peter: Die Florasanierung der Milch: Volksgesundheitliche Bedeutung und klinische Wirkung pasteurisierter und wieder Bakterien-beimpfter Kuhmilch. Carl, 1954

MOMMSEN, Helmut: Hilfe für das kranke Kind – Ärztliche Ratschläge zur Pflege und Behandlung kranker Säuglinge, Kleinkinder und Schulkinder, Verlag Reform-Rundschau Bad Homburg, 1. Auflage, 1965

MOMMSEN, Helmut: So bleibt mein Kind gesund! – Gesundheitspflege und Krankheitsverhütung, Ratschläge eines Arztes an Eltern und Erzieher, Karl F. Haug, Heidelberg 1976

PETERSEN, Hans: Die lebende Substanz und die Zelle. In: Grundriss der Histologie und Mikroskopischen Anatomie des Menschen. Springer, Berlin, Heidelberg 1936

PFEIFFER, Ehrenfried: Die Fruchtbarkeit der Erde. Ihre Erhaltung und Erneuerung. Rudolf Geering, Dornach 1956

POTTENGER, Francis M., SIMONSEN, D.G. (1939): Heat labile factors necessary for the proper growth and development of cats. J. Lab. Clin. Med. 25, 238–240

POTTENGER, Francis M. (1946): The effect of heat processed foods and metabolized vitamin D milk on dentafacial structures of experimental animals. Am. J. Orthodont. Oral Surg. 32, 467, zit. nach: MORRIS, M.L. (1953): Nutritive requirements of the cat. Vet. Med. 48, 451–456

SCHILLER, H., LENGAUER, E. et al.: Fruchtbarkeitsverhältnisse bei Rindern im Zusammenhang mit dem Mineralstoffgehalt des Wiesenfutters und weniger der wirtschaftlichen Führung. Eine Untersuchung im Tertiärgebiet des Inn- und Hausruckviertels. Arbeitsweise der Landwirtschaftlich-chemischen Bundesversuchsanstalt Linz/Donau, Bd. LXIII/5, Linz 1962

SCHRÖDINGER, Erwin: Was ist Leben? Die lebende Zelle mit den Augen eines Physikers betrachtet. Leo Lehnen, 2. Aufl., München 1951

SEIFERT, Alwin: Gärtnern, Ackern ohne Gift. Biederstein, München (1971) (1991)

SEKERA, Margareth (SEKERA, Franz, 1943): Gesunder und kranker Boden. Ein praktischer Wegweiser zur Gesunderhaltung des Ackers. OLV Organischer Landbau Verlag, Kevelaer (2012) (2021)

STEINER, Rudolf: Geisteswissenschaftliche Grundlagen zum Gedeihen der Landwirtschaft. Landwirtschaftlicher Kursus (1924 Breslau) und Dornach. Rudolf Steiner Verlag, Dornach

STELLWAG, Karl: Kraut & Rüben. Erinnerungen und Erfahrungen eines biologischen Landwirts. Waerland, Mannheim 1967

THAER, Albrecht Daniel: Grundsätze der rationellen Landwirtschaft, Bd. 4, 1809–1812, Realschulbuchhandlung, Berlin

UKROW, Rolf: Nobelpreisträger Eduard Buchner (1860–1917). Ein Leben für die Chemie der Gärungen und – fast vergessen – für die organische Chemie. Dissertation an der Fakultät I – Geisteswissenschaften – der Technischen Universität Berlin 2004

VIRTANEN, Arrturi Ilmari: Über die Stickstoffernährung der Pflanzen. Anm. Sci. Fenn. A 36, Nr. 12, 1933

VOISIN, André: Die Produktivität der Weide. BLV, München 1958

VOISIN, André: Boden und Pflanze – Schicksal für Mensch und Tier. BLV, München 1959

WYHL, Hermann: Was ist Materie? Zwei Aufsätze zur Naturphilosophie. Springer, Berlin 1924

Weiterführende Literatur

BACH, Diana und SCHEIDEGGER, Werner; mit Beiträgen von Christine BÜHLER und Veronika BENNHOLDT-THOMSEN: Die weiblichen Wurzeln des Bio-Landbaus. Ein Leben für das Gleichgewicht zwischen Mensch und Natur, Mann und Frau. Maria Müller-Bigler (1894-1969). Pionierin des organisch-biologischen Landbaus und der ganzheitlichen Frauenbildung. Bioforum Schweiz, Meilen 2020

BRAUNER, Heinrich: Die Grundlagen des organisch-biologischen Landbaus – wie sie von den Pionieren Dr. Hans Müller und Maria Müller und Dr. Hans Peter Rusch erarbeitet worden sind. Fördergemeinschaft für gesundes Bauerntum, Linz 2010

CHABOUSSOU, Francis: Pflanzengesundheit und ihre Beeinträchtigung: Kranke Pflanzen durch Agrarchemie. Ökol. Konzepte Bd. 60, 2. Aufl., C.F. Müller, Heidelberg 1996

DARWIN, Charles: Die Bildung der Ackererde durch die Thätigkeit der Würmer. März, Berlin und Schlechtenwegen (1881) (1983)

FRANCÉ-HARRAR, Annie: Die letzte Chance. Für eine Zukunft ohne Not. BTQ e.V., Kirchberg und Blue Anathan, Haigerloch (1950) (2007)

FRANCÉ-HARRAR, Annie: Handbuch des Bodenlebens. BTQ e.V., Kirchberg und Blue Anathan, Haigerloch (1959) (2007)

HALLER, Albert v.: Macht und Geheimnis der Nahrung, 4. Aufl. Unikat, Weilrod 1957

HALLER, Albert v., HALLER, Wolfgang v.: Die Wurzeln der gesunden Welt I und II. Boden und Gesundheit, Langenburg 1976, 1978

HALLER, Albert v.: Lebenswichtig, aber unerkannt. Phytonzide schützen das Leben. Boden und Gesundheit, Langenburg 1977

HENNIG, Erhard: Kompost in einhundertjähriger Entwicklung. Von den Anfängen der Stallmistbehandlung bis zur perfekten Kompostierung. Eine Dokumentation. OLV Organischer Landbau Verlag, Kevelaer 2021

HENNIG, Erhard: Humustrilogie. Der Weg der deutschen Landwirtschaft. Die Neuordnung gesunden Lebens beginnt beim Humus. Verbindungen der Gesundheit des modernen Menschen mit der Gesundheit des Bodens. OLV Organischer Landbau Verlag, Kevelaer 2021

HOWARD, Albert: Mein landwirtschaftliches Testament. OLV Organischer Landbau Verlag, Xanten 2005

HOWARD, Louise E.: Die biologische Kettenreaktion. Boden–Kompost–Pflanzengesundheit. Sir Albert Howards Forschungen in Indien. Hans Georg Müller, Krailing

KAS, Vaclac: Mikroorganismen im Boden. Westarp, Hohenwarsleben 1966

KING, Franklin Hiram: 4000 Jahre Landbau in China, Korea und Japan. OLV Organischer Landbau Verlag, Kevelaer 2004

KONONOWA, M.M.: Die Humusstoffe des Bodens. Ergebnisse und Probleme der Humusforschung. VEB Deutscher Verlag der Wissenschaften, Berlin 1958

KRASILNIKOV, Nikolai A.: Soil, Microorganisms and higher Plants. Washington. The National Science Foundation. Original publiziert von der Akademie der Wissenschaften der UdSSR, Moskau (1958) (1961)

KREMER, Elke: Leben und Werk von Dr. Günther Enderlein (1872–1968). Dissertation zur Erlangung des Doktorgrades der Medizin des Fachbereichs Medizin der Johann-Wolfgang-Goethe-Universität, Frankfurt am Main 2006

LEWIS, Thomas: Das Leben überlebt – Geheimnisse der Zellen. Kiepenheuer & Witsch, Köln 1976

MARGULIS, Lynn, SAGAN, Dorian: Garden of microbial delighst: a practical guide to the subvisible world. Dubuque, Iowa; Kendall/Hunt 1993

MARGULIS, Lynn, SAGAN, Dorian: Leben – Vom Ursprung zur Vielfalt. Spektrum Akademischer Verlag, Heidelberg und Berlin 1999

PAUNGFOO-LONHIENNE, Chanyarat et al.: Turning the Table: Plants Consume Microbes as a Source of Nutrients. In: PLOS One. A Peer-Reviewed, Open Access Journal, 2010 (5) 7: e11915, published online 201, July 30

[Es wird gezeigt, dass Mikroben in Wurzelzellen eindringen und anschließend verdaut werden, um Stickstoff freizusetzen, der in Sprossen verwendet wird.]

PREUSCHEN, Gerhard: Ackerbaulehre nach ökologischen Gesetzen. Das Handbuch der neuen Landwirtschaft. Verlag C.F. Müller, Karlsruhe 1991

PREUSCHEN, Gerhard: Leben ist Schöpfung. Slice of Life, Erika Meyer-Borrmann und Günter Borrmann, Königslutter 1999

RATEAVER, Bargyla, RATEAVER, Gylver: The Organic Method Primer. Update. (Mit schwarz-weißen Fotodokumentationen der Endozytose bei Pflanzen.) The Rateavers. San Diego, California, USA 1993

RATEAVER, Bargyla, RATEAVER, Gylver: The Organic Method Primer. The Basics. The Rateavers. San Diego, California, USA 1994

ROHDE, Gustav: Lehrbuch der natürlichen Kompostierung. Deutscher Bauernverlag, Berlin 1957

RUSCH, Hans Peter, SANTO, Erwin: Das Gesetz von der Erhaltung der lebenden Substanz. In: Wiener Medizinische Wochenschrift. Jg. 101, 1951, S. 706–713, 725–734

RUSCH, Hans Peter: Naturwissenschaft von Morgen: Vorlesungen über Erhaltung u. Kreislauf lebendiger Substanz. Verlag Emil Hartmann, Krailling 1955.

RUSCH, Hans Peter: Weg und Wirkung der makromolekularen Umweltkräfte auf Organismen. Mitteilungsblatt Zentralverband Ärzte Naturheilverfahren 1(6):86, 1960

RUSCH, Hans Peter: Bodenfruchtbarkeit – Eine Studie ökologischen Denkens. OLV Organischer Landbau Verlag, 7. Aufl., Xanten 2004

SCHANDERL, Hugo: Botanische Bakteriologie und Stickstoffhaushalt der Pflanzen auf neuer Grundlage. Verlagsbuchhandlung Eugen Ulmer, Stuttgart 1947

SCHANDERL, Hugo: Bodenbakterien in neuer Sicht. Über das Entstehen von Bakterien aus pflanzlichen Zellen. In: Boden und Gesundheit. Zeitschrift für angewandte Ökologie. Nr. 68, S. 7–10, Boden und Gesundheit, Langenburg 1970

SCHANDERL, Hugo: Bakterien einmal in anderer Sicht. In: Boden und Gesundheit. Zeitschrift für angewandte Ökologie. Nr. 66, S. 7–10, Boden und Gesundheit, Langenburg 1970

Internet

https://amt-herborn.de/vorstand-und-beirat/geschichte/

https://de.wikipedia.org/wiki/Hans_M%C3%BCller_(Politiker,_1891)

(Die Quellen- und Literaturnachweise besorgte Kurt Walter Lau)

Anhang 1: Kultur und Politik (Deckblatt)

VIERTELJAHRSSCHRIFT

HERAUSGEGEBEN VON DR. HANS MÜLLER GROSSHÖCHSTETTEN

JAHRGANG 11 NUMMER 2 SOMMER 1956

Anhang 2: Kultur und Politik (Inhalt)

Vierteljahrsschrift für **Kultur und Politik**

Herausgeber, Redaktion, Verwaltung: Dr. H. Müller, Grosshöchstetten, Tel. 68 54 92
Abonnementspreise: Einzelheft Fr. 1.60, im Jahre Fr. 5.90 - Postcheck III 18 316

Aus dem Inhalt der nächsten Nummern:

Einer geht voran! — Die Krise des Bauerntums und ihre Ursachen. — Bauer und Staat. — Die Auseinandersetzungen zwischen Kapital und Arbeit in der westdeutschen Wirtschaft. — Erfolg in der Genossenschaftsarbeit ... eine Frage der Schulung und Bildung. — Fragen aus der Praxis des biologischen Landbaues und was darauf zu antworten ist. — Aecker und Felder werden für das Frühjahr bestellt. — Krebs ist nicht unheilbar II. — Qualität in der Nahrung. — Aus der Praxis der neuzeitlichen Ernährungslehre. — Frauenarbeit und -schicksal im Kleinbauerntum. — Die Pflege des Schönen im Bauernleben. — Wir Jungen und unsere Fragen an das Leben. — Bücher- und Zeitschriftenschau.

Anhang 3: Handschriftliche Notizen von Helga Wagner

2. Artikel Sommer 1956

Vom Segen der Heilkräuter in der Landwirtschaft.

Das Leben auf unserer Erde nährt sich aus allen Elementen und allen Kräften die zur Verfügung stehen; es braucht die Strahlungsenergie der Sonne ebenso wie die Kraft der Erde, es braucht den Wind, die Luft, das Wasser, das Licht, die Wärme. Und es braucht sie so wie sie auf der Erde vorkommen. Daran ist grundsätzlich trotz aller menschlichen Bestrebungen nichts zu ändern.
Das Leben braucht aber auch das "andere" Leben auf der Erde, das sind die lebendigen organischen Wirkstoffe die die Lebewesen zu ihrem Schutz, Wachstum und Fortpflanzung brauchen; feine, ungeheuer kompliziert zusammengesetzte Wirkstoffe in der notwendigen Vollkommenheit und Menge, die brüderlich von einem zum anderen ausgetauscht werden.
Die Wirksamkeit der Heilkräuter, die zum größten Teil seit Jahrtausenden den Menschen bekannt ist, beruht darauf, daß jedes von ihnen komplizierte Wirkstoffe besitzt, die für den Ablauf organischen Lebens irgendwie wichtig sind. Sie fördern auf eine uns noch ganz unbekannte Weise natürliche Vorgänge des Wachstums der Kohlehydratbildung der Eiweißbildung, der Zellvermehrung der Fruchtbarkeit und vieler anderer organischer Vorgänge, die den Lebewesen eigen sind.

Anhang 4: Handschriftliche Notizen von Helga Wagner

20. Artikel Winter 1958

Menge und Güte der lebenden Bodensubstanz als Test für die Bodenfruchtbarkeit

Wir nennen einen Boden fruchtbar, wenn er die Nahrung für ein reichliches und vollkommenes Pflanzenwachstum bereithält.
Das Wachstum darf reichlich genannt werden, wenn unsere Kulturpflanzen die für die Ernährung erforderlichen Mengen an Ertrag liefern. Als Anhaltspunkt dienen die statistisch festgestellten Ertrags- und Höchstertragsgrenzen.
Das Wachstum darf vollkommen genannt werden, wenn die Kulturpflanzen äußerlich gesund erscheinen, keines nennenswerten Schutzes gegen Krankheiten und Schädlinge bedürfen und als vollwertige gesunde Nahrung für Mensch und Tier gelten können. Damit wird die Frage nach ihrer biologischen Güte gestellt.
Beides, die Menge und Güte des Ertrages sind die Richter im biologischen Landbau. Sie sind es freilich auch im übrigen Landbau, nur steht dort die Menge im Vordergrund, während die Güte, die echte biologische Güte wenig Rücksicht findet. Im biologischen Landbau steht die Güte im Vordergrund, die Menge rangiert an zweiter Stelle, denn was nützen Höchsterträge, wenn es an gesundheitlichem Wert für Mensch und Tier mangelt, und man Ausgaben für Pflanzenschutzmittel und Gesundheitsfürsorge aufwenden muß.

Privatdozent Dr. med. habil. Hans Peter Rusch

Hans Peter Rusch (* 29. November 1906 in Goldap (Ostpreußen); † 17. August 1977 in Südfrankreich) war ein deutscher Arzt und Mikrobiologe, ein Vordenker der ökologischen Landwirtschaft und Mitbegründer des organisch-biologischen Landbaus.

Dr. Hans Peter Rusch

Rusch verbrachte seine Kindheit und Jugend in Ostpreußen. Sein Vater, ein Professor für Mathematik und Physik, war hochmusikalisch. Diese Begabung übertrug er auf seinen Sohn. Wenn Hans Peter Rusch eines Klavieres habhaftig wurde, konnte er stundenlang auswendig Bach spielen – so eine Mitarbeiterin.

Er studierte Medizin an der Universität Gießen und praktizierte ab 1932 als Gynäkologe an der dortigen Universitätsklinik.

Im Zweiten Weltkrieg diente Rusch als Militärarzt auf Sizilien.

Nach dem Zweiten Weltkrieg fand Rusch eine Stelle als Arzt an einer Krebsklinik in Lehrbach, wo er gemeinsam mit dem Bakteriologen Dr. Arthur Becker an der Entwicklung neuer Heilmittel auf der Grundlage von bakteriellen Symbionten arbeitete. [Dr. Becker experimentierte bereits seit 1922 mit bakterienhaltigen Arzneimitteln; *Anm. d. Bearb.*])

Hans Peter Rusch veröffentlichte zusammen mit Dr. med. habil. Erwin Santo in der „Wiener Medizinischen Wochenschrift" 1951 einen aufsehenerregenden Artikel mit dem Titel: „Das Gesetz von der Erhaltung der lebendigen Substanz".

In diesem Artikel fand der Schweizer Lehrer, Biologe, Agrarpolitiker und Führer der Schweizerischen Bauernheimatbewegung Dr. Hans Müller (1891–1988) die Grundlagen für eine wissenschaftliche Herangehensweise an die Problemstellungen des ökologischen Landbaus, woraufhin er an Rusch herantrat und diesen für eine jahrelange Mitarbeit gewinnen konnte. Aus dieser ersten Begegnung erwuchs eine lebenslange Zusammenarbeit und Freundschaft. In der Anfangszeit dieser Kooperation forschte Rusch in einer von einem Apotheker in Herborn zur Verfügung gestellten Garage, in der ein Labor eingerichtet wurde, aus dem sich im Lauf der Jahre eine bedeutende medizinische Forschungsinstitution entwickelte.

In diesem Labor untersuchte Hans Peter Rusch die mikrobiologischen Konditionen verschiedener Böden und entwickelte ein nach ihm benanntes Testverfahren („Rusch-Test"), mit dessen Hilfe Bauern und Gärtner die Bodenfruchtbarkeit bestimmen können. Der Test stellt die Menge und Qualität der lebenden Substanz im Boden fest, was chemische Methoden nicht zu leisten vermögen.

Rusch prägte den Begriff vom „Kreislauf der lebenden Substanz" als Grundlage für alles biologische Denken und Handeln. Er entwickelte zusammen mit Müller und dessen Ehefrau Maria, die in der Schweiz am „Möschberg" in der Gemeinde Grosshöchstetten, Emmental, im Rahmen der Schweizerischen Bauernheimatbewegung eine Bauerngruppe von damals etwa 600

Mitgliedern im organischen Landbau führten, die organisch-biologische Landbaulehre. Diese gründete auf ihren Arbeiten über die Pflege des Bodens und den Erhalt seiner langfristigen Fruchtbarkeit. In Deutschland führten diese Impulse dazu, dass sich Bauern, Gärtner, Winzer und Imker in den 1970er-Jahren zum BIOLAND-Verband für organisch-biologischen Landbau zusammenschlossen und verbindliche Richtlinien zur ökologischen Landwirtschaft erarbeiteten.

So wurde Dr. Hans Peter Rusch zum wissenschaftlichen Begründer und Leiter des organisch-biologischen Landbaus, was es bis dorthin noch nicht gegeben hatte. Rusch schrieb zwei Standardwerke: „Die Naturwissenschaft von morgen – Vorlesungen über Erhaltung und Kreislauf lebendiger Substanz" (1955, 1980) und „Bodenfruchtbarkeit – Eine Studie biologischen Denkens" (1968, 2004).

Dr. Hans Müller gab von Anbeginn seines Verbandes am „Möschberg" eine viermal jährlich erscheinende Zeitschrift mit dem Titel „Kultur und Politik" heraus. In den Jahren 1951 bis 1988 wurde in jeder Ausgabe ein Artikel von Rusch abgedruckt – zum Teil von höchstem Niveau. Diese Artikel wurden im Archiv am „Möschberg" aufbewahrt, bis von den deutschsprachigen Verbänden des organisch-biologischen Landbaus vor einigen Jahren der Antrag gestellt wurde, die Rusch-Artikel aufzuarbeiten und erneut zu veröffentlichen. Daraus ist das vorliegende Buch entstanden.

Ing. Helga Wagner

Ing. Helga Wagner

Helga Wagner wurde am 31. Mai 1924 in Linz an der Donau geboren und wuchs in der Ketten- und Hebezeugfabrik des Großvaters Josef Georg Stüber in Linz-Kleinmünchen auf. Die in der Landfrauenschule Miesbach in Oberbayern ausgebildete Mutter von Helga Wagner führte die zum Fabrikbetrieb gehörige Kleinlandwirtschaft mit vier Hektar Garten- und Feldbetrieb samt Kleintierbetrieb (Ziegen, Schweine und Geflügel). Hier wurde Helga Wagners Berufsinteresse geweckt.

Nach dem Besuch des Realgymnasiums mit Matura-Abschluss erfolgte der Besuch der Landfrauenschule Miesbach/Oberbayern und anschließend eine landwirtschaftliche Lehre einschließlich Kenntnisnahme der biologisch-dynamischen Landwirtschaft. Im Anschluss daran absolvierte sie ihre Ausbildung an der Bundeslehranstalt für Wein-, Obst- und Gartenbau im österreichischen Klosterneuburg.

Von 1954 bis 1990 oblag Helga Wagner die Leitung der öffentlichen Grünflächen der Landeshauptstadt Linz mit einer Flächengröße von 2.060 Hektar. Diese Flächen wurden biologisch-dynamisch (Kompost) gepflegt, eine einmalige Einrichtung im damaligen städtischen Grünraum.

Bücher zur Bodenfruchtbarkeit

Hans Peter Rusch
Bodenfruchtbarkeit
Eine Studie biologischen Denkens
ISBN 978-3-922201-45-8

Herwig Pommeresche
Humussphäre
Humus – Ein Stoff oder ein System?
ISBN 978-3-922201-50-2

Erhard Hennig
Geheimnisse der fruchtbaren Böden
Die Humuswirtschaft als Bewahrerin unserer natürlichen Lebensgrundlagen
ISBN 978-3-922201-09-0

Albert Howard
Mein landwirtschaftliches Testament
Kompostbereitung und Humusaufbau
ISBN 978-3-922201-01-4

Gesamtverzeichnis:
OLV Organischer Landbau Verlag Kurt Walter Lau
Im Kuckucksfeld 1 – 47624 Kevelaer
www.olv-verlag.eu